高等职业教育建筑室内设计专业系列教材

室内施工图深化设计实例教程

主　编◎陈楠楠　苏兰兰

副主编◎侯文秀　郭梦斓

参　编◎谢俊仕

中国轻工业出版社

图书在版编目(CIP)数据

室内施工图深化设计实例教程/陈楠楠,苏兰兰主编. —北京:中国轻工业出版社,2024. 1
ISBN 978-7-5184-4546-2

Ⅰ. ①室… Ⅱ. ①陈… ②苏… Ⅲ. ①室内装饰设计—建筑制图—教材 Ⅳ. ①TU238. 2

中国国家版本馆 CIP 数据核字(2023)第 171899 号

责任编辑:陈　萍　　责任终审:劳国强
文字编辑:赵雅慧　　责任校对:朱燕春　　封面设计:锋尚设计
策划编辑:陈　萍　　版式设计:霸　州　　责任监印:张京华

出版发行:中国轻工业出版社(北京鲁谷东街 5 号,邮编:100040)
印　　刷:艺堂印刷(天津)有限公司
经　　销:各地新华书店
版　　次:2024 年 1 月第 1 版第 1 次印刷
开　　本:787×1092　1/16　印张:16
字　　数:400 千字
书　　号:ISBN 978-7-5184-4546-2　定价:68. 00 元
邮购电话:010-85119873
发行电话:010-85119832　010-85119912
网　　址:http://www. chlip. com. cn
Email:club@ chlip. com. cn
如发现图书残缺请与我社邮购联系调换
230550J2X101ZBW

前言

建筑装饰行业的需求来自建筑开发、改建、扩建、改变建筑使用性质，因此初始装饰需求和更新需求应运而生。同时，消费者对居住品质的理解更加深入和全面，加上装饰二次消费能力水平的提升，带动了装修装饰标准的提高。在此背景下，培养和训练建筑室内设计专业学生室内施工图深化设计能力及规范意识，将有助于提高学生就业的竞争能力及适应实际工作环境的能力。

本教材结合实例，紧紧围绕《关于推动现代职业教育高质量发展的意见》(2021年)及建筑装饰设计行业实际需求，力求理论联系实际，以企业已完工的实际案例为主导，从结果倒推施工图深化设计的过程，依托设计师设计施工完成的装饰效果，倒推出学生进行施工图深化设计的步骤、方法。采用任务引导，使学生在学习过程中能够结合行业设计规范和标准，掌握室内施工图绘制的方法和技巧，突出建筑室内设计综合应用能力的培养。

本教材在内容安排上，根据建筑装饰施工图岗位的工作流程，分为以下五大项目：

项目一：对建筑装饰施工图绘制的认知，是夯实其他项目的知识点基础，对学生建立基本的施工图制图规范及标准起到良好的引导作用。

项目二：了解建筑装饰施工图绘制前期的准备工作，由浅入深，从装饰方案设计文件的识读到原始框架图绘制，对绘制过程中 AutoCAD 软件设置应如何符合制图规范进行专题讲解，解决了绘制原始框架图过程中的重点难点问题。

项目三：建筑装饰施工图深化设计，包括平面布置图、空间改造墙体定位图、平面家具尺寸定位图、地面材料铺贴图、顶平面布置图、开关布置图、插座布置图、水路布置图、立面索引图、立面图、剖面图和详图等施工图深化设计的绘制。

项目四：介绍了建筑装饰施工图编制的内容及文件输出的操作方法，并对实际工作中制图的规范化和技巧进行讲解。

项目五：作品欣赏，学习了项目一到项目四实际案例室内施工图的深化设计，学生可以尝试独立进行新项目的绘制，并参考本项目完整的施工图纸进行学习和比对。

本教材由厦门软件职业技术学院陈楠楠、苏兰兰担任主编，侯文秀、郭梦斓担任副主编，谢俊仕参编。编写人员分工如下：陈楠楠负责编写项目三，苏兰兰负责编写项目一、项目三中的任务十一和项目四，侯文秀负责编写项目二，郭梦斓负责编写项目五。感谢厦门九鼎建筑装饰设计工程有限公司对本教材中相关图纸的提供和审核，使我们能够顺利完成本书的出版。

深化“三教改革”中教材的革新，推动职业教育高质量发展，我们深知任重道远。教材是课程建设与教学内容的载体，是向学生传授知识和技能的重要手段，希望我们编写的教材能给职业教育改革带来新发展。

由于作者能力有限，书中难免有疏漏之处，望广大师生提出宝贵意见。

编者

2023 年 8 月

目录

项目一

建筑装饰施工图绘制的认知

任务一　建筑装饰施工图介绍

任务二　建筑装饰施工图制图标准

任务三　建筑装饰施工图绘制技巧

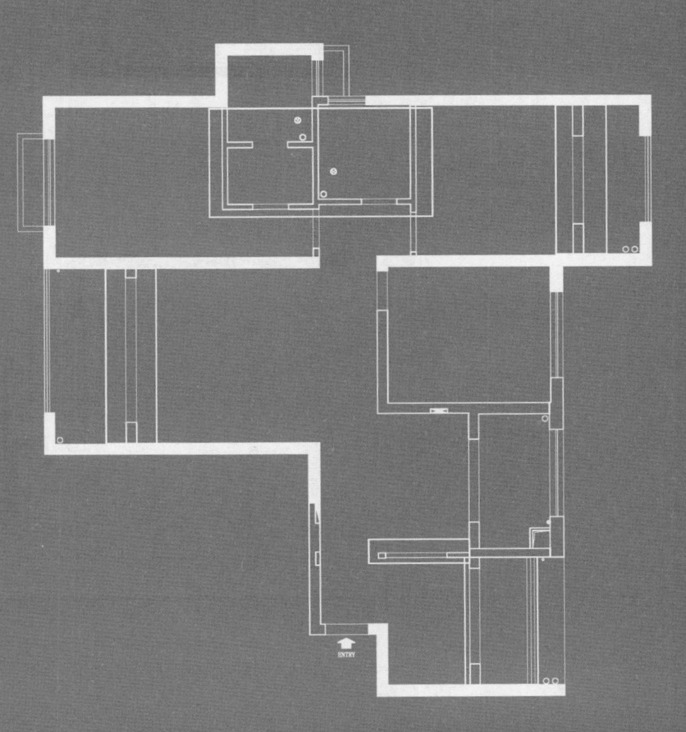

任务一
建筑装饰施工图介绍

学习目标

1. 明确建筑装饰施工图的概念。
2. 学会分清建筑施工图、建筑装饰施工图、装饰设计方案图的区别。

思政目标

培养学生的职业责任感，牢固树立国家标准和规范意识，深化学生对法治理念、法治原则的认识，引导学生自觉遵守各项法律规章制度，提高其社会责任感和危机意识。

工作任务导入

工作任务

任务引入

问：图 1-1 至图 1-3 所示图纸分别是什么图纸？

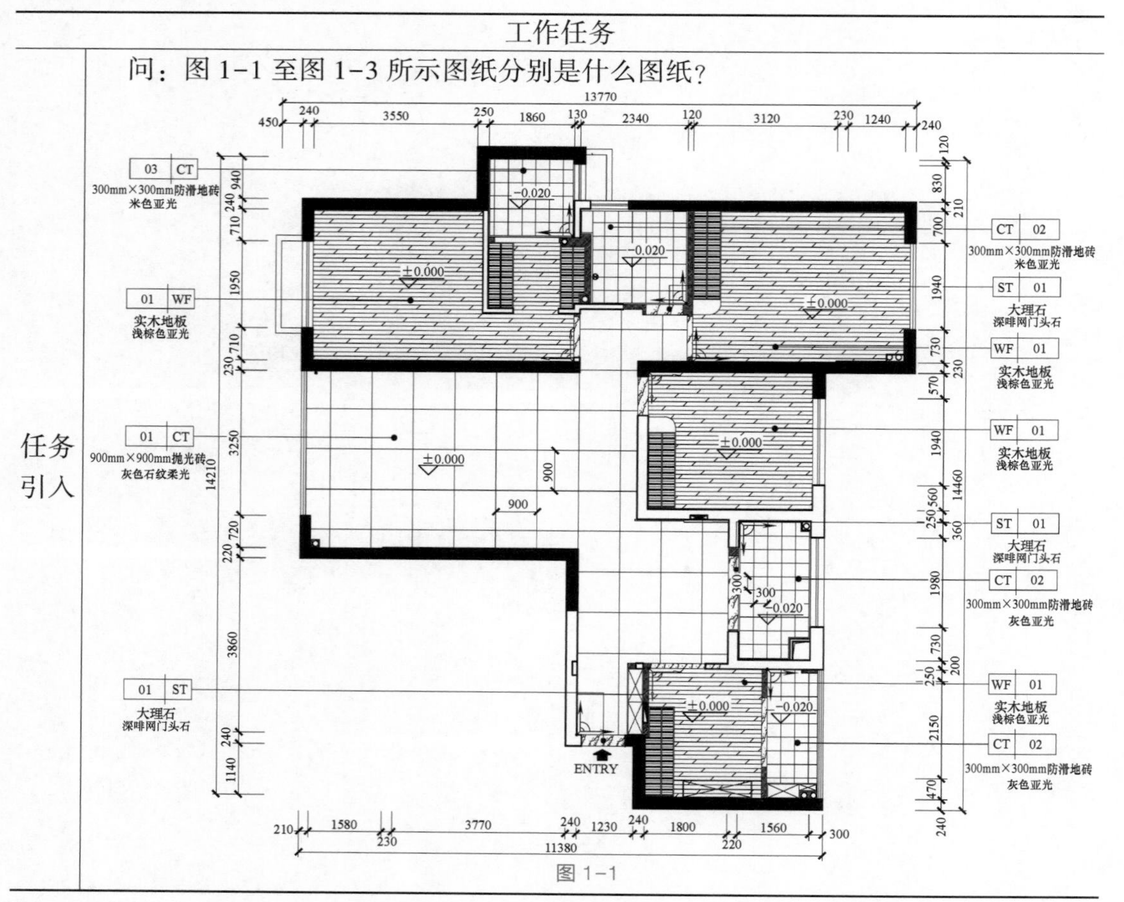

图 1-1

任务引入

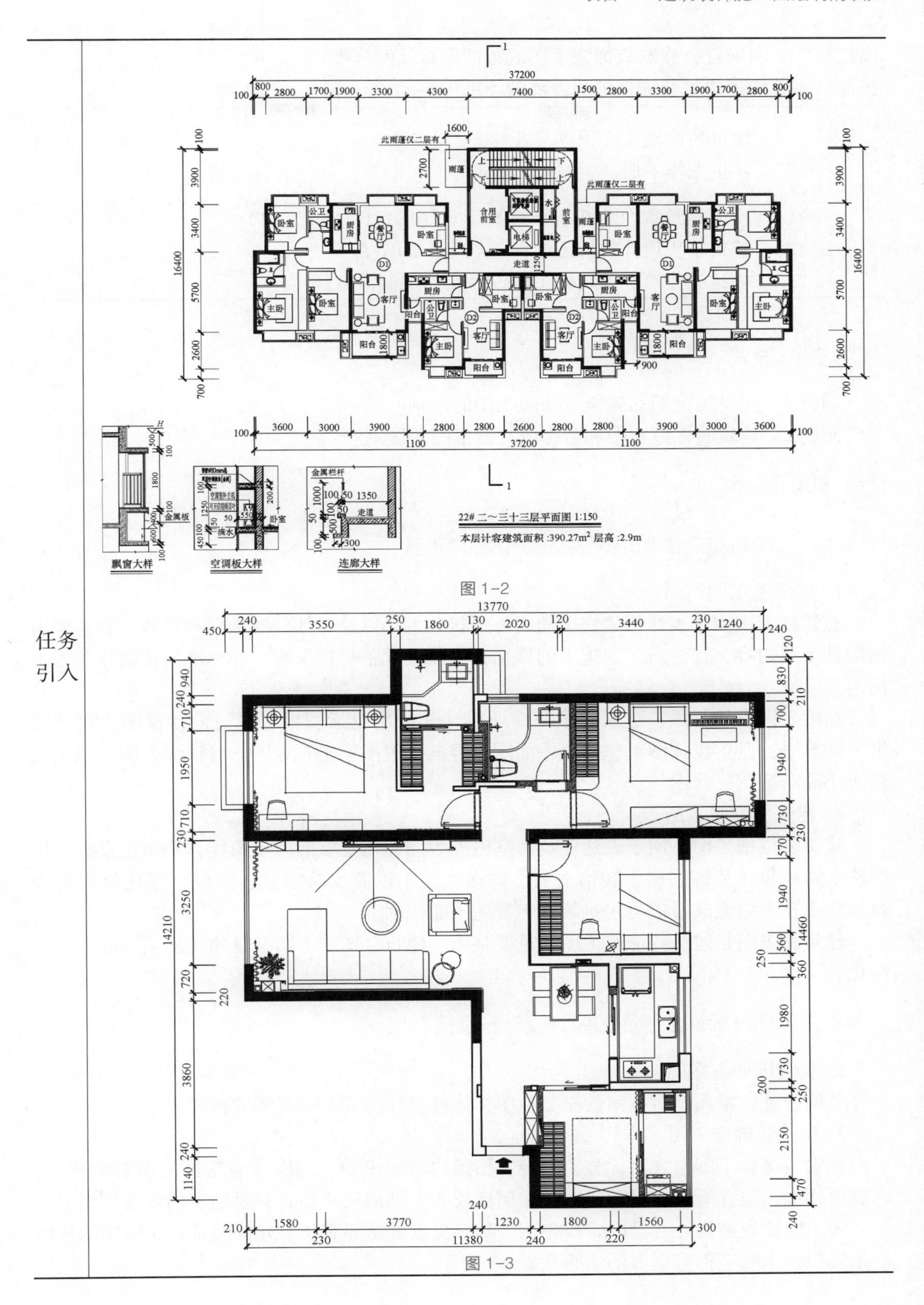
22# 二～三十三层平面图 1:150
本层计容建筑面积 :390.27m² 层高 :2.9m
飘窗大样
空调板大样
连廊大样

图 1-2

图 1-3

岗位技能	1. 明确符合建筑装饰施工图规范的图纸绘制深度 2. 清楚建筑装饰施工图需要的图纸内容
工作任务要求	一、建筑装饰施工图识读 二、学生工作手册
工作标准	1. 《房屋建筑室内装饰装修制图标准》(JGJ/T 244—2011) 2. 《建筑工程设计文件编制深度规定（2016 版)》 3. 《福建省建筑装饰装修工程设计文件编制深度规定》

知识导入

问题 1：建筑施工图和建筑装饰施工图的区别？

问题 2：建筑装饰施工图和装饰设计方案图的区别？

知识准备

（一）建筑施工图和建筑装饰施工图的区别

1. 建筑施工图

建筑施工图用于表达拟建房屋的内外形状和大小以及各部分的结构和设备。它主要表达的是土建内容，是建筑工程施工的依据，应满足设备材料采购、非标准设备制作和施工的需要。

在施工图设计阶段，建筑总平面专业设计文件应包括图纸目录、设计说明、设计图纸、计算书，其中设计图纸包括总平面图、竖向布置图、土石方图、管道综合图、绿化及建筑小品布置图、详图。

2. 建筑装饰施工图

建筑装饰施工图是用于表达建筑物室内外装饰美化要求的施工图样，采用正投影等投影法反映建筑的装饰结构、装饰造型、饰面处理，以及反映家具、陈设、绿化等布置内容。它是在土建完成后进行建筑装饰工程施工的依据。

建筑施工图是建筑装饰施工图的重要基础，建筑装饰施工图又是建筑施工图的延续和深化。

（二）建筑装饰施工图和装饰设计方案图的区别

1. 装饰设计方案图

装饰设计方案图是对方案的必要说明，体现设计的基本布局和大致样式。

2. 建筑装饰施工图

建筑装饰施工图包含设计方案内容，图纸内容更全面，包含所有房间的所有装修面；内容更详细，包含所有材料和尺寸；比例比较大，细部尺寸多。它是施工的重要依据。

施工图阶段和设计方案图阶段相比，具有更大的法律意义。建筑装饰施工图中的任何一条线或一个数字都有重要的法律意义。

（三）建筑装饰施工图深度

建筑装饰施工图以《民用建筑工程室内施工图设计深度图样》的标准为设计依据，包括：封面、目录、设计说明、室内装修材料配置表、做法表、统计表、平面图、立面图、剖面图、节点大样等。

一、建筑装饰施工图识读

学习目标

学会建筑装饰施工图的识读。

学习说明

以“顶棚布置图”为例，参照《福建省建筑装饰装修工程设计文件编制深度规定》进行建筑装饰施工图的识读。

完成过程：

在绘制施工图的时候要参照国家标准、地方标准及行业规范。本教材的项目案例位于福建省厦门市，所以可参照《福建省建筑装饰装修工程设计文件编制深度规定》来判定施工图绘制内容是否符合要求。

《福建省建筑装饰装修工程设计文件编制深度规定》中要求，施工图设计图纸应包括平面图、顶棚平面图、立面图、剖面图、局部大样图和节点详图。所有施工图上应标注项目名称、图纸名称、图纸版本号、建设单位名称、设计单位名称、出图日期、制图比例、图号、工程编号，同时审定、工程负责人、专业负责人、审核、校对、设计、制图等人员必须签名，并加盖设计单位设计专用章。不同的图纸在规定中也有相应的具体要求，下面以“顶棚布置图”为例（图1-4），根据规定要求制作相应的绘制内容完成情况表。

二、学生工作手册

学习目标

1. 分析建筑装饰施工图图纸表达内容。
2. 培养规范绘图意识。

工作流程和活动

工作活动1：任务确立。

工作活动2：完成施工图纸内容绘制表。

根据所提供的实际项目建筑装饰施工图图纸（项目五　作品欣赏），参照《福建省建筑装饰装修工程设计文件编制深度规定》进行图纸校核，判断是否满足规定要求图纸所需绘制内容，并制作出相应的绘制内容完成情况表如表1-1和表1-2所示。

表 1-1 建筑装饰施工图绘制内容完成情况表

施工图编制顺序		图纸内容							
1	封面	工程项目名称	专项名称	设计单位名称	设计阶段	设计证书号	编制日期	封面盖设计专用章	
	完成情况								
2	图纸目录	序号	图纸名称	图号	版本号	档案号	备注	编制日期	盖设计单位设计专用章
	完成情况								
3	设计及施工说明	工程概况	设计依据	设计说明	施工技术要点说明		施工图设计文件的有关说明		
	完成情况								
4	施工图设计图纸	平面图	顶棚平面图	立面图	剖面图	局部大样图		节点详图	
	完成情况								
5	建筑装饰装修材料（做法）表	面层装饰材料	灯具	卫生洁具及配件	开关面板	软装饰和艺术品		新材料、新工艺的做法和说明	
	完成情况								

注：建筑装饰施工图已完成的在相应“完成情况”栏标记“√”，没完成的标记“×”，图纸不需要表达的标记“—”。

表 1-2 建筑装饰施工图设计图纸详细绘制内容完成情况表

施工图设计图纸		图纸内容完成情况													
		柱网	墙体	门窗	管井	楼梯	阳台	固定陈设	活动陈设	空间名称	各部位的尺寸	各楼层地面标高	相应的索引号和编号	图纸名称	制图比例
平面图	所有楼层平面布置图														
	墙体平面图														
	地面铺装图														
	索引图														
	家具布置图														
	软装及艺术品布置图														
	卫生洁具布置图														
	电气设施布置图														
顶棚平面图	顶棚布置图														
	顶棚定位图														
	顶棚灯具及设施定位图														

注：1. 建筑装饰施工图已完成的在相应“完成情况”栏标记“√”，没完成的标记“×”，图纸不需要表达的标记“—”。

2. 施工图设计图纸中还包括：立面图、剖面图、局部大样图、节点详图。具体的绘制内容，可自行查阅《福建省建筑装饰装修工程设计文件编制深度规定》中的要求，制作出相应的绘制情况表。

思考

问题 1：建筑装饰施工图文件编制的顺序是什么？

问题 2：是否可以根据项目实际情况对建筑装饰施工图内容进行一定的删减？

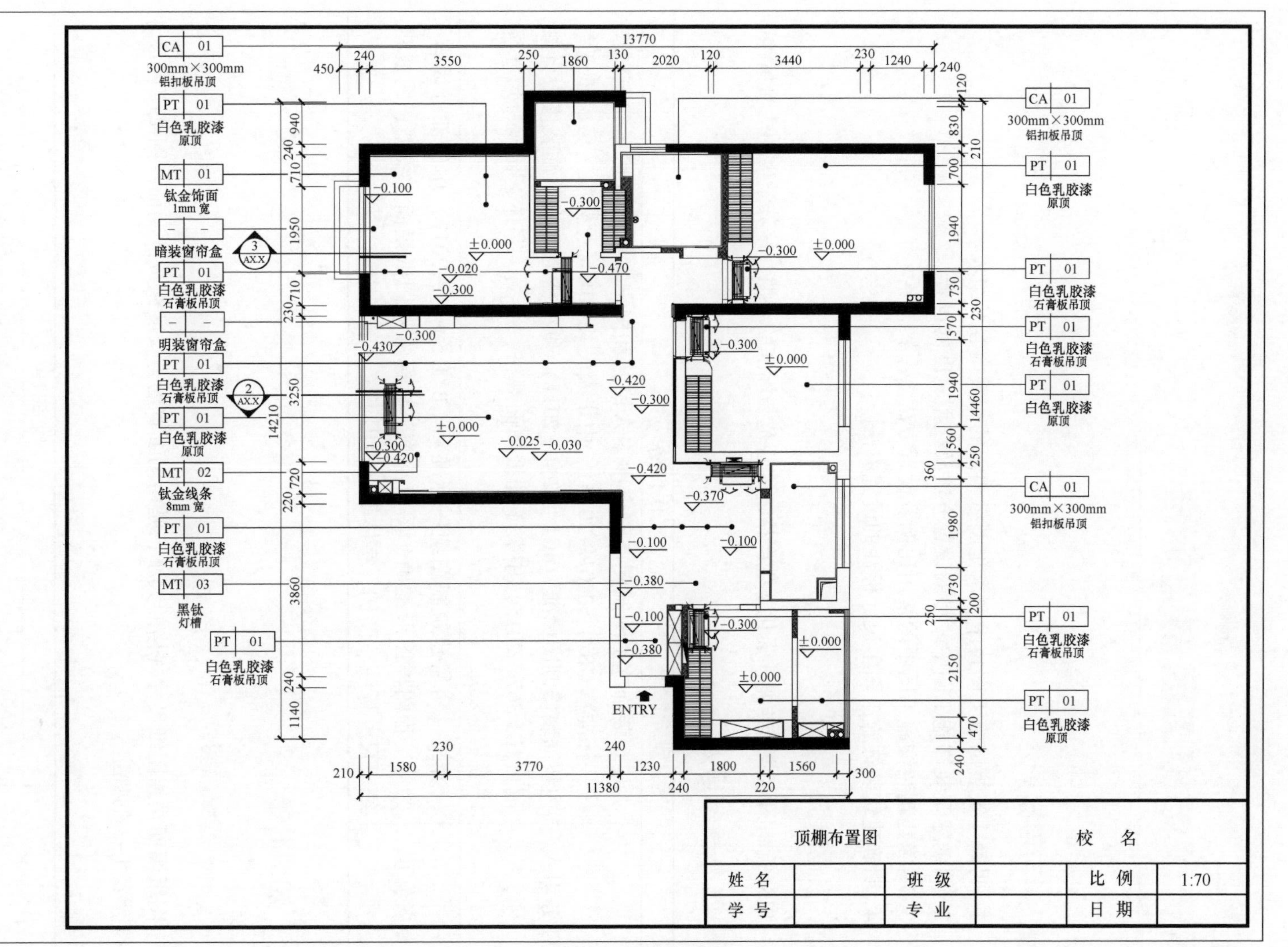
CA 01 300mm×300mm 铝扣板吊顶
PT 01 白色乳胶漆 原顶
MT 01 钛金饰面 1mm宽
暗装窗帘盒
PT 01 白色乳胶漆 石膏板吊顶
明装窗帘盒
PT 01 白色乳胶漆 石膏板吊顶
PT 01 白色乳胶漆 原顶
MT 02 钛金线条 8mm宽
PT 01 白色乳胶漆 石膏板吊顶
MT 03 黑钛 灯槽
PT 01 白色乳胶漆 石膏板吊顶
ENTRY
顶棚布置图
校　名
姓 名
班 级
比 例
1:70
学 号
专 业
日 期

图 1-4　顶棚布置图

任务二
建筑装饰施工图制图标准

学习目标

1. 明确建筑装饰施工图技术要求里图纸幅面的相关内容及组成。
2. 明确建筑装饰施工图中线型的设置方法及线型宽度的设置。
3. 明确建筑装饰施工图中的常用比例及设置方法。
4. 明确建筑装饰施工图中尺寸标注的设置方法。

思政目标

以建筑制图标准为准绳，强化学生严格遵守规范与标准的习惯，培养学生的法治精神。

工作任务导入

工作任务	
任务引入	建筑装饰施工图制图应符合中华人民共和国国家标准《房屋建筑制图统一标准》(GB/T 50001—2017)、中华人民共和国行业标准《房屋建筑室内装饰装修制图标准》(JGJ/T 244—2011）和《住宅室内装饰装修设计规范》(JGJ 367—2015）中关于图纸幅面规格、图线、字体、比例、尺寸标注等基本规定
相关知识	介绍《房屋建筑制图统一标准》(GB/T 50001—2017）中的部分内容。为使工程图样图形准确、图面清晰，该标准对图纸幅面、线型、图线粗细、尺寸标注、图例、字体等都做出了统一的规定

知识准备

（一）图纸幅面

图纸幅面是指图纸尺寸规格的大小，是由图纸宽度与长度组成的图面。图纸幅面尺寸应符合表 1-3 的规定。

表 1-3　图纸幅面尺寸　单位：mm

尺寸代号	幅面代号				
	A0	A1	A2	A3	A4
$b \times l$	841×1189	594×841	420×594	297×420	210×297

注：表中 b 为图纸幅面短边尺寸，l 为图纸幅面长边尺寸。

图纸的短边尺寸不应加长，A0～A3 图纸幅面长边尺寸可加长，但应符合表 1-4 的规定。

表 1-4　图纸幅面长边加长尺寸　单位：mm

幅面代号	长边尺寸	长边加长后的尺寸					
		$+l/4$	$+l/2$	$+3l/4$	$+l$	$+5l/4$	$+3l/2$
A0	1189	1486	1783	2080	2378	—	—
A1	841	1051	1261	1471	1682	1892	2102
A2	594	743	891	1041	1189	1338	1486
A3	420	—	630	—	841	—	1051

（二）标题栏

图纸中应有标题栏、图框线、幅面线、装订边和对中标志，横式使用的图纸，应按图 1-5 规定的形式布置。

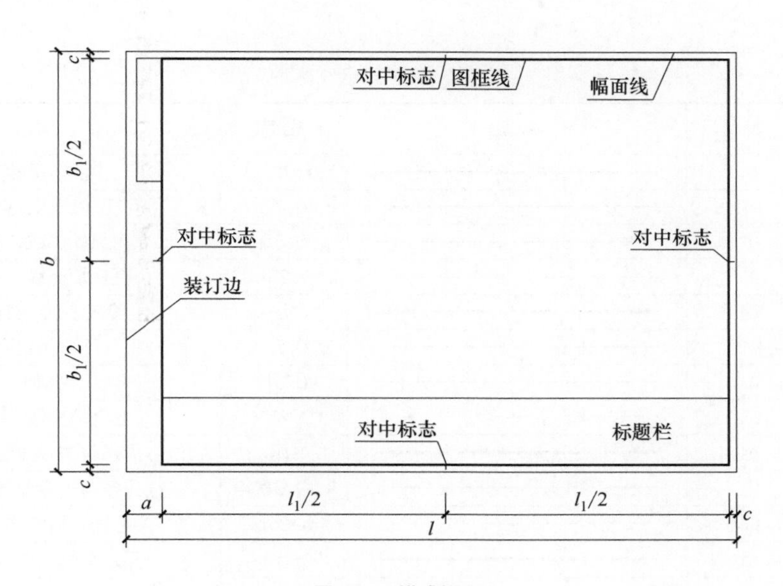

图 1-5　横式幅面

图中，b 为图纸幅面短边尺寸，l 为图纸幅面长边尺寸，c 为图框线与幅面线间宽度（A0～A2 取 10mm，A3～A4 取 5mm），a 为图框线与装订边间宽度（一般取 25mm）。

《房屋建筑制图统一标准》(GB/T 50001—2017）对图纸标题栏和会签栏的尺寸、格式和内容都有规定。会签栏是指工程建设图纸上由会签人员填写所代表的有关专业、姓名、日期等内容的一个表格，不需要会签的图纸可不设会签栏。应根据工程的需要选择、确定标题栏、会签栏的尺寸、格式及分区。学生学习阶段制图作业图纸，不涉及会签栏，建议采用图 1-6 所示的标题栏。

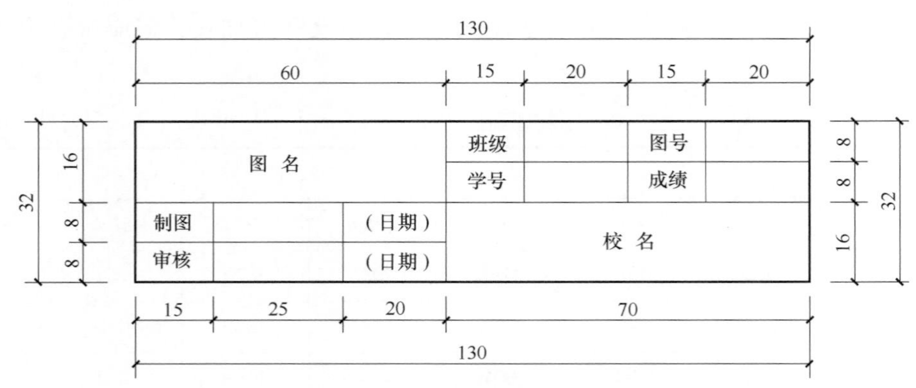

图 1-6　制图作业图纸标题栏格式

（三）图线

1. 线型与线宽

图线的核心内容是线型和线宽。线型有实线、虚线、单点长画线、双点长画线、折断线和波浪线等，其中有些线型还分粗、中、细三种，如表 1-5 所示，图线具体应用如图 1-7 所示。

表 1-5　图线

名称		线型	线宽	用途
实线	粗	━━━━━━━━	b	主要可见轮廓线
	中粗	━━━━━━━━	$0.7b$	可见轮廓线、变更云线
	中	────────	$0.5b$	可见轮廓线、尺寸线
	细	────────	$0.25b$	图例填充线、家具线
虚线	粗	━ ━ ━ ━ ━ ━	b	见各有关专业制图标准
	中粗	━ ━ ━ ━ ━ ━	$0.7b$	不可见轮廓线
	中	─ ─ ─ ─ ─ ─	$0.5b$	不可见轮廓线、图例线
	细	- - - - - - - -	$0.25b$	图例填充线、家具线
单点长画线	粗	━━ - ━━━━ - ━━	b	见各有关专业制图标准
	中	── - ──── - ──	$0.5b$	见各有关专业制图标准
	细	── - ──── - ──	$0.25b$	中心线、对称线、轴线等
双点长画线	粗	━━ - - ━━━━ - - ━━	b	见各有关专业制图标准
	中	── - - ──── - - ──	$0.5b$	见各有关专业制图标准
	细	── - - ──── - - ──	$0.25b$	假想轮廓线、成型前原始轮廓线
折断线	细	───╱╲───	$0.25b$	断开界线
波浪线	细	～～～	$0.25b$	断开界线

图线的线宽分为粗、中粗、中、细四种。图线的基本线宽 b，宜按照图纸比例及图纸性质从 1.4mm、1.0mm、0.7mm、0.5mm 线宽系列中选取。每个图样，应根据复杂程度与比例大小，先选定基本线宽 b，再选用表 1-6 中相应的线宽组。图纸的图框和标题栏线可采用表 1-7 的线宽。

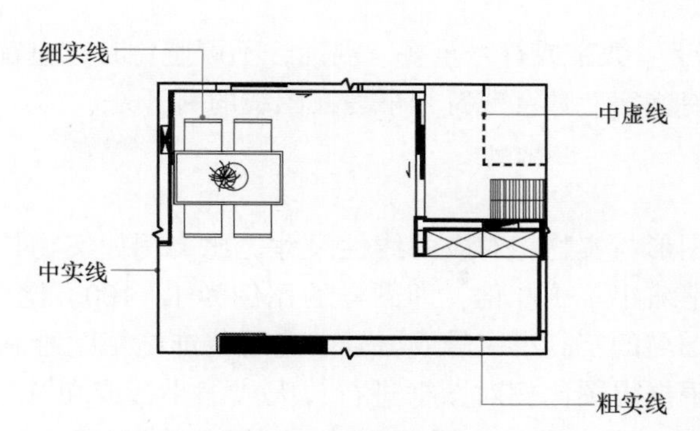

图 1–7　图线应用实例

表 1–6　线宽组　单位：mm

线宽比	线宽组			
b	1.4	1.0	0.7	0.5
0.7b	1.0	0.7	0.5	0.35
0.5b	0.7	0.5	0.35	0.25
0.25b	0.35	0.25	0.18	0.13

注：1. 需要微缩的图纸，不宜采用 0.18mm 及更细的线宽。
2. 同一张图纸内，各不同线宽中的细线，可统一采用较细的线宽组的细线。

表 1–7　图框和标题栏线的宽度　单位：mm

幅面代号	图框线	标题栏外框线对中标志	标题栏分格线幅面线
A0、A1	b	0.5b	0.25b
A2、A3、A4	b	0.7b	0.35b

2. 图线画法

要正确绘制一张工程图，除了确定线型和线宽外，还应注意以下事项：

① 各种图线相交时，均应采用线段交接，而不应交于空隙处或点处。其中，虚线相交画法如图 1–8 所示。

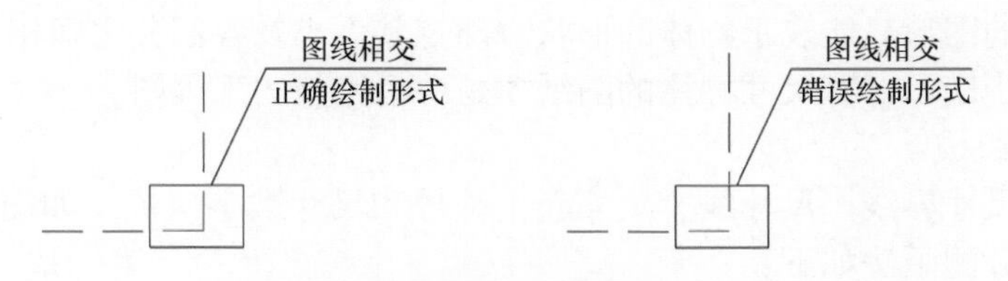

图 1–8　虚线相交画法示意图

② 虚线为实线的延长线时，虚线端部应留有空隙，其画法如图 1–9 所示。

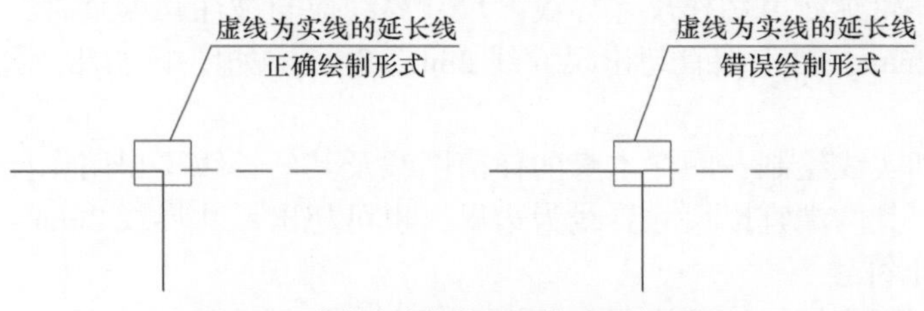

图 1–9　虚线为实线的延长线时画法示意图

③ 图线不得与文字、数字或符号重叠、混淆，不可避免时，应首先保证文字的清晰、完整并将图线断开，将文字、数字或符号书写在图线的断开处。

（四）比例

所谓比例，就是图形与实物相对应的线性尺寸之比。例如实物长度是 1m，如果在图纸上画成 1cm，那就是缩小了 100 倍，即图样的比例为 1∶100。比例宜注写在图名的右侧，比例的字高宜比图名的字高小一号或二号。建筑装饰施工图绘制时按照 1∶1 进行绘制，待绘制完成后再根据出图比例对图框进行放大或缩小，或在 AutoCAD 布局里面进行出图排版（后面项目中会重点进行介绍）。一般情况下，平面图、剖面图等图样可用 1∶100、1∶50 或 1∶200 的比例，详图则要根据构配件的大小和复杂程度确定比例，常用的有 1∶10 和 1∶20 等。绘图所用的比例如表 1-8 所示。

表 1-8　　绘图所用的比例

图　名	常用比例
建筑物或构筑物的平面图、立面图、剖面图	1∶50、1∶100、1∶150、1∶200、1∶300
建筑物或构筑物的局部放大图	1∶10、1∶20、1∶25、1∶30、1∶50
配件及构造详图	1∶1、1∶2、1∶5、1∶10、1∶15、1∶20、1∶25、1∶30、1∶50

绘图时，图样最好绘制成跟实物大小一样，这样不仅方便直接从图上看出物体的实际大小，也方便后期图纸的修改。一个物体的各个视图应采用相同的比例，对于所绘制图纸上局部较小或者较为复杂的部分，可采用局部放大图来进行表达，局部放大图应标注好相应的比例。

平面图、剖面图的图名和比例应注写在图样的下面或一角。详图的图名可用详图符号表示，也可同时用详图符号和图样的名称表示。详图符号的圆圈应为粗实线，直径应为 14mm。横线上的数字为详图编号，横线下的数字表示被索引部分所在图纸的编号。

（五）尺寸标注

图纸上绘制的图形只能表示物体的形状，确定其大小及各部分之间相对位置还需要通过尺寸标注进一步表示，有尺寸标注的图纸才是一幅完整的工程图。

1. 尺寸标注组成

尺寸标注由尺寸界线、尺寸线、尺寸起止符号和尺寸数字组成，如图 1-10 所示。尺寸标注各组成部分的画法如下：

（1）尺寸界线

尺寸界线是表示被标注对象边界的直线，由一对垂直于标注长度线的平行线组成，用细实线绘制，图样轮廓线可用作尺寸界线。尺寸界线应与被注长度垂直，其一端应离开图样轮廓线不小于 2mm，另一端宜超出尺寸线 2mm~3mm，如图 1-11 所示。

（2）尺寸线

尺寸线应用细实线绘制，图样本身的任何图线及其延长线不得用作尺寸线。尺寸线应与被注长度平行，其两端宜以尺寸界线为边界，也可超出尺寸界线 2mm~3mm。

（3）尺寸起止符号

尺寸起止符号用中粗斜短线绘制，其倾斜方向应与尺寸界线呈顺时针 45°角，长度宜为 2mm～3mm。直径、半径和角度的尺寸起止符号宜用箭头表示。

（4）尺寸数字

图样上的尺寸，应以尺寸数字为准，不应从图上直接量取。

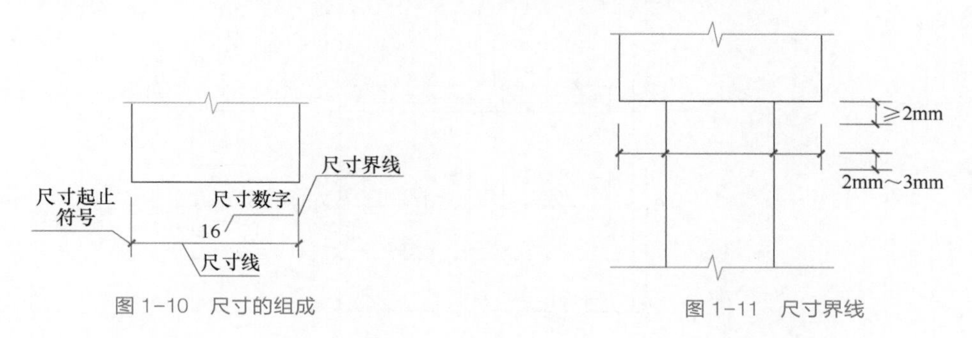

图 1-10　尺寸的组成　　　　图 1-11　尺寸界线

2. 尺寸标注的相关规定

① 尺寸标注要求尺寸数字的数值是物体的实际大小，与绘图比例和准确度无关。图样上的尺寸单位，除标高及总平面以 m 为单位外，其他必须以 mm 为单位。

② 尺寸数字的方向，应按图 1-12 的规定注写。若尺寸数字在 30°斜线区内，也可按图 1-13 的形式注写。

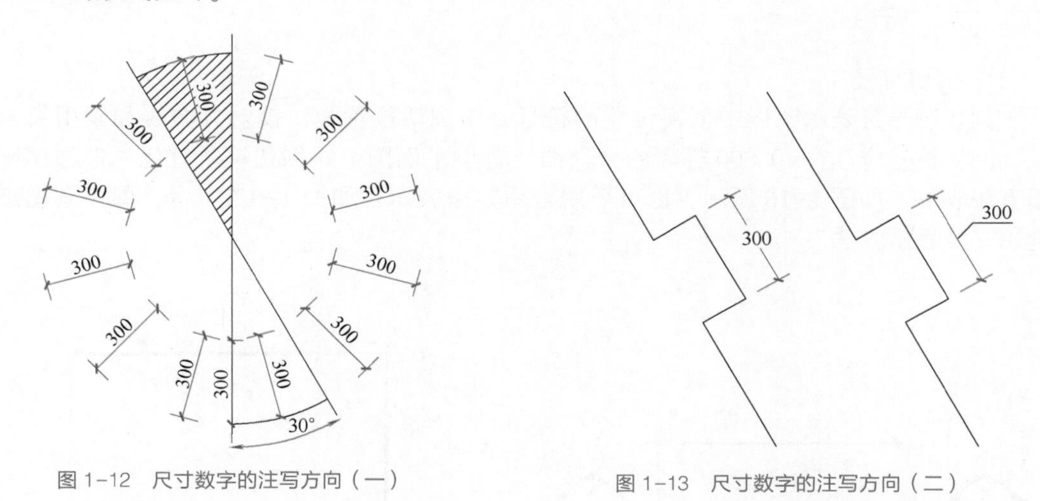

图 1-12　尺寸数字的注写方向（一）　　　　图 1-13　尺寸数字的注写方向（二）

③ 尺寸数字应依据其方向注写在靠近尺寸线的上方中部。如果没有足够的注写位置，最外边的尺寸数字可注写在尺寸界线的外侧，中间相邻的尺寸数字可上下错开注写，可用引出线表示标注尺寸的位置，如图 1-14 所示。

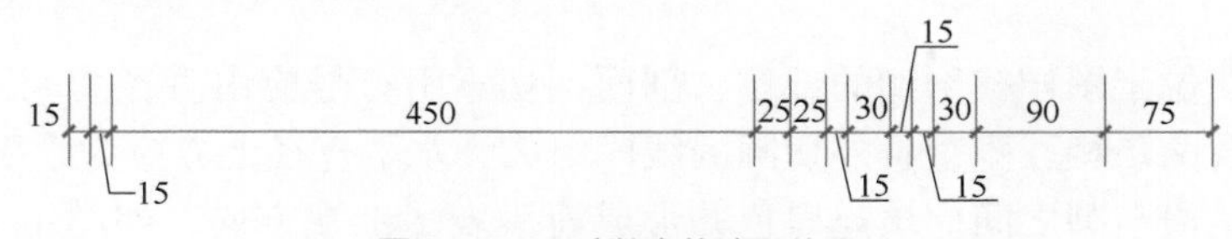

图 1-14　尺寸数字的注写位置

④ 尺寸宜标注在图样轮廓以外，不宜与图线、文字及符号等相交。互相平行的尺寸线，应从被注写的图样轮廓线由近向远整齐排列，较小尺寸应离轮廓线较近，较大尺寸应

离轮廓线较远。图样轮廓线以外的尺寸界线，距图样最外轮廓之间的距离不宜小于10mm。平行排列的尺寸线的间距宜为7mm～10mm，且应保持一致，如图1-15所示。

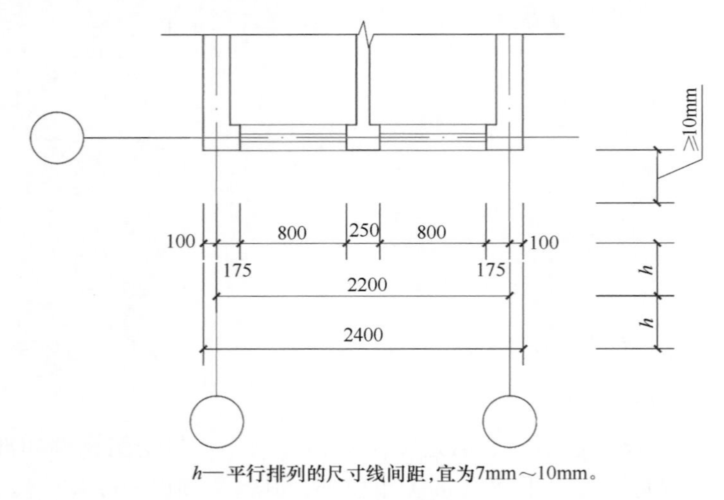

h— 平行排列的尺寸线间距，宜为7mm～10mm。

图1-15　尺寸的排列

（六）符号

1. 剖切符号

剖切符号是表示图样中剖视位置的符号，由剖切位置线、投射方向线和索引符号组成。剖切符号应注在±0.000标高的平面图或首层平面图上。剖切符号宜优先选择国际通用方法表示，如图1-16所示，也可采用常用方法表示，如图1-17所示，同一套图纸应选用一种表示方法。

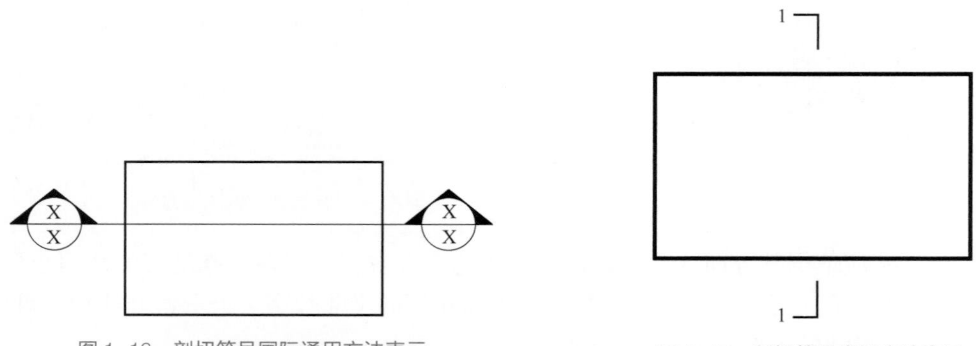

图1-16　剖切符号国际通用方法表示

图1-17　剖切符号常用方法表示

剖切位置线位于图样被剖切的部位，剖面剖切索引符号应由直径为8mm～10mm的圆和水平直径以及两条相互垂直且外切圆的线段组成，水平直径上方应为索引编号，下方应为图纸编号，线段与圆之间应填充黑色并形成箭头表示剖视方向，如图1-18（a）所示，索引符号应位于剖线两端。当剖切符号用于索引剖视详图时，应在被剖切的部位绘制剖切线位置，索引符号应位于平面图外侧一端，另一端为剖视方向线，长度宜为7mm～9mm，宽度宜为2mm，详见图1-18（b）所示。

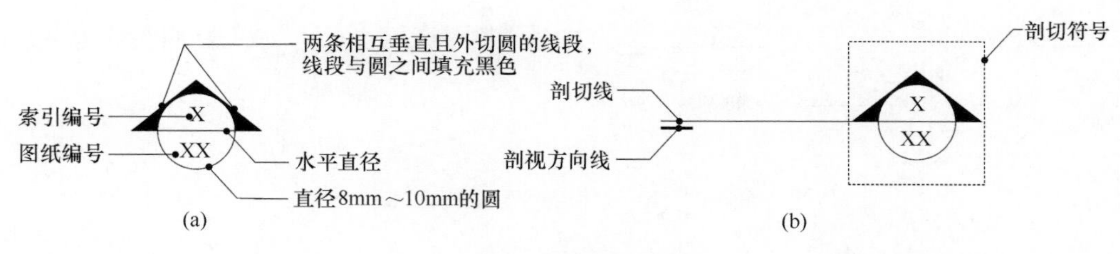

图 1-18　剖切符号组成

2. 索引符号

索引符号根据用途的不同，可分为立面索引符号、剖切索引符号、详图索引符号、设备索引符号等。

（1）立面索引符号

表示室内立面在平面上的位置及立面图所在图纸编号，应在平面图上使用立面索引符号。在平面图中，进行平面及立面索引符号标注，应采用阿拉伯数字或字母为立面编号代表各投视方向并应以顺时针方向排序。

（2）剖切索引符号

表示剖切面在界面上的位置或图样所在图纸编号，应在被索引的界面或图样上使用剖切索引符号。

（3）详图索引符号

表示局部放大图样在原图上的位置及本图样所在页码，应在被索引图样上使用详图索引符号。图样中的某一局部或构件，如需另见详图，应以索引符号索引，如图 1-19 所示。索引符号应由直径为 8mm ~ 10mm 的圆和水平直径组成，圆及水平直径线宽宜为 0.25b。

索引符号编写要求：

① 当索引出的详图与被索引的详图同在一张图纸内，应在索引符号的上半圆中用阿拉伯数字注明该详图的编号，并在下半圆中间画一段水平细实线，如图 1-20 所示。

② 当索引出的详图与被索引的详图不在同一张图纸内，应在索引符号的上半圆中用阿拉伯数字注明该详图的编号，在索引符号的下半圆用阿拉伯数字注明该详图所在图纸的编号，如图 1-21 所示。

③ 当索引出的详图采用标准图时，应在索引符号水平直径的延长线上加注该标准图集的编号，如图 1-22 所示。

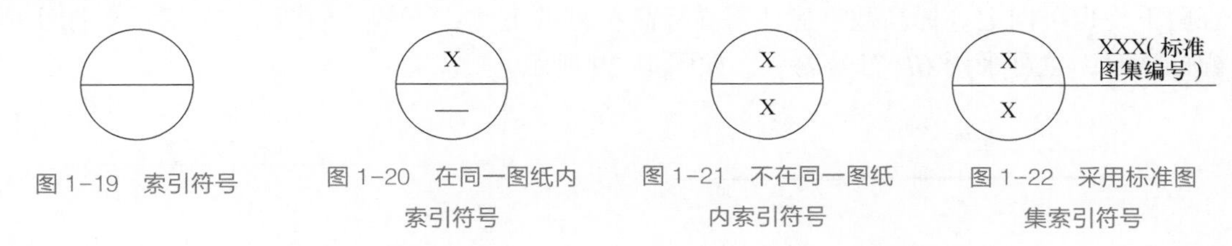

图 1-19　索引符号　　图 1-20　在同一图纸内索引符号　　图 1-21　不在同一图纸内索引符号　　图 1-22　采用标准图集索引符号

④ 当索引符号用于索引剖视详图时，应在被剖切的部位绘制剖切位置线，并以引出线引出索引符号，引出线所在的一侧应为剖视方向，如图 1-23 所示。

图 1-23　用于索引剖视详图的索引符号

(4) 设备索引符号

表示各类设备（含设备、设施、家具、灯具等）的品种及对应的编号，应在图样上使用设备索引符号，如图 1-24 所示。

（七）标高

标高符号应以等腰直角三角形表示，并应按图 1-25 所示形式用细实线绘制，如标注位置不够，也可按图 1-26 所示形式绘制。标高符号的具体画法可按图 1-27 所示。

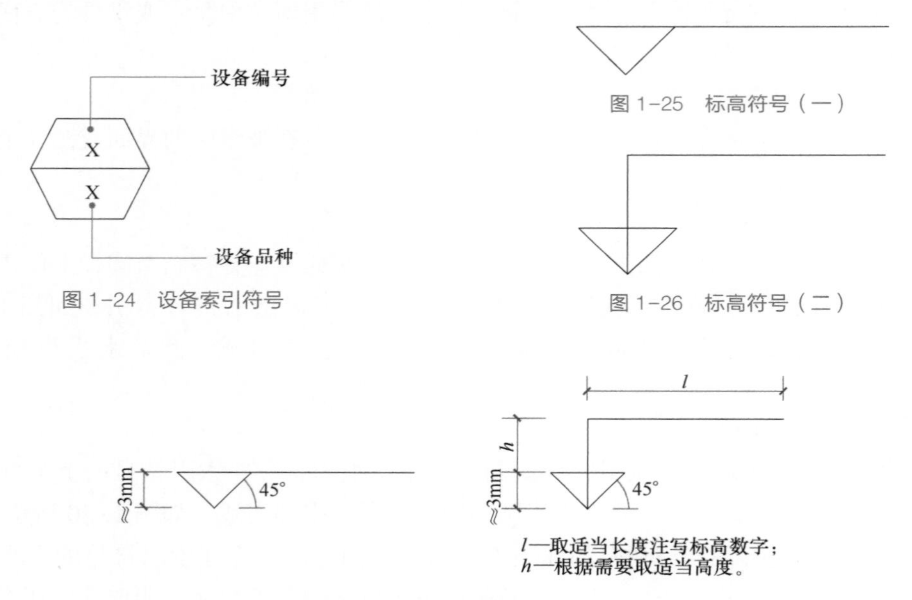

图 1-24　设备索引符号

图 1-25　标高符号（一）

图 1-26　标高符号（二）

图 1-27　标高符号画法

房屋建筑室内装饰装修中，设计空间应标注标高，标高的符号采用等腰直角三角形，也可采用涂黑的三角形或 90°对顶角的圆，标高符号的尖端应指至被注高度的位置。尖端宜向下，也可向上。标高数字应注写在标高符号的上侧或下侧，如图 1-28 所示。标注顶棚标高时，也可采用 *CH* 符号表示，如图 1-29 所示。

图 1-28　标高的指向

图 1-29　顶棚标高符号

标高数字应以 m 为单位，注写到小数点以后第三位。零点标高应注写成±0.000，正数标高不注“+”，负数标高应注“-”，例如3.000、-0.300。在图样的同一位置需要表示几个不同标高时，标高数字可按图1-30的形式注写。

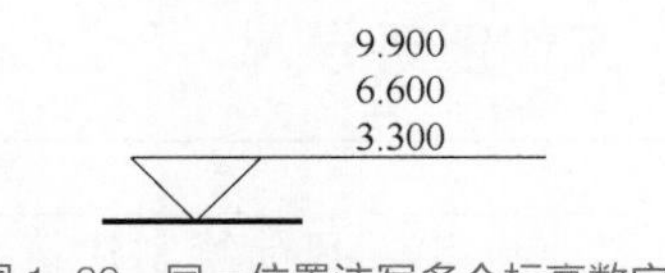

图1-30　同一位置注写多个标高数字

立面图、剖面图及详图应标注标高和垂直方向尺寸；不易标注垂直距离尺寸时，可在相应位置标注标高，如图1-31所示。

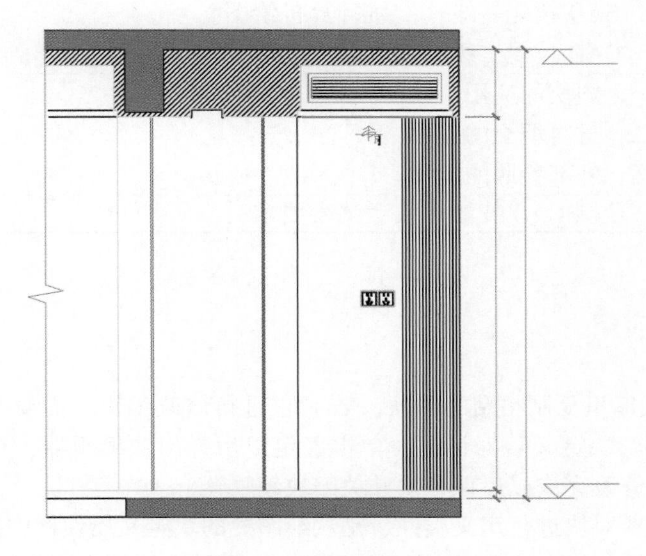

图1-31　尺寸及标高的注写

思考

问题1：绘制建筑装饰施工图过程中，是提前设置好线宽和线型有利于绘图，还是在最终打印图纸时再进行设置？

问题2：室外地坪标高符号跟室内一样吗？

任务三
建筑装饰施工图绘制技巧

学习目标

1. 掌握建筑装饰施工图中图块的应用。
2. 掌握建筑装饰施工图中材料填充的应用。
3. 掌握建筑装饰施工图中外部参照的应用。

工作任务导入

工作任务	
任务引入	目前绘制建筑装饰施工图的主流软件是 AutoCAD，那么 AutoCAD 的绘制技巧有哪些呢？
岗位技能	AutoCAD“土木与建筑类”等级分为： 1. CAD 技能一级（二维计算机绘图） 2. CAD 技能二级（三维几何建模）
工作任务要求	一、图块的应用 二、材料填充的应用 三、外部参照的应用
工作标准	“全国 CAD 技能等级考试”要求

一、图块的应用

从 AutoCAD 图库里复制粘贴的图块，若对它进行修改编辑，需要双击选中图块，双击以后会弹出“编辑块定义”对话框，单击确定以后弹出块编辑器，在块编辑器中对这个图块进行修改，修改完成以后保存块并关闭块编辑器。

图块的应用需要对块进行定义属性，是从绘图栏的块定义属性栏中操作，操作后弹出“属性定义”对话框，在该对话框中输入所需定义的图块的基本属性，单击“确定”按钮，然后再对这个图块进行创建块和插入块即可。具体操作步骤如下：

1. 选择“定义属性”命令

在默认菜单栏的“块”栏中，选择“定义属性”，如图 1-32 所示。单击后系统弹出“属性定义”对话框，如图 1-33 所示。AutoCAD 中定义属性的快捷键为“ATT”，也可通过该快捷键进行操作。

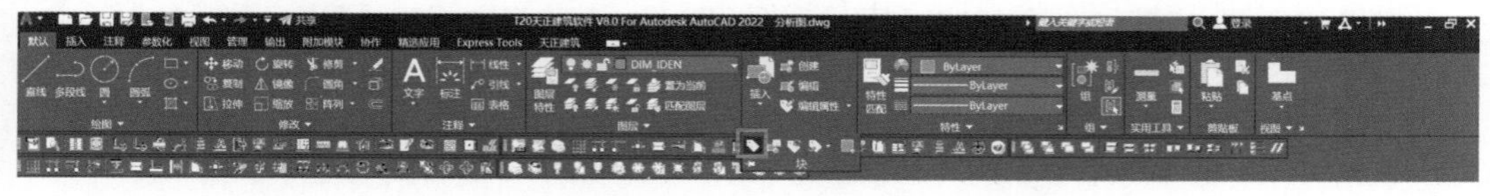

图 1-32　菜单栏中选择块“定义属性”命令示意图

2. 定义块属性

在建筑装饰施工图绘制的过程中，由于序号的形状是不变的，其里面的文字内容为变换量，所以适合用定义块属性的方法来提升绘图效率。因此，下面以创建一个序号的块作为例子来详细进行“定义属性”命令的应用。

“属性定义”对话框中，在属性栏的“标记”参数后输入“A”，“提示”参数后输入“序号”，“默认”参数后输入“1”，对块进行属性设置；在文字设置选项的“对正”参数后选择“正中”，“文字样式”参数后选择“Standard”，“文字高度”参数后选择“3.5”，如图 1-34 所示。单击“确定”按钮后，在屏幕适当的位置单击以插入块属性，如图 1-35 所示。

3. 绘制块图形

绘制一个圆，该圆应将块属性“A”包围在内，调整圆的大小至合适尺寸后，就完成了序号块的绘制，如图 1-36 所示。

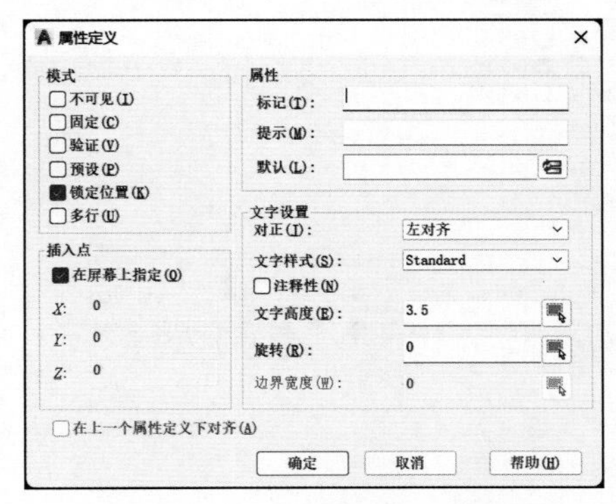

图 1-33　“属性定义”对话框

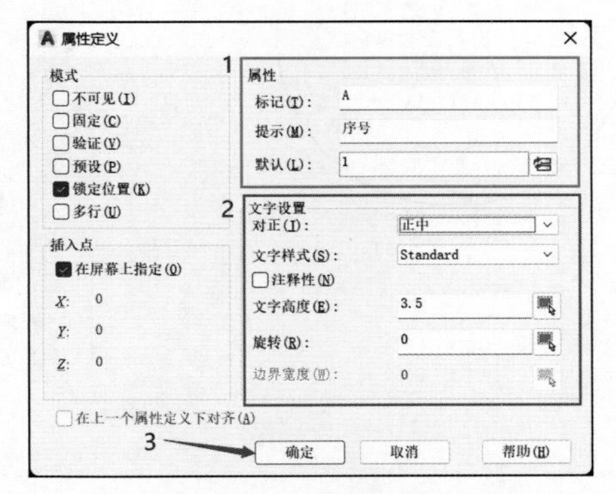

图 1-34　“属性定义”对话框中参数修改示意图

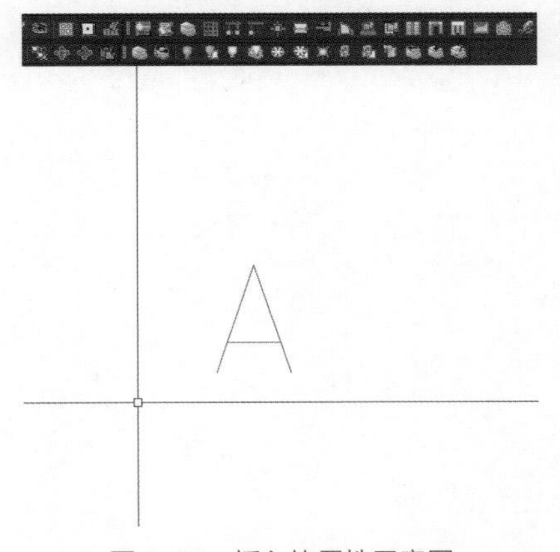

图 1-35　插入块属性示意图

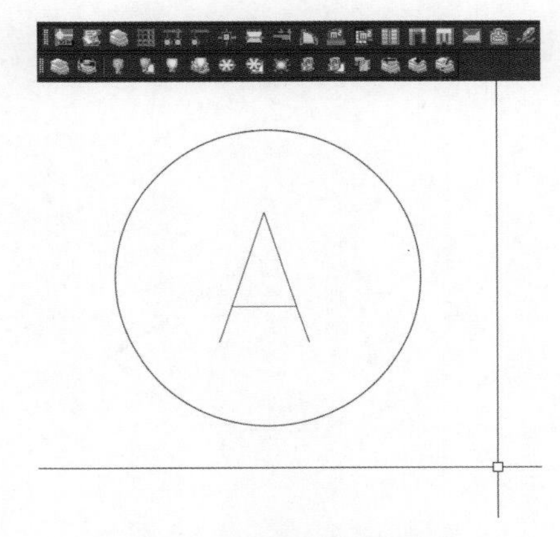

图 1-36　绘制序号块图形

4. 定义块

定义块的快捷键为“B”。键入命令“B”并按 Enter 键后，弹出“块定义”对话框，在“名称”后输入“可编辑序号”；单击“拾取点”，选择圆心作为基点；单击“选择对象”，框选圆圈和块属性“A”作为对象，按 Enter 键；单击“确定”按钮，如图 1-37 所示。

定义完块后，会弹出“编辑属性”对话框，在该对话框中可以对序号进行修改，修改完后单击“确定”按钮，块的序号就会相应进行更改，如图 1-38 所示。

5. 使用块

块定义完以后，可以通过复制粘贴来进行拷贝，也可以通过“插入块”（快捷键“I”）来使用块，具体方法如下：

方法一：先复制块，然后双击该块，弹出“增强属性编辑器”对话框，可在“值”参数后输入“9”，再单击“确定”按钮即可，如图 1-39 所示。

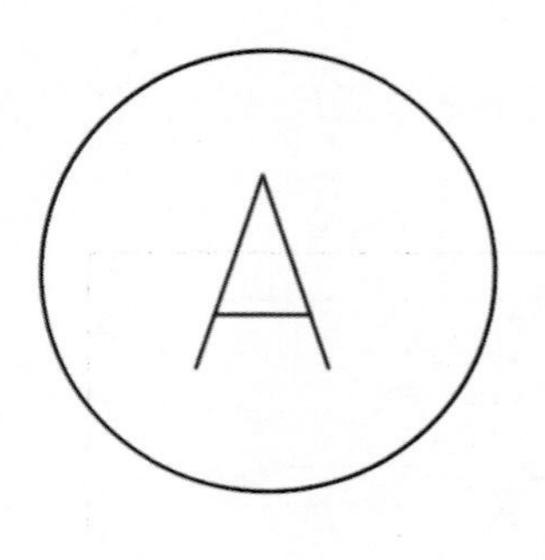

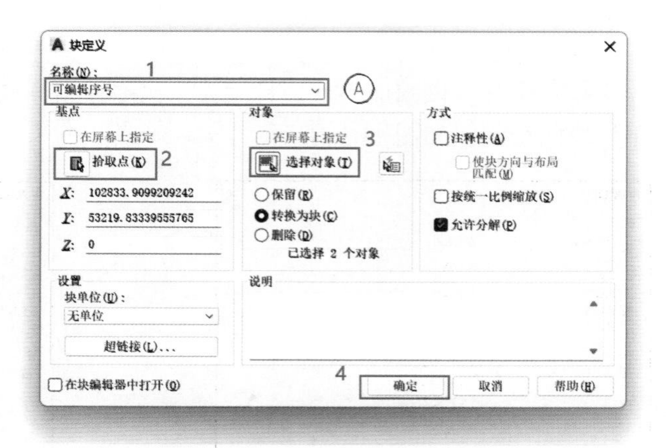

图 1-37　定义块操作过程示意图

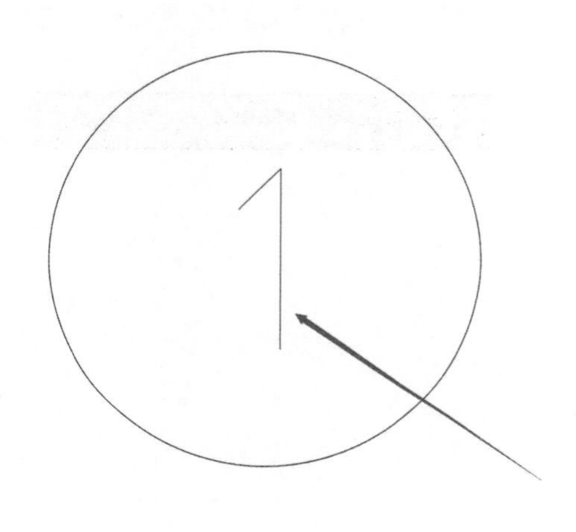

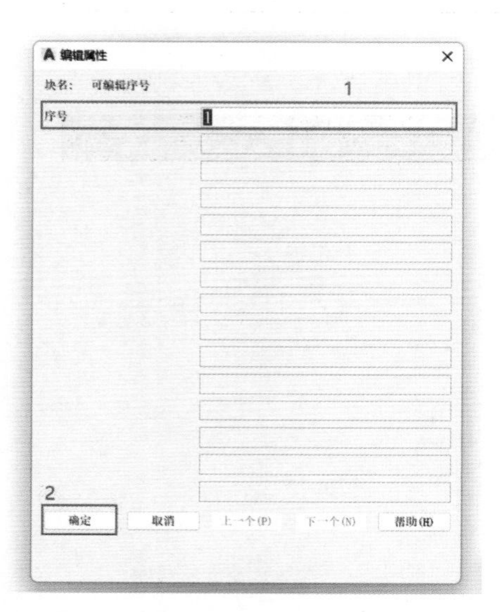

图 1-38　“编辑属性”中块的序号修改示意图

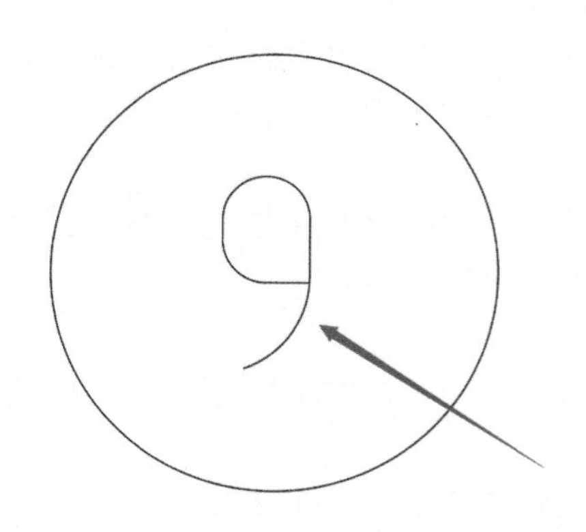

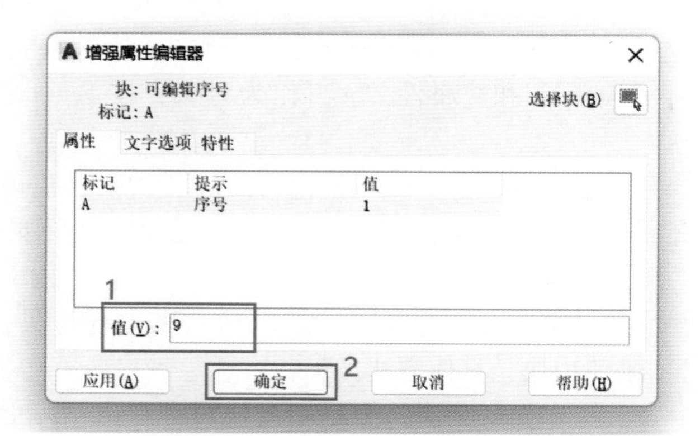

图 1-39　“增强属性编辑器”操作示意图

方法二：输入快捷键“I”插入块，按 Enter 键确定；选择名称为“可编辑序号”的块；单击“确定”按钮；在屏幕适当位置单击，指定块的插入位置，输入“9”，单击“确定”按钮即可，如图 1-40 所示。

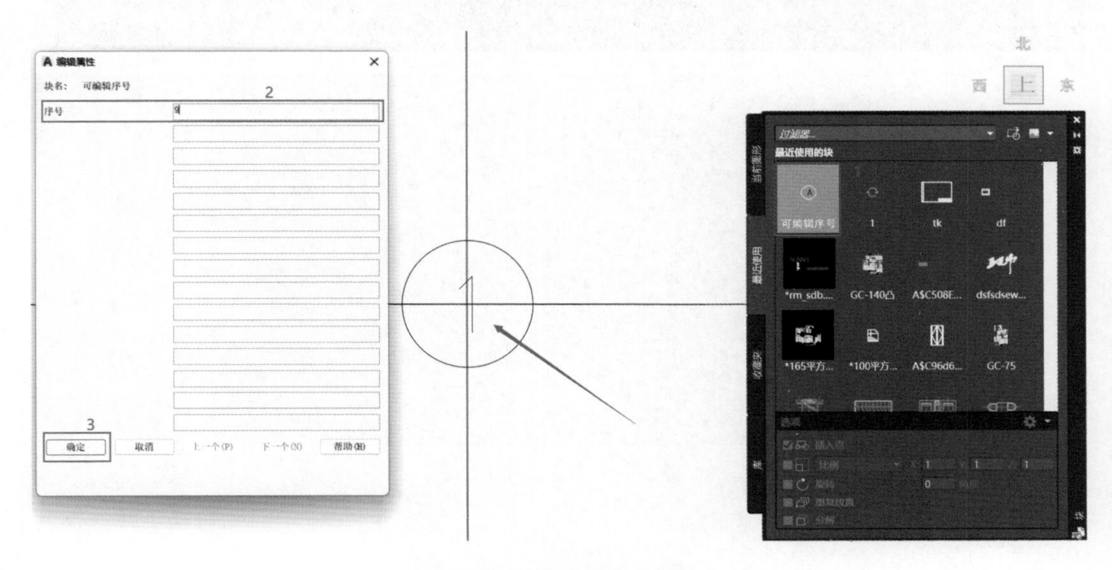

图 1-40　插入块操作示意图

二、材料填充的应用

材料填充在 AutoCAD 中的快捷键为“H”，执行命令后弹出“图案填充和渐变色”对话框，选项卡包含“类型和图案”“角度和比例”“边界”“图案填充原点”“选项”五部分内容，下面进行详细讲解。

1. 类型和图案

（1）类型

填充类型包括预定义、用户定义和自定义。预定义是软件自带的填充图案；用户定义是基于图形的当前线型创建直线图案，可以使用当前线型定义角度和比例，来创建自己的填充图案；自定义是从网上下载更加丰富的填充图案，将其复制到 AutoCAD 安装路径相应的文件夹中。

（2）颜色

颜色选项有两部分，前边的下拉框是指填充图案的颜色，后边的下拉框是指填充背景的颜色，如图 1-41 所示。

2. 角度和比例

角度是指填充图案的旋转角度；比例是指填充图案的密集程度，需要根据图纸来选择适当的填充比例，以达到较好的视觉效果。

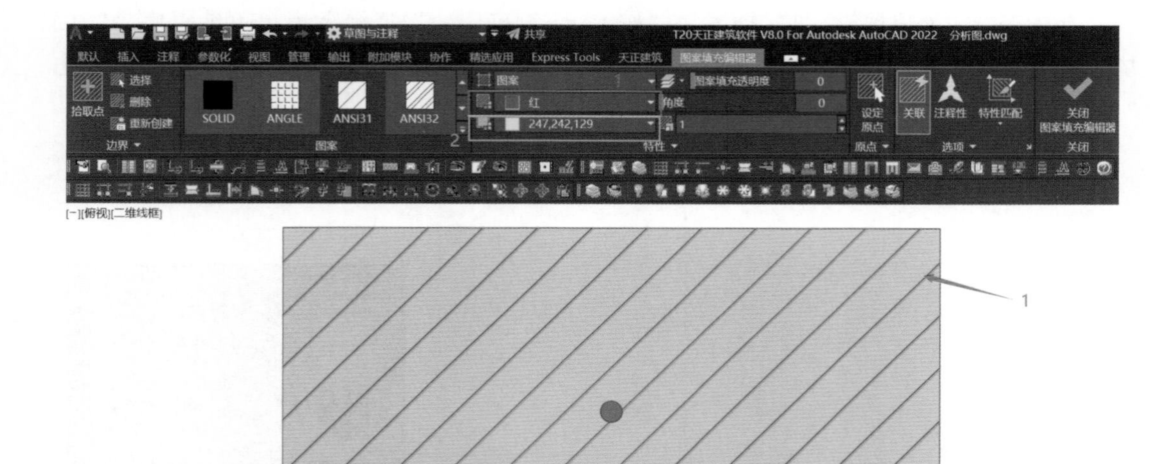

图 1–41　颜色选项示意图

3. 边界

（1）删除边界

只有在 AutoCAD 图形中已定义填充边界后，“删除边界”按钮才可以使用。单击此按钮，选择其中的某些边界对象，则该对象不再作为填充边界。

“删除边界”命令可以修剪填充图案，无须重复创建填充图案，也可以用修剪快捷键“TR”进行填充图案的修剪。

（2）重新创建边界

对于已经将边界删掉的填充图案，可使用“重新创建边界”命令以多段线的方式重新生成填充边界。

（3）选择边界对象

在高版本的 AutoCAD 中有边界夹点，用户可用鼠标直接拖拽边界夹点来改变填充图案的边界。

4. 图案填充原点

图案填充原点用来控制填充图案的初始位置。一些类似于砖形的图案，需要从边界的一点排成一行，有时需要调整其初始位置。使用当前原点，是指所有图案的原点与当前的 *UCS* 坐标系一致，如图 1–42 所示。

默认填充图案原点

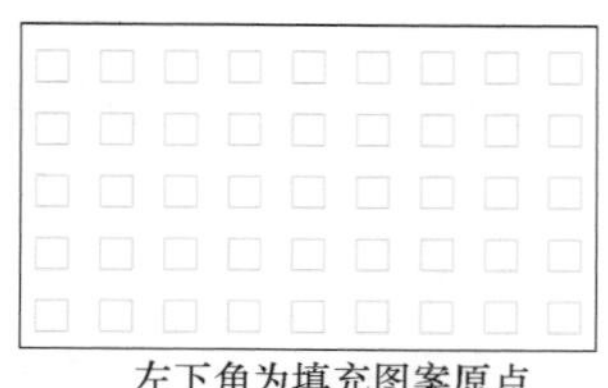
左下角为填充图案原点

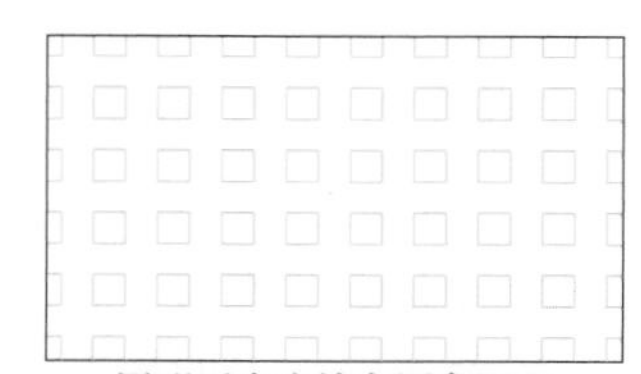
图形正中为填充图案原点

图 1–42　不同图案填充原点示意图

5. 选项

（1）关联

当使用编辑命令修改边界时，若已勾选“关联”选项，则图案填充会随着边界的改变自动填充新的边界；若未勾选“关联”选项，则图案填充不会随边界的改变自动填充新的边界，如图 1-43 所示。

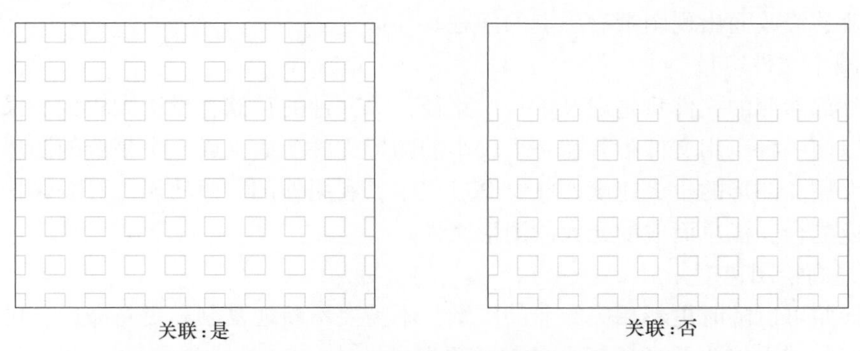

图 1-43　是否勾选“关联”选项效果示意图

（2）继承特性

当采用图中已有的填充图案进行新的填充时，可以使用“继承特性”功能迅速复制已有的填充样式，快速进行填充。此功能与 AutoCAD 中格式刷快捷命令“MA”的功能一样，具体操作步骤如图 1-44 所示：

① 选中需要更换的填充样式。

② 在菜单栏中“图案填充编辑器”下找到“特性匹配”选项，单击该选项。

③ 鼠标样式变成格式刷，选取要替换的填充样式。

④ 相应的需要更换的填充样式即可变成替换的填充样式。

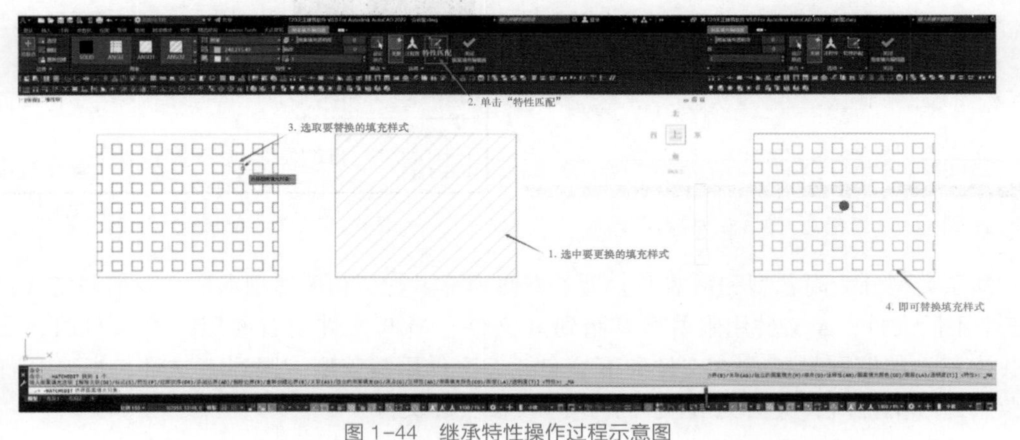

图 1-44　继承特性操作过程示意图

三、外部参照的应用

AutoCAD 外部参照功能使设计图纸之间的共享更方便、更快捷，使不同设计人员之间可以共享设计信息，提高设计准确度及专业协作效率，其主要的优势有：

（1）保证各专业设计协作的连续一致性

外部参照可以保证各专业的设计、修改同步进行。例如，含有外部参照的文件，如果建筑专业对建筑条件进行了修改，其他专业只要重新打开图纸或者重新加载当前图形，就可以看到修改的部分，从而可以按照最新建筑条件继续设计工作。这样就避免了其他专业因建筑专业的修改而出现图纸对不上的问题。

（2）减小文件容量

含有外部参照的文件只是记录了一个路径，该文件的存储容量增大较少。采用外部参照功能可以使一批引用文件附着在一个较小的图形文件上而生成一个复杂的图形文件，从而可以大大提高图形的生成速度。在绘图过程中，利用外部参照功能，可以轻松处理由多人、多专业配合，汇总而成的庞大的图形文件。

（3）提高绘图速度

外部参照可以随时更新相关专业的图纸，不需要不断地复制和更新滞后，可以大大提高绘图速度，减少修改图纸所耗费的时间和精力。AutoCAD 的参照编辑功能可以让绘图人员在不打开外部参照文件的情况下对文件进行修改，从而加快了绘图的速度。

外部参照的优势明显，需要熟练掌握其操作。可以通过快捷键“XA”或者菜单栏中“插入”选项，单击参照面板中的“附着”，如图 1-45 所示，弹出“附着外部参照”对话框，如图 1-46 所示。这里需要重点了解“参照类型”和“路径类型”。

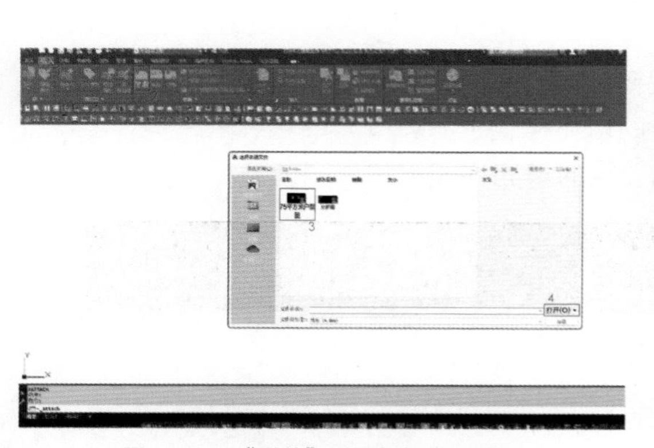

图 1-45 “附着”对话框操作示意图

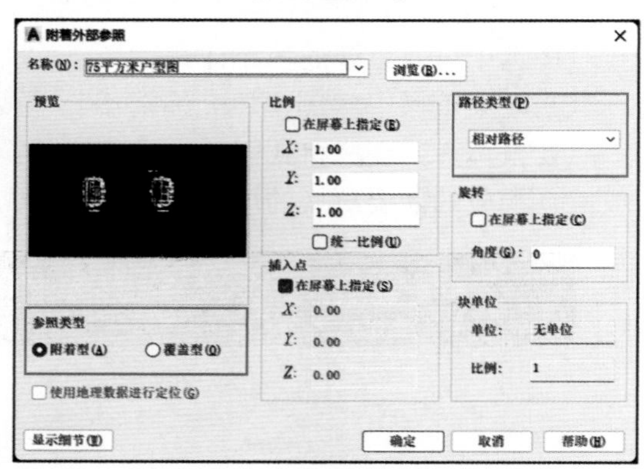

图 1-46 “附着外部参照”对话框

参照类型分为附着型和覆盖型。为了方便理解附着型和覆盖型参照，我们假定 A、B、C 三个不同文件。A 文件用附着型参照到 B 文件，当 B 文件附着参照到 C 文件时，会自带 A 文件，能够同时参照 A 文件和 B 文件。A 文件用覆盖型参照到 B 文件，当 B 文件附着参照到 C 文件时，会丢失 A 文件，这时只参照 B 文件。

路径类型包括：无路径、相对路径、完整路径。无路径需要参照文件与被参照文件在同一个文件夹下；相对路径只要参照文件与被参照文件之间的相对位置没有改变，就可以被参照，常采用相对路径参照；完整路径参照后，文件不能移动。

以选择附着型和相对路径参照为例，指定插入点，插入的外部参照会以淡显的形式出现在参照图纸内，如图 1-47 所示。外部参照后，可以通过快捷键“ER”打开外部参照管理器，如图 1-48 所示，在外部参照管理器中，可以对外部参照文件进行卸载、重载、拆离、绑定等操作。

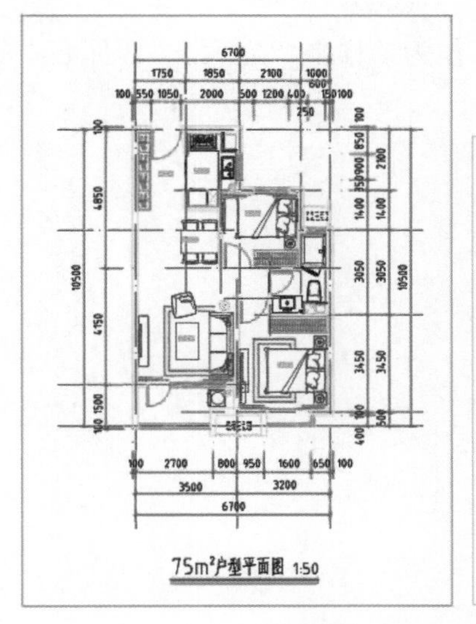

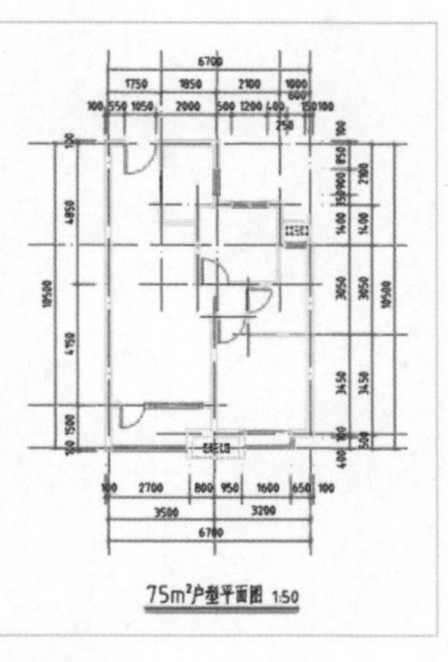

图 1-47　插入外部参照图

图 1-48　外部参照管理器

思考

问题 1：AutoCAD 中如何创建动态块？

问题 2：新保存的 DWG 文件，再次打开时提示找不到外部参照文件怎么办？

思政拓展

立大志。以行业的标杆为榜样，学习彭一刚院士的大国工匠精神。

彭一刚，1932 年 9 月 3 日出生于安徽省合肥市，1953 年本科毕业于天津大学土木建筑系，之后在天津大学任教，1995 年当选为中国科学院院士。彭一刚院士曾获得众多荣誉和奖励，包括梁思成建筑奖、中国建筑教育奖、全国工程勘察设计大师荣誉称号，其设计的主要建筑有天津大学建筑馆、王学仲艺术研究所、天津水上公园熊猫馆、山东省平度市公园、伦敦中国城等。

彭一刚院士长期以来从事建筑美学及建筑设计理论研究，积极进行建筑创作实践，为我国传统经典美学构图原理、现代建筑空间组合理论、当代西方建筑审美变异等领域的研究，以及我国建筑领域优秀人才的培养和建筑学科的建设发展都做出了重要的贡献。

作为著名建筑教育家，彭一刚院士执教近 70 年，被誉为“培养大师的大师”。他的学生里出了两位院士和四位“全国工程勘探设计大师”。他在教学中十分重视学生基本功的培养，其手绘稿堪称大作，为无数建筑学子提供了可学习、可临摹的卓越范本。

据崔愷院士回忆，在他上学时期，彭一刚院士进行了天津水上公园熊猫馆的设计。尽管这是一座体量不大的建筑，彭一刚院士还是画了各种彩色渲染的平、立、剖面和透视图进行推敲，而且一有时间就去工地指导施工。在天津大学校内，经常可以看到彭一刚院士的新作。据留校的同学说，彭一刚院士每天早上都要到工地上走一圈，发现毛病和问题时经常要求拆改，十分认真负责。彭一刚院士精益求精的精神感动了一代代人，他的思想方法和建筑文化观影响了一代又一代的建筑学子，使他们走上了建筑文化的创新之路。彭一刚院士留下的建筑思想将永远闪亮。

问题：我们需要有职业责任感，需要有行业的标杆作为榜样来“立大志”，你心中的行业榜样是谁呢？

项目二

建筑装饰施工图绘制准备

任务一　装饰方案设计文件的识读

任务二　原始框架图绘制

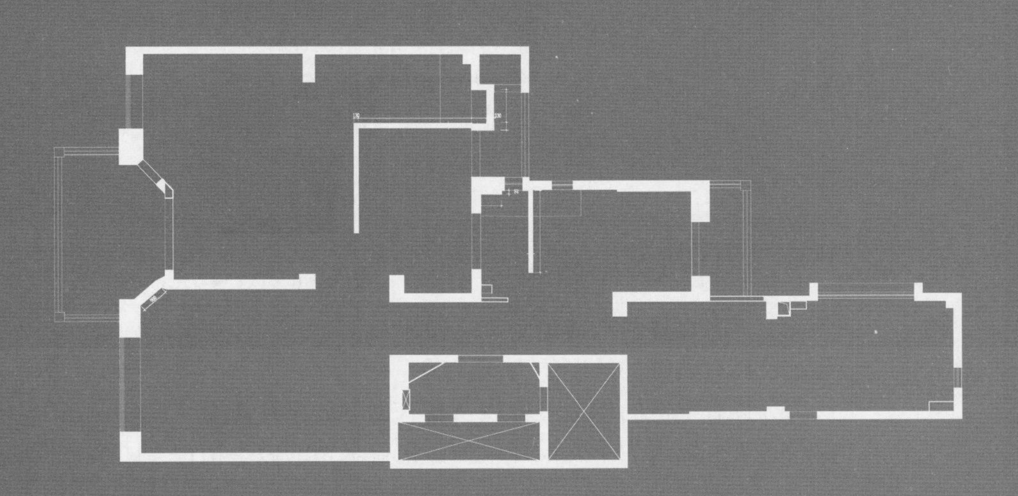

任务一
装饰方案设计文件的识读

工作任务导入

工作任务	
任务简介	该项目位于厦门市，层高 2. 79m，为框架剪力墙结构住宅楼，室内墙体为轻质砌块砌筑。客户有两个孩子，平时大多一家四口居住，其父母偶尔短住。客户的两个孩子都在求学阶段，其中有一个已经上了大学，假期才会回家。另外，客户也有书房需求。客户具体需求如下： 1. 三房改四房，要有客厅、餐厅、主卧及两个小孩房，还要增加书房兼客房功能，同时要有生活阳台 2. 客厅门洞须拆除，增加客厅面积 3. 主卧须带独立卫生间，要有更衣间，要有梳妆台 4. 两个小孩房都须带书桌 5. 小孩学钢琴，需要一个放置钢琴的位置 6. 卫生间须干湿分离 7. 须较大鞋柜 
任务要求	仔细阅读客户诉求和任务书内容，制定完成设计方案
岗位技能	1. 具有良好的沟通能力 2. 具有熟练的绘图能力 3. 具有丰富的生活经验以及富有创意的设计能力 4. 具有以人为本的设计精神、精益求精的做事精神、团结合作的协调精神

工作任务要求	任务要求：准确识读任务书并进行相应的绘图准备 工作任务： 一、任务书内容 二、解读任务书
工作标准	1. “1+X 室内设计”职业技能等级标准 2.《房屋建筑制图统一标准》(GB/T 50001—2017) 3.《建筑制图标准》(GB/T 50104—2010)

知识导入

问题 1：建筑装饰施工图深化设计师需要具备哪些能力？
问题 2：如何快速理解任务书的要求，并精准执行？

一、任务书内容

（一）简介

该项目位于厦门市，层高 2. 79m，为框架剪力墙结构住宅楼，室内墙体为轻质砌块砌筑。客户有两个孩子，平时大多一家四口居住，其父母偶尔短住。客户的两个孩子都在求学阶段，其中有一个已经上了大学，假期才会回家。另外，客户也有书房需求。客户具体需求如下：

① 三房改四房，要有客厅、餐厅、主卧及两个小孩房，还要增加书房兼客房功能，同时要有生活阳台。

② 客厅门洞须拆除，增加客厅面积。

③ 主卧须带独立卫生间，要有更衣间，要有梳妆台。

④ 两个小孩房都须带书桌。

⑤ 小孩学钢琴，需要一个放置钢琴的位置。

⑥ 卫生间须干湿分离。

⑦ 须较大鞋柜。

（二）设计内容及要求

① 室内功能空间规定有客厅（使用面积约 $28m^2$）、餐厅（使用面积约 $12m^2$）、主卧（使用面积约 $14m^2$）。其他空间自行设计，但必须符合客户需求。全屋为中央空调设计。

② 根据建筑空间，结合部分空间的方案效果图和实景图及要求，完成该空间的建筑装饰施工图深化设计。设计内容包括室内空间划分、隔墙位置布置、所有空间的平面布置、地面铺装、顶平面设计、客厅及餐厅装修方案显示的 3 个立面设计、主卧装修方案显示的 1 个立面设计、指定位置的构造节点设计。图纸设计应满足施工图的设计要求，所有剖切节点构造要合理，表达要清晰。

③ 本任务提交的成果文件包括：封面、图纸目录、施工说明、装饰材料表、原建筑平面框架图、空间改造墙体定位图、平面布置图、平面家具定位图、地面铺装图、开关插座布置图、水路布置图、顶平面布置图、客厅及餐厅和卧室的立面图（不少于 4 个）、指定位置的剖面及节点大样图（不少于 3 个）等。

（三）本项目资料

本项目资料包括彩色平面布置图、客厅效果图及实景图、餐厅效果图及实景图和主卧效果图及实景图，如图 2-1 至图 2-9 所示。

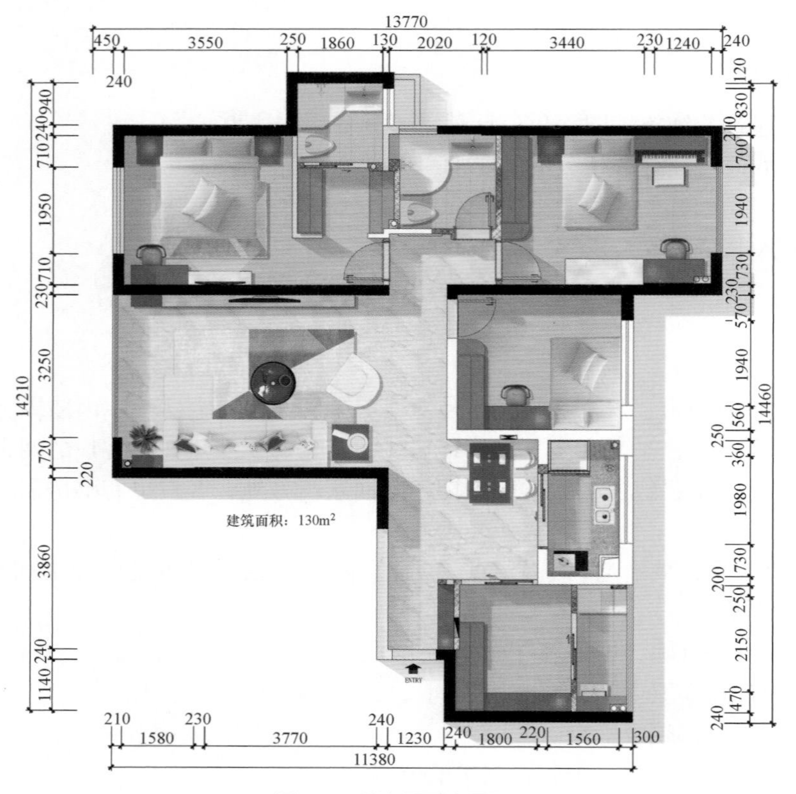

图 2-1　彩色平面布置图

图 2-2　客厅效果图及实景图

图 2-3　客厅沙发背景实景图

图 2-4　客厅电视背景实景图

图 2-5　客厅 D 立面实景图

客厅装饰主要材料如下：

墙面：深色木饰面板、8mm 玫瑰金线条、灰镜、茶镜、玫瑰金不锈钢、爵士白瓷砖、深色木饰面 15mm 拉槽、实木门套、白色木饰面护墙板、1cm 黑钛线条、4cm 黑钛踢脚线、90mm×180mm 瓷砖、深色木饰面护墙板

地面：900mm×900mm 抛光砖。

顶面：石膏板吊顶+乳胶漆、8mm 钛金线条。

图 2-6　餐厅效果图及实景图

图 2-7　主卧效果图及实景图

餐厅装饰主要材料如下：

墙面：白色木饰面护墙板、深色木饰面板、艺术涂料、黑钛线条。

地面：900mm×900mm 抛光砖。

顶面：石膏板吊顶+乳胶漆、黑钛灯槽。

图 2-8　主卧实景图（一）

图 2-9　主卧实景图（二）

主卧装饰主要材料如下：

墙面：钛金饰面、浅米色硬包、实木踢脚、艺术涂料、5mm 钛金框、明镜、浅灰色木饰面、浅灰色木饰面拉槽。

地面：实木地板、石材门槛石。

顶面：石膏板吊顶+乳胶漆、钛金饰面。

二、解读任务书

认真阅读任务书，要完成本项目建筑装饰施工图深化设计，需要以下几个步骤：

① 绘制原始框架图，根据原始框架测量图进行建筑原始框架的绘制。

② 调整平面布局，绘制平面布置图。根据客户的需求，需要对原户型的功能空间进行调整，房间需要有主卧、两个小孩房和一个父母短住加书房功能的房间。

③ 绘制平面其他图纸，包括拆墙尺寸定位图、砌墙尺寸定位图、平面家具尺寸定位图、地面材料铺贴图、水路布置图、立面索引图、顶棚布置图、顶棚尺寸定位图、灯具尺寸定位图、开关布置图和插座布置图。

④ 绘制立面图纸，包括客厅 A 立面图、客厅 C 立面图，餐厅 A 立面图和主卧 A 立面图。

⑤ 绘制相应节点的剖面图和详图，包括编号 1、2、3 的三个节点的剖面图及详图。

问题 1：各空间的装饰材料有哪些特点？

问题 2：解读任务书时，需要考虑哪些问题？

拓展

☞ 实训项目：云顶至尊项目建筑装饰施工图深化设计——装饰方案设计文件的识读

工作任务	
任务简介	该项目位于厦门市云顶至尊小区，该小区为高档小区。该项目位于 16 号楼 3 楼，房屋面积 255m²，为混凝土剪力墙结构，层高约 3m（空间不同，层高有细微区别）。客户情况及具体需求如下： 客户：黄先生

任务简介	一、家庭基本情况 家庭常住人员为黄先生夫妇、一个孩子、父母和住家保姆 二、功能空间需求 1. 客厅：空间完整，面积大，有独立泡茶区 2. 餐厅：使用圆形餐桌，能容纳 8 人用餐 3. 主卧：必须带独立卫生间，卫生间要同时有浴缸和淋浴区，有大衣帽间或者大衣柜，要有梳妆台 4. 次卧：小孩居住的卧室，要有书桌 5. 父母房：须带独立卫生间 6. 客房：有衣柜 7. 书房：光线好，偶尔使用 8. 住家保姆房：房间须离主要公共活动空间远，有独立出入电梯 三、设计风格 装修风格要求：现代简约
任务书要求	一、设计内容及要求 ①室内功能空间规定有客厅（使用面积约 $43m^2$）、餐厅（使用面积约 $15m^2$）、主卧（使用面积约 $19m^2$）。其他空间自行设计，但必须符合客户需求。全屋为中央空调设计 ②根据建筑空间，结合部分空间的方案效果图和实景图及要求，完成该空间的建筑装饰施工图深化设计。设计内容包括室内空间划分、隔墙位置布置、所有空间的平面布置、地面铺装、顶平面设计、客厅及餐厅装修方案显示的 3 个立面设计、主卧装修方案显示的 1 个立面设计、指定位置的构造节点设计。图纸设计应满足施工图的设计要求，所有剖切节点构造要合理，表达要清晰 ③本任务提交的成果文件包括：封面、图纸目录、施工说明、装饰材料表、原建筑平面框架图、空间改造墙体定位图、平面布置图、平面家具定位图、地面铺装图、开关插座布置图、水路布置图、顶平面布置图、客厅及餐厅和卧室的立面图（不少于 4 个）、指定位置的剖面及节点大样图（不少于 3 个）等 二、本项目资料 1. 主要效果图及实景图 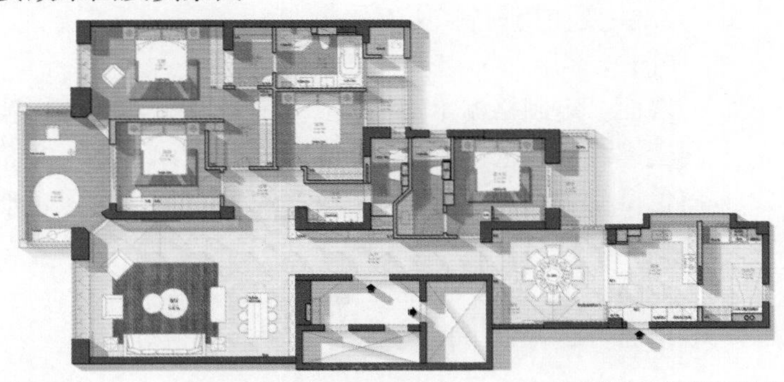

任务书要求	    2. 主要使用材料 （1）客厅 墙面：定制格栅木饰面板、岩板、大理石台面、浅灰色护墙板、3cm 木门套、浅灰色艺术漆、定制装饰柜、艺术挂画、3cm 黑钛踢脚线、定制米白色格栅护墙板、定制米白色护墙板、壁灯、黑色玻璃镜面、线型灯、门套卡线型灯 地面：800mm× 800mm 抛光砖 顶面：石膏板吊顶+乳胶漆、磁吸轨道灯

任务书要求	（2）餐厅 墙面：定制酒柜、装饰挂画、岩板、3cm 黑钛踢脚线、定制柜子、定制水吧台、定制橱柜、定制米白色护墙板、定制木格栅饰面板 地面：800mm× 800mm 抛光砖 顶面：石膏板吊顶刷白色乳胶漆、圆形磁吸轨道灯、侧面卡线型灯 （3）主卧 墙面：定制木饰面造型、定制护墙板造型、3cm 黑钛踢脚线、定制衣柜、挂画、成品五斗柜、浅灰色艺术漆、2cm 木套 地面：实木地板 顶面：石膏板吊顶刷白色乳胶漆、侧面卡线型灯、磁吸轨道灯

☞ 相关知识和绘图技能确认单

相关知识和绘图点	绘制情况	自我评价
任务书解读	1. 2. 3.	
确认绘图内容	1. 2. 3.	

☞ 绘图计划制定工作单

1. 绘制方案

简单描述绘制过程及需要注意的细节：

2. 绘图涉及的 AutoCAD 快捷键

移动	M	直线	L

☞ 绘图计划实施工作单

主要绘制内容	实施情况（附图纸）	完成时间（min）

☞ 提交与改进工作单

改进要点记录		
作品提交	绘制的图纸	展示（附图纸）

任务二

原始框架图绘制

工作任务导入

工作任务	
任务书要求	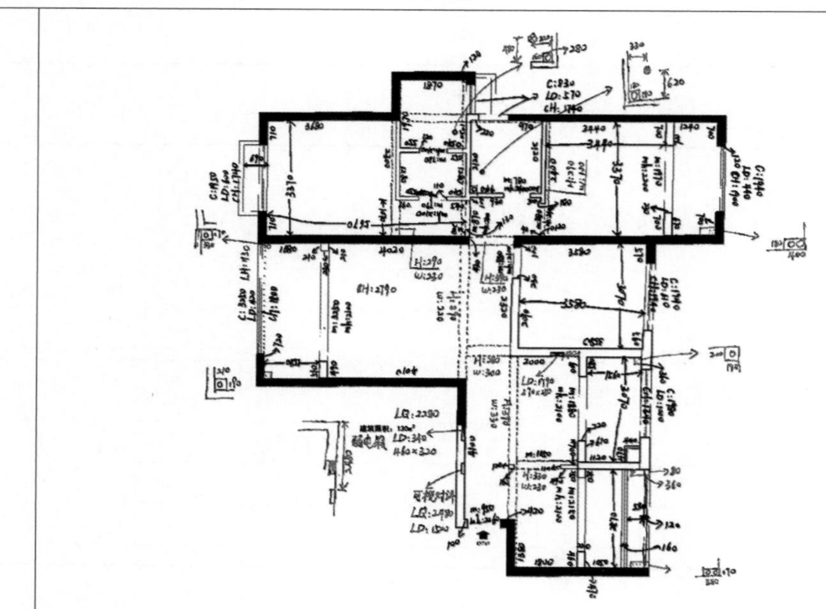
	1. 根据实地测量图绘制原始框架图 2. 梁位表达准确 3. 强弱电配电箱表达准确 4. 管道表达准确

岗位技能	1. 具有工地测量的能力 2. 具有现场绘制图纸的能力 3. 具有清晰表达各项细节内容的能力 4. 具有一丝不苟的工作精神、良好的沟通能力
工作任务要求	任务要求：明确任务书要求，绘制原始框架图 工作任务： 一、识读现场测量图 二、绘制原始框架图
工作标准	1. “1+X 室内设计”职业技能等级标准 2.《房屋建筑制图统一标准》(GB/T 50001—2017) 3.《建筑制图标准》(GB/T 50104—2010)

知识导入

问题 1：现场测量时，最主要的表达内容有哪些？

问题 2：排烟管道在后续设计时可以更改位置吗？

一、识读现场测量图

如图 2-10 所示为现场测量图。

现场测量图说明：

① 现场测量图标注了详细的细节尺寸，虽然有些房子有开发商提供的建筑图纸，但具体尺寸存在轻微差别，设计时要以现场测量尺寸为主。

② 门窗、洞口、管道及梁位等表达准确。测量标注“M”表示门洞，后面数字为门宽。门洞高以“*MH*”表示。管道标注预估包管以后的尺寸，马桶排污管标注距两边墙距离。梁为虚线绘制，标注“*H*”为高度，“*W*”为宽度。

③ 建筑层高、窗高、门高等表达准确。建筑层高“*H*”为 2790mm，窗户标注“*LD*”为离地高度，“*CH*”为窗户高度，标注“C:”后面的数字为窗宽。

二、绘制原始框架图

绘制步骤

1. 图层设置

新建图层时应注意分区。例如：可以分为建筑、平面、吊顶等区。建筑这个区可以包括建筑墙体、梁位、门窗等。绘制原始框架图，图层命名可以用“1-1 建筑-墙体”，如果是门头石，就用“1-6 建筑-门头石”，这样命名在后面的绘制过程中会方便很多。

本项目原始框架图绘制，所需图层设置参考表 2-1（可自行设置图层名称、颜色等）。

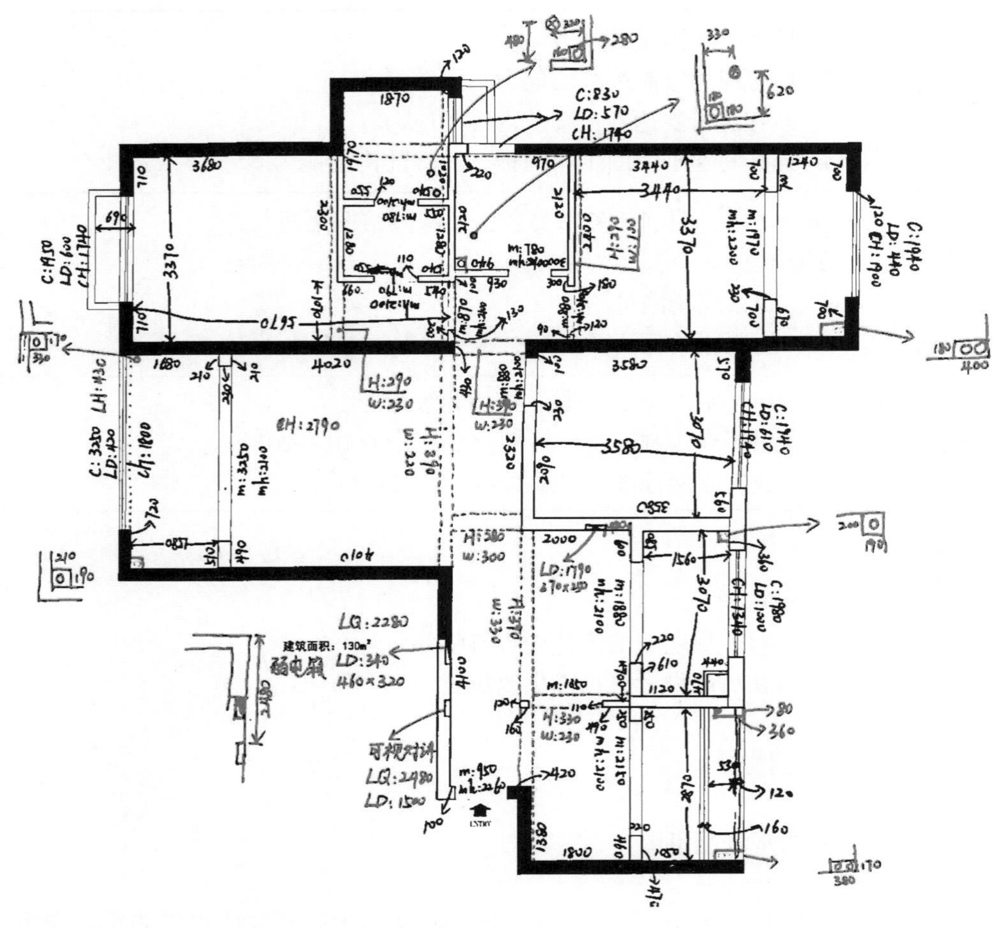

图 2-10　现场测量图

表 2-1　　图层设置内容

图层名称	颜色	线型	线宽
1-1 建筑-墙体	白	Continuous	默认
1-2 建筑-门窗	黄	Continuous	默认
1-3 建筑-梁位	红	DASHED	默认
1-4 建筑-标注-文字	8	Continuous	默认
1-5 建筑-标注-尺寸	绿	Continuous	默认
1-6 建筑-门头石	8	Continuous	默认

在“1-1 建筑-墙体”图层绘制墙体，在“1-2 建筑-门窗”图层绘制门窗，在“1-3 建筑-梁位”图层绘制梁，在“1-6 建筑-门头石”图层绘制门头石。承重墙的位置填充“SOLID”图案，填充可另外新建图层，也可在“1-1 建筑-墙体”图层。原始框架图绘制如图 2-11 所示。

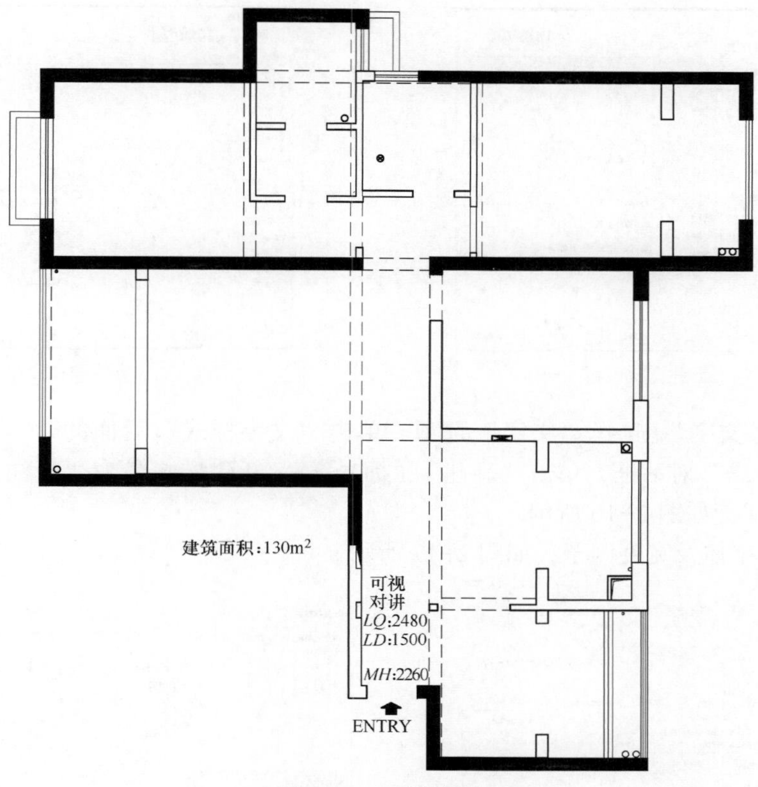

图 2-11　原始框架图

2. 标注梁位、门窗洞口、管道等具体尺寸

在标注前，需要先进行标注设置，步骤如下：

（1）新建标注样式

打开标注样式管理器（快捷键“D”），新建标注样式，命名为“1-60”（命名可根据比例，在后面进行修改），基础样式为“ISO-25”。如图 2-12 和图 2-13 所示。

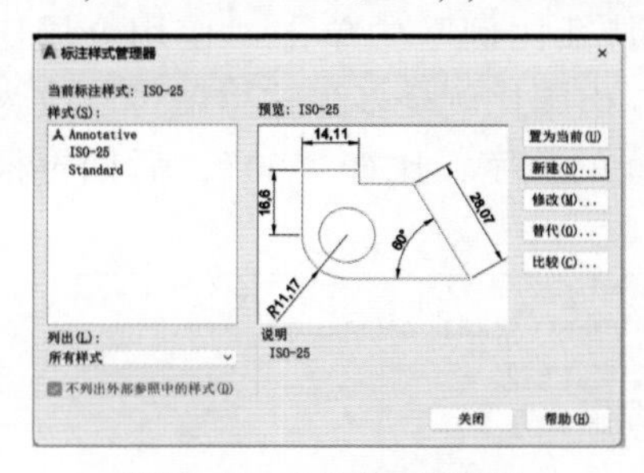

图 2-12　标注样式管理器

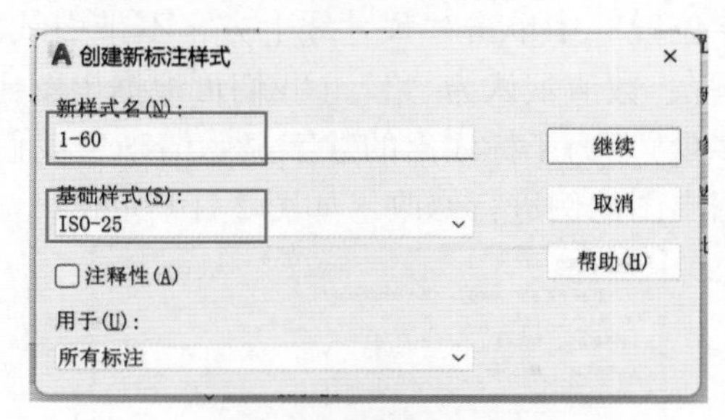

图 2-13　创建新标注样式

（2）继续设置各项数值

① 设置“线”。其中，“基线间距”可以设置 7~10，“固定长度的尺寸界线”设置 8~10，如图 2-14 所示。

② 设置“符号和箭头”。箭头大小在国标中规定粗斜线长度约为 3mm，这里为了绘图更加美观，设置了 2 的长度，如图 2-15 所示。

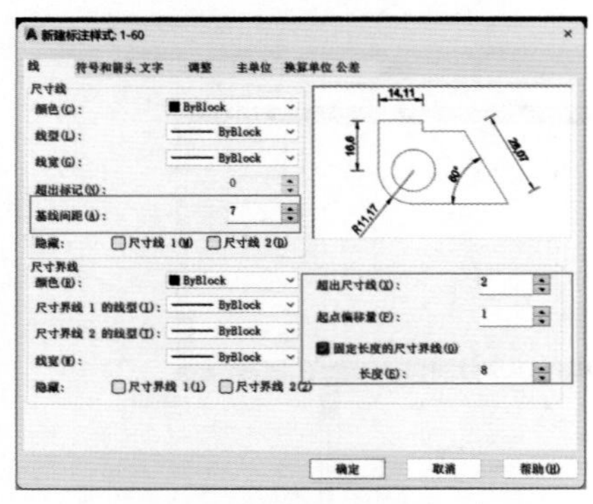

图 2-14　标注样式设置（一）

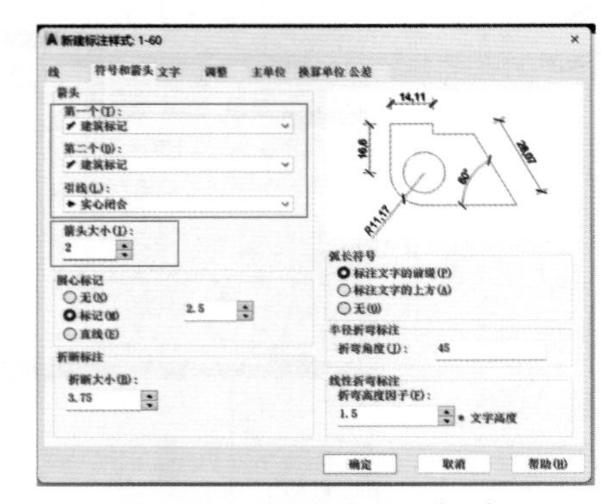

图 2-15　标注样式设置（二）

③ 设置“文字”。选择“文字”选项，单击“文字样式”后面的“...”（标号 1）进入“文字样式”对话框，单击“新建”（标号 2），新建样式名为“标注文字”（标号 3）的文字样式，如图 2-16 所示。

设置文字字体及宽度因子，如图 2-17 所示。

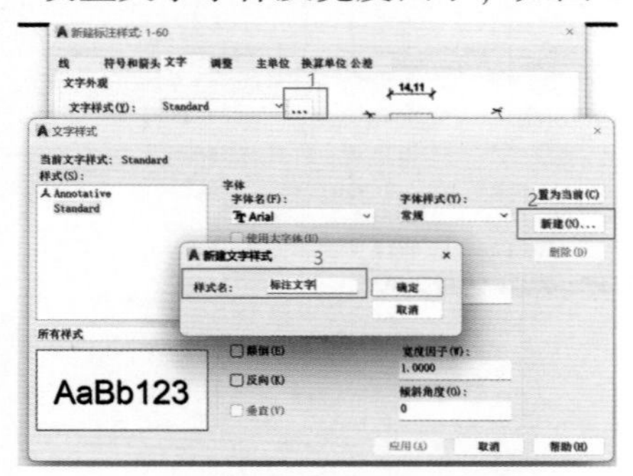

图 2-16　标注样式设置（三）

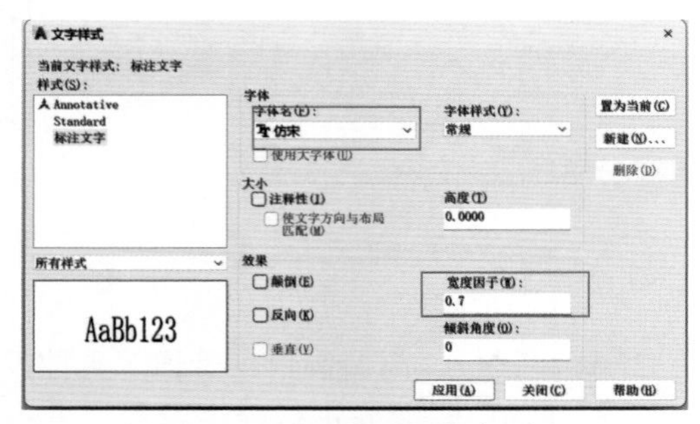

图 2-17　标注样式设置（四）

设置文字外观、文字位置、文字对齐，如图 2-18 所示。

④ 设置“调整”。在“调整选项”中单击“文字始终保持在尺寸界线之间”，在“文字位置”中单击“尺寸线上方，不带引线”，在“标注特征比例”中单击“使用全局比例”，数值默认为“1”（我们可根据出图比例进行调整，出图比例是多少这里就可以改为多少）。为了标注出的数字显示清晰，我们先填一个大概的数字，比如“60”，后期再根据出图比例进行修改，如图 2-19 所示。

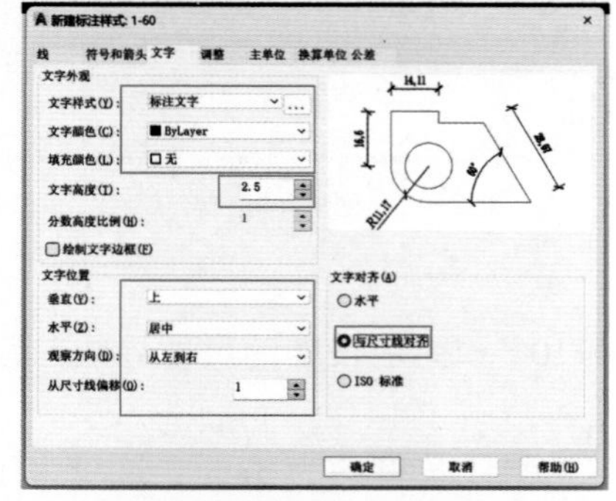

图 2-18　标注样式设置（五）

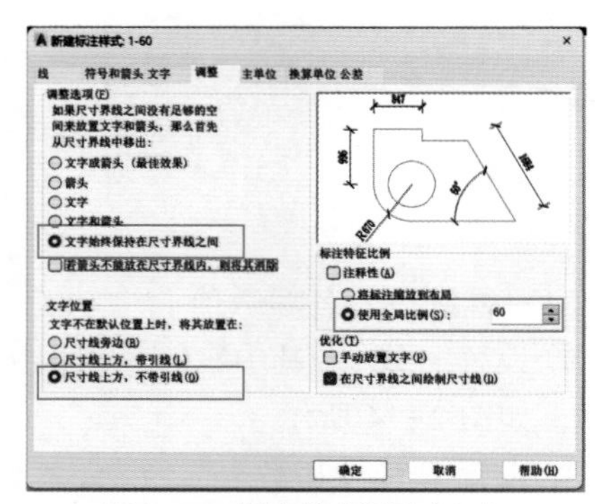

图 2-19　标注样式设置（六）

⑤ 设置“主单位”。“精度”和“舍入”值的设置，如图 2-20 所示。

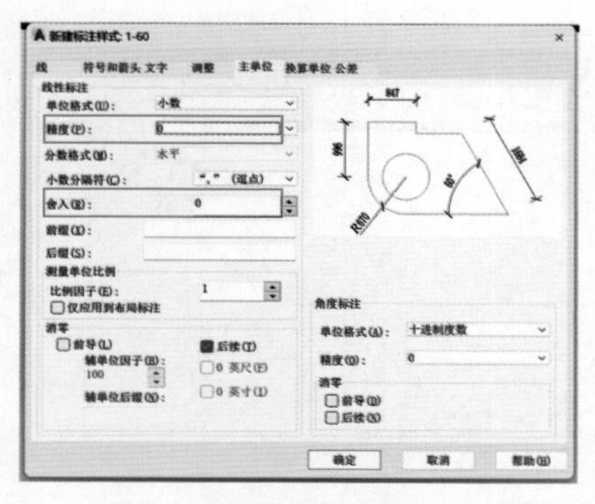

图 2-20　标注样式设置（七）

（3）标注尺寸

使用“1-5 建筑-标注-尺寸”图层标注原始框架图各尺寸，如图 2-21 所示。

3. 布局出图设置

根据任务书，本项目出图图纸幅面为 A3。

（1）设置布局

① 将“布局 1”重命名为“平面”，右键打开“页面设置管理器”，如图 2-22 所示。单击“修改”，设置打印机为“DWG To PDF. pc3”，选择图纸尺寸为 A3。单击打印机后的“特性”，单击“修改标准图纸尺寸（可打印区域）”，如图 2-23 所示。

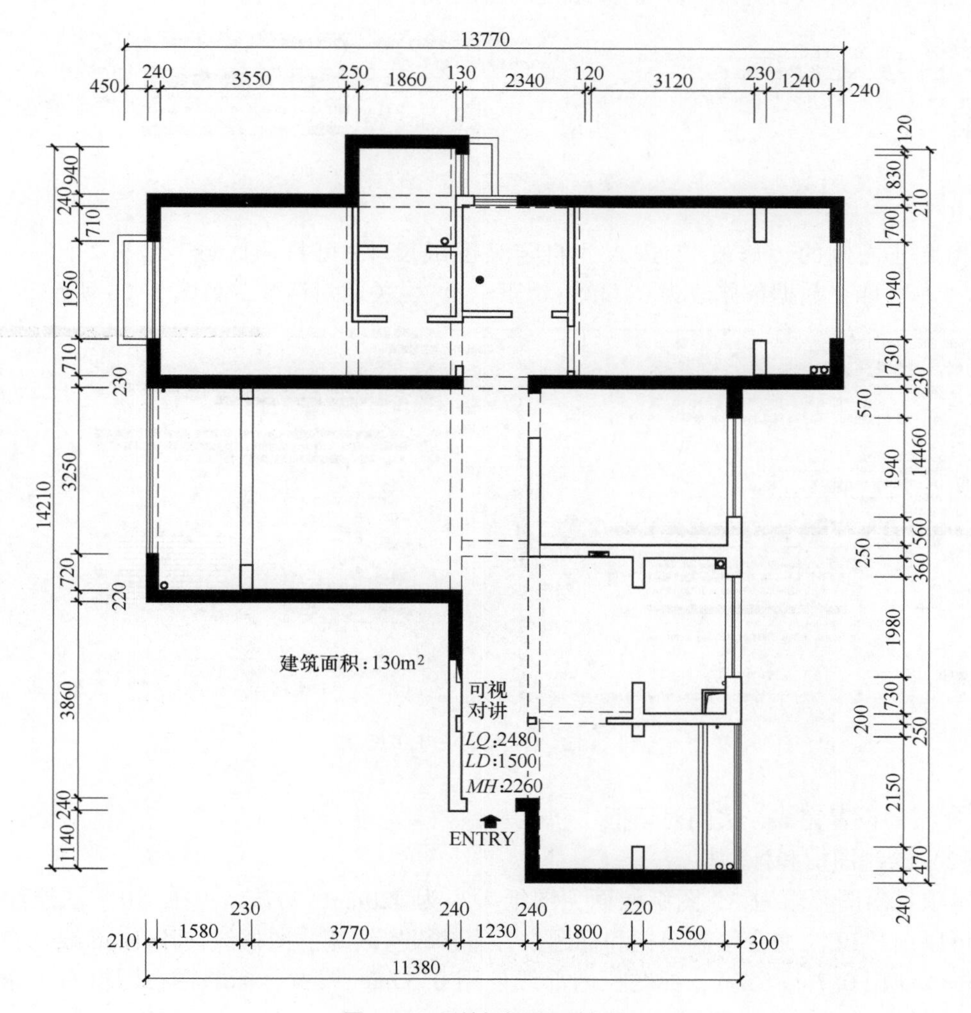

图 2-21　原始框架图尺寸标注

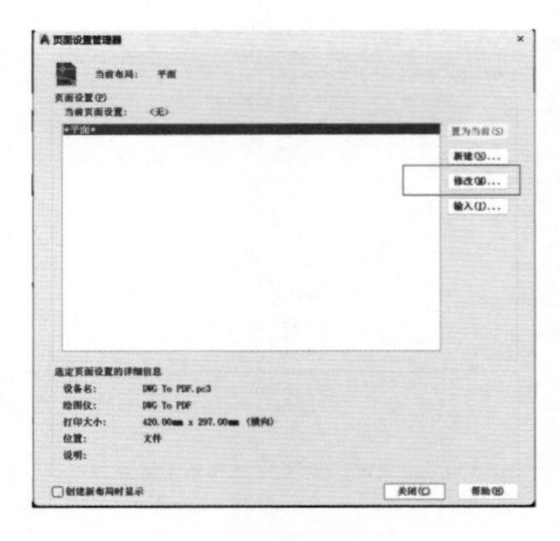

图 2-22　页面设置管理器

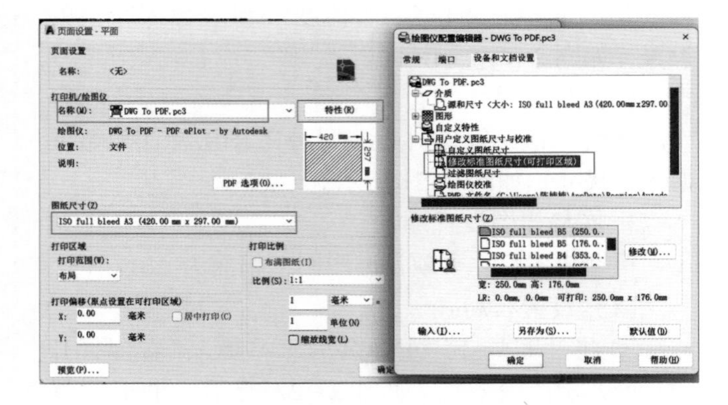

图 2-23　页面设置

② 注意，在图 2-24 中，左侧页面中图纸尺寸（红色框内）必须与右侧页面中“修改标准图纸尺寸”（红色框内）的图纸是同一图纸。

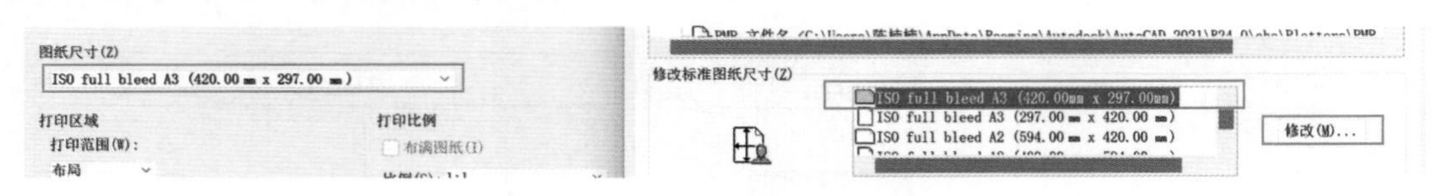

图 2-24　修改标准图纸尺寸

③ 单击右侧的“修改”，进入“自定义图纸尺寸-可打印区域”，将“上”“下”“左”“右”四个数据都修改为 0，单击“下一页”，关闭对话框，如图 2-25 所示。

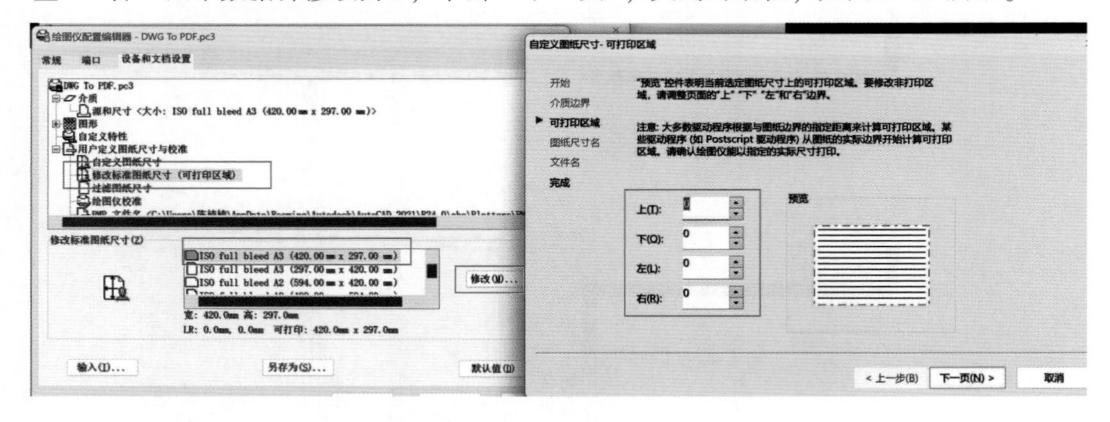

图 2-25　自定义图纸可打印区域

④ 布局设置完成，关闭对话框。

（2）绘制图框和标题栏

本项目出图要求为 A3 图纸幅面，图纸大小为 420mm×297mm，在“0”图层绘制图框。可以用“PL”命令绘制图框和标题栏，直接设置线宽：图框线使用 1mm 线宽，标题栏外框线使用 0.7mm 线宽，标题栏内部线使用 0.35mm 线宽，标题栏在图框右下角，左侧留装订线，如图 2-26 所示。

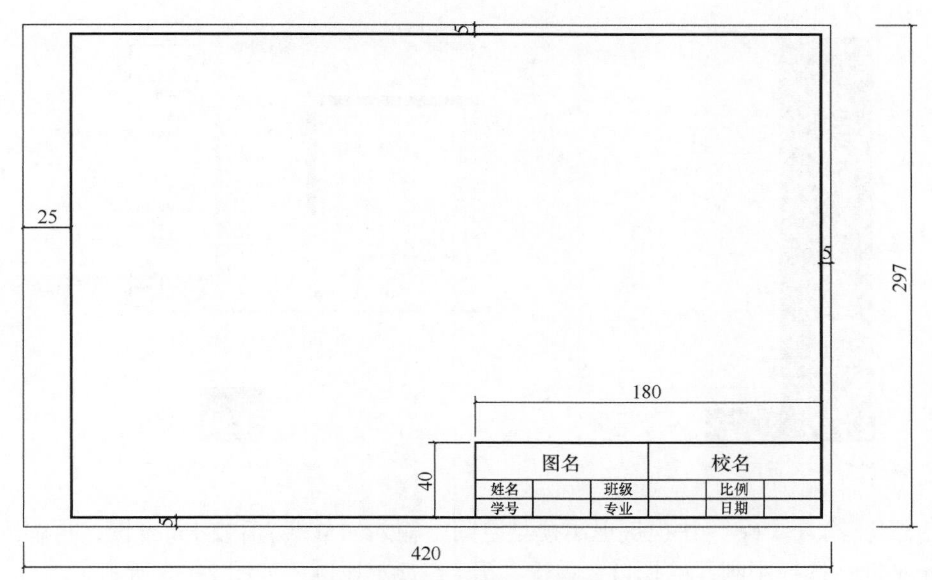

图 2-26　本项目所使用的图框

（3）开视口、锁定比例

① 开视口。在图框上用“MV”命令开一个视口，图层可选择“Defpoints”，该图层为不可打印图层，视口可与图框大小一样。透过视口就可以看到底下的模型，效果如图 2-27 所示。

② 定比例。定比例的方法有以下两种：

方法一：双击视口内部，就可进入模型空间。在命令行中输入“Z”后按 Space 键，再输入“1/70XP”（比例可反复调整，使构图美观），按 Enter 键确定，然后调整图形到适当的位置，如图 2-28 所示。

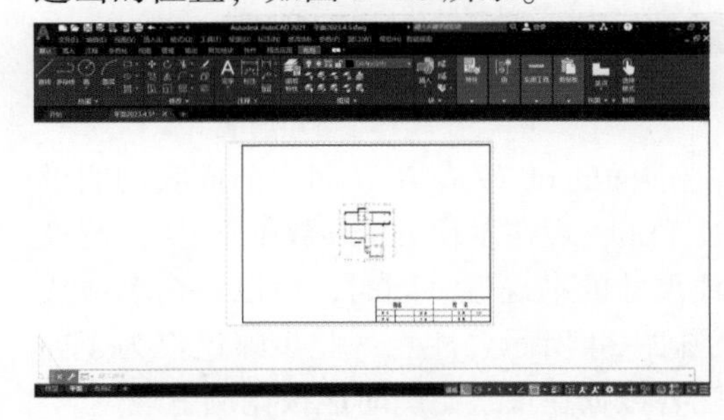

图 2-27　开视口

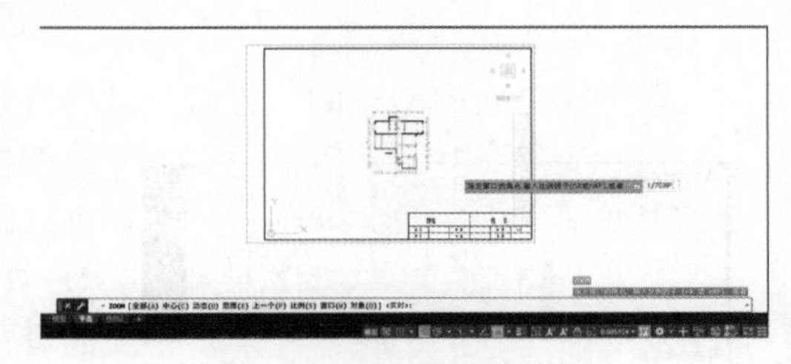

图 2-28　确定视口定比例

方法二：双击进入视口，单击“选定视口的比例”，选择合适的比例，如图 2-29 所示。如果已有的比例都不合适，则选择自定义，如图 2-30 所示，在“添加比例”中输入自己需要的比例数据，如图 2-31 所示，调整为合适图纸的比例，按 Enter 键确定。

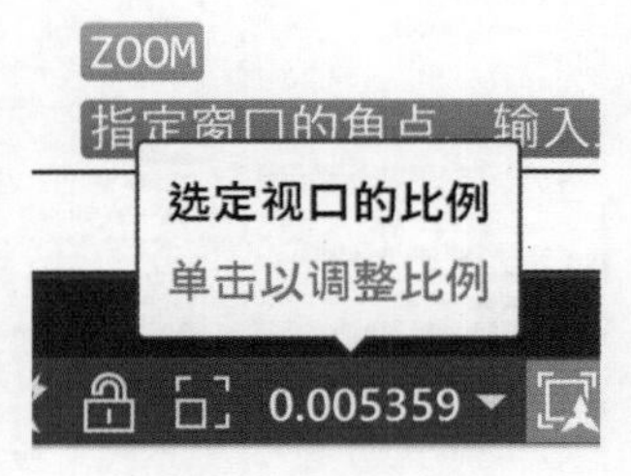

图 2-29　调整比例

③ 锁定比例。锁定比例的方法有以下两种：

方法一：单击窗口下面的锁定按钮，如图 2-32 所示，锁定比例。

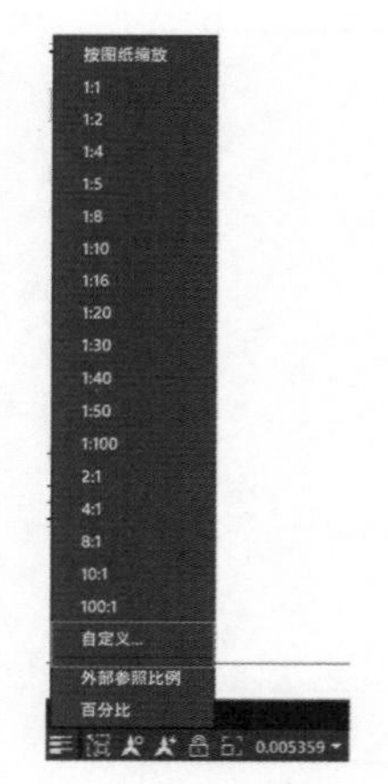

图 2-30 选定比例

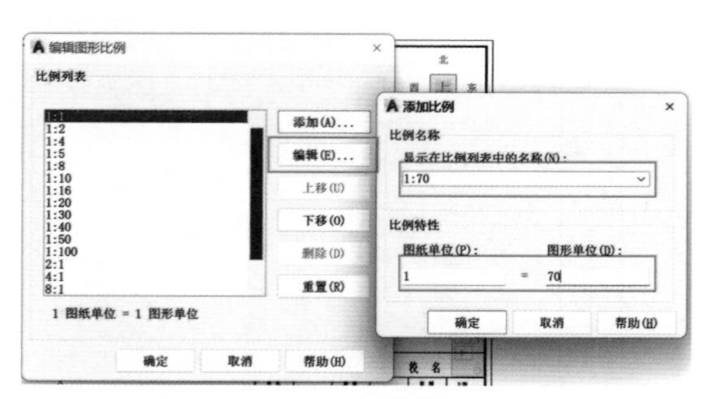

图 2-31 添加比例

图 2-32 锁定按钮

方法二：输入“PS”快捷键退出模型空间。输入“MV”后按 Enter 键，再输入“L”后按 Enter 键，选择刚刚开的视口，单击“开”，锁定比例，如图 2-33 所示。

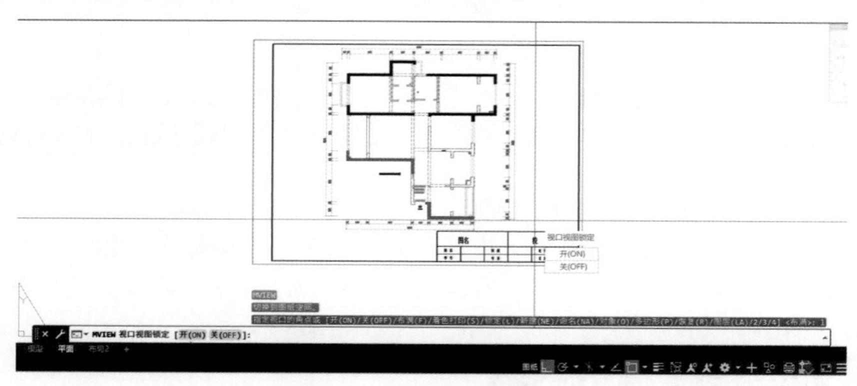

图 2-33 锁定比例快捷命令

④ 再次进入模型空间，设置尺寸标注比例，把前面的 60 改成 70（因为前面我们假设出图比例是 1∶60，现在发现 1∶60 放不下）。这样就可以确定标注尺寸的准确性。同时，可以将命名改成“1-70”，如图 2-34 所示。注意，此步骤仅仅为了前面设置的标注各数据在最终出图时能按比例呈现。

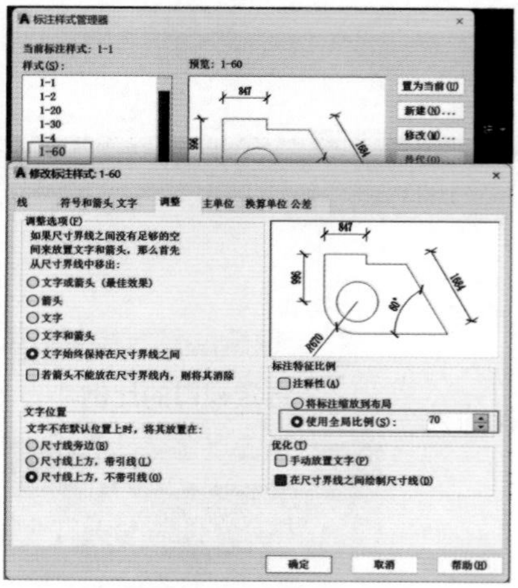

图 2-34 使用全局比例调整

4. 文字书写

① 在“1-4 建筑-标注-文字”图层标注门窗高度、梁尺寸、层高等数据，以备后续设计参考。新建“建筑-标注-文字”文字样式，设置如图 2-35 和图 2-36 所示。

② 注写梁高和梁宽、窗户尺寸等信息。

根据国标，数字和字母字高可以设置为 2.5mm，文字在布局中进行标注，标注好文字的原始框架图如图 2-37 所示。

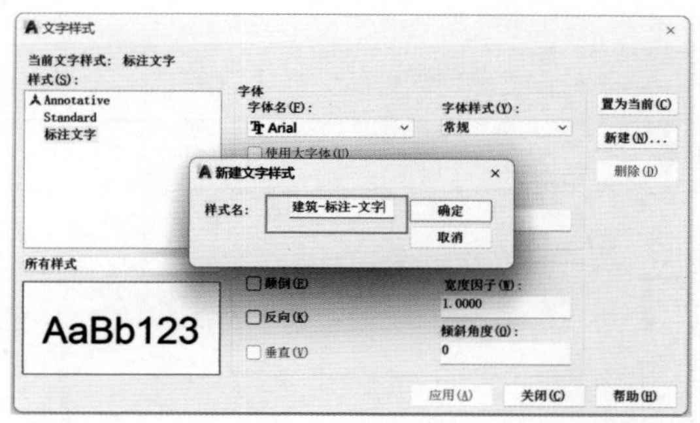

图 2-35　新建文字样式

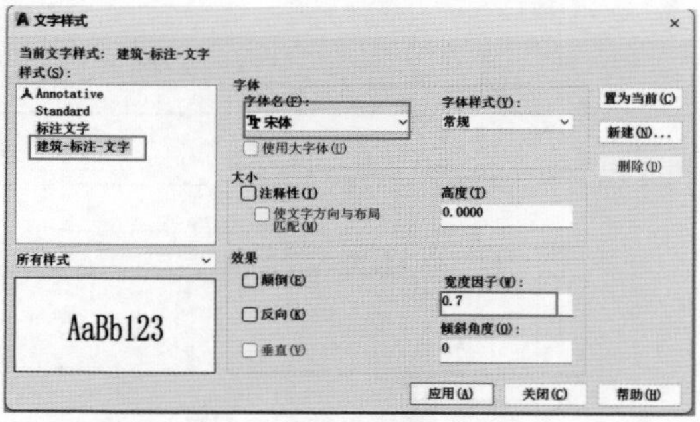

图 2-36　修改文字样式

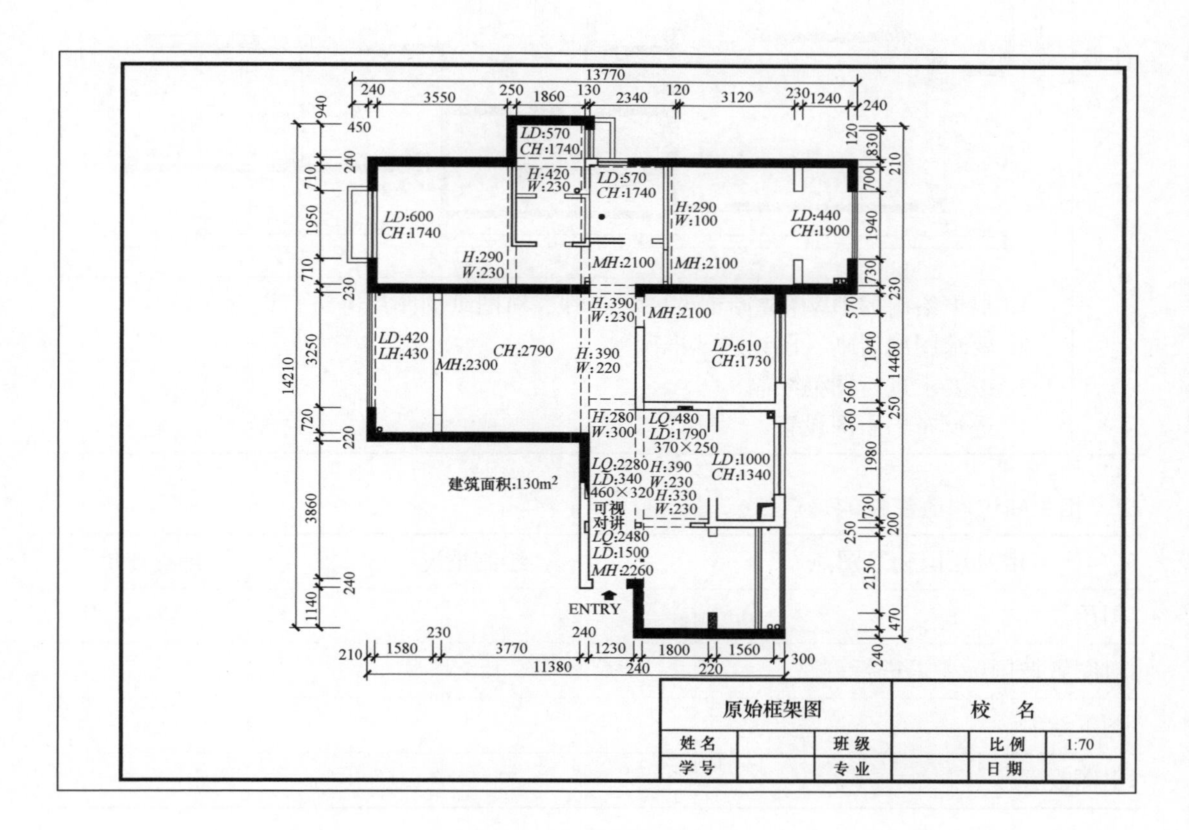

图 2-37　原始框架图

思考

问题 1：图层设置时，可以怎么做使绘图方便？

问题 2：绘图时怎样进行图面布置？

拓展

☞ 实训项目：云顶至尊项目施工图深化设计——完善原始框架图

<table>
<tr><th colspan="2">工作任务</th></tr>
<tr><td>任务书要求</td><td>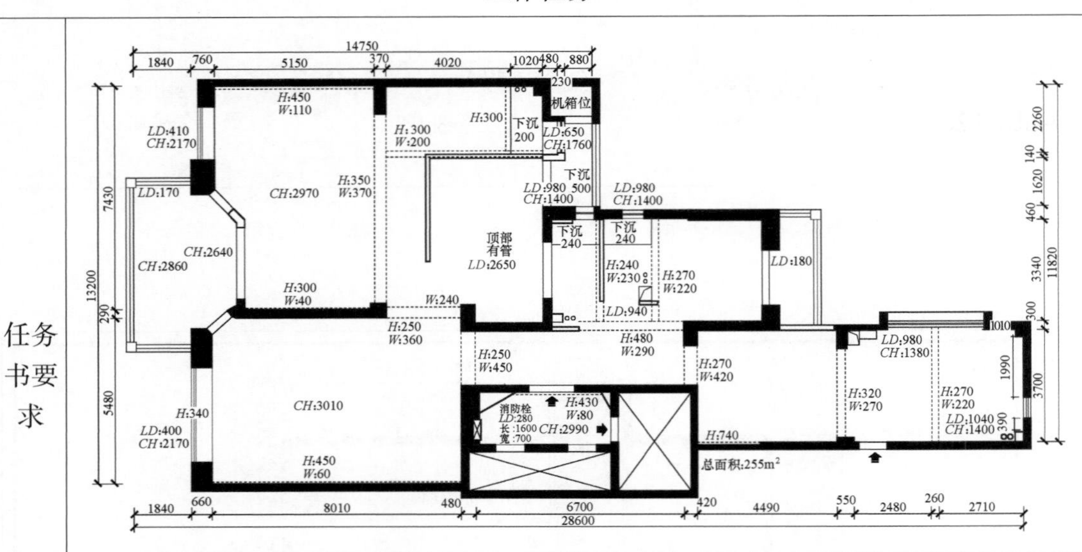

1. 根据给出的 DWG 原始框架图源文件，对图纸的图层等进行设置
2. 要求图层清晰、图纸表达准确
3. 按要求进行图框绘制
4. 进行布局出图设置</td></tr>
</table>

☞ 相关知识和绘图技能确认单

相关知识和绘图点	绘制情况	自我评价
图层设置		
对图纸按国标要求进行调整		
图框绘制		
出图设置		

☞ 绘图计划制定工作单

1. 绘制方案

简单描述绘制过程及需要注意的细节：

____

____

____

2. 绘图涉及的 AutoCAD 快捷键

移动	M	直线	L

☞ 绘图计划实施工作单

主要绘制内容	实施情况（附图纸）	完成时间（min）

☞ 图纸绘制记录与评分

绘制项目	内容	评分标准	记录	评分
图层设置（30 分）	分区进行设置	图层设置符合标准，命名清晰，有助于后期图层切换		
图纸调整（70 分）	图层调整	图层调整符合个人绘图习惯		
	标注	标注符合国标及行业标准		
	文字	文字设置符合国标及行业标准		
	出图设置	出图设置符合规范		
	比例	出图比例合理		

☞ 提交与改进工作单

改进要点记录		
作品提交	绘制的图纸	展示（附图纸）

思政拓展

明大德。通过量房及绘制的过程，培养学生吃苦耐劳精神。

梁思成，创立了中国现代教育史上第一个建筑学系，一生致力于保护中国古代建筑和文化遗产，是中国著名的建筑史学家、建筑师、城市规划师。梁思成在欧洲参观古建筑时，发现国外许多建筑都受到了妥善保护，并有学者专门对其进行研究，反观当时中国古建筑——在江山代际更迭中，在无数的战乱和劫难下，早已是满目疮痍。梁思成深感这是民族的遗憾，奋然下定决心："中国人一定要研究自己的建筑，中国人一定要写出自己的建筑史。"从立下誓言的那一刻起，他便将毕生的精力都倾注到这项事业上。

1932至1940年间，梁思成与林徽因的足迹遍布全中国二百多个县，他们考察了数以千计的古建筑，并且对其中大多数建筑进行了精细测绘。他们考察测绘的古建筑，囊括了由汉至清的许多重要遗存，梁思成在此基础上大致理清了中国古代建筑的发展脉络。许多古建筑如河北赵州桥、武义延福寺、山西应县木塔、五台山佛光寺等，就是通过他们的考察得到了国家与世界的认识，并因此受到了保护。

1946年，梁思成赴美讲学，他带着《中国建筑史》和《中国雕塑史》的书稿和图片，将自己踏遍祖国大江南北、穷极十几年光阴结成的研究成果，将中华民族几千年的文化珍宝展示在国际学术界面前。梁思成无愧为国内第一个用现代科学的方法研究中国古代建筑的学者，他以自己的实践开辟了中国建筑史的研究道路。

问题：室内设计施工图量房的过程，是一项辛苦且较为枯燥的工作，需要有吃苦耐劳的精神，应该如何消解这一过程中产生的负面情绪？

项目三

建筑装饰施工图深化设计

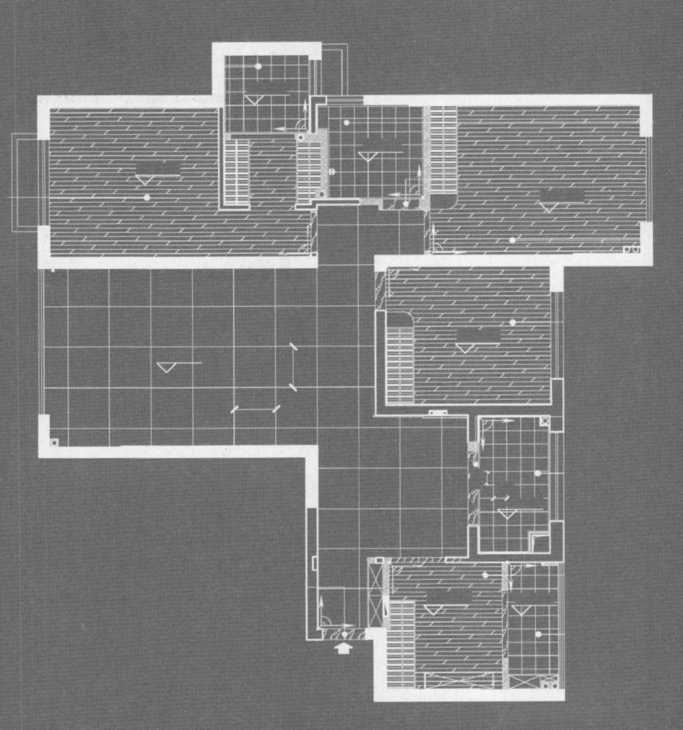

任务一
平面布置图绘制

工作任务导入

工作任务	
客户需求	1. 三房改四房，要有客厅、餐厅、主卧及两个小孩房，还须增加书房兼客房功能，同时要有生活阳台 2. 客厅门洞须拆除，增加客厅面积 3. 主卧须带独立卫生间，要有更衣间，要有梳妆台 4. 两个小孩房都须带书桌 5. 小孩学钢琴，需要一个放置钢琴的位置 6. 卫生间须干湿分离 7. 须较大鞋柜
任务书要求	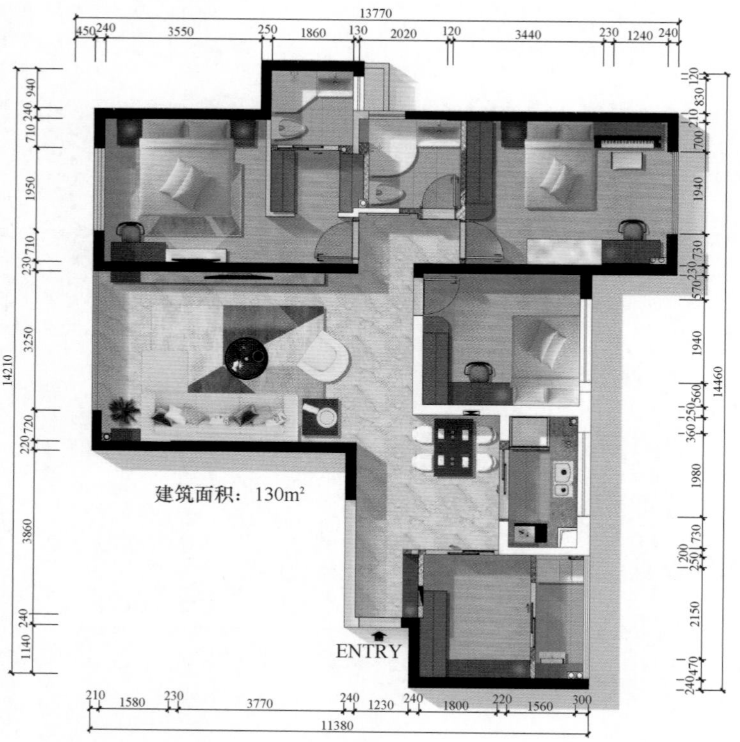 建筑面积：130m² ENTRY

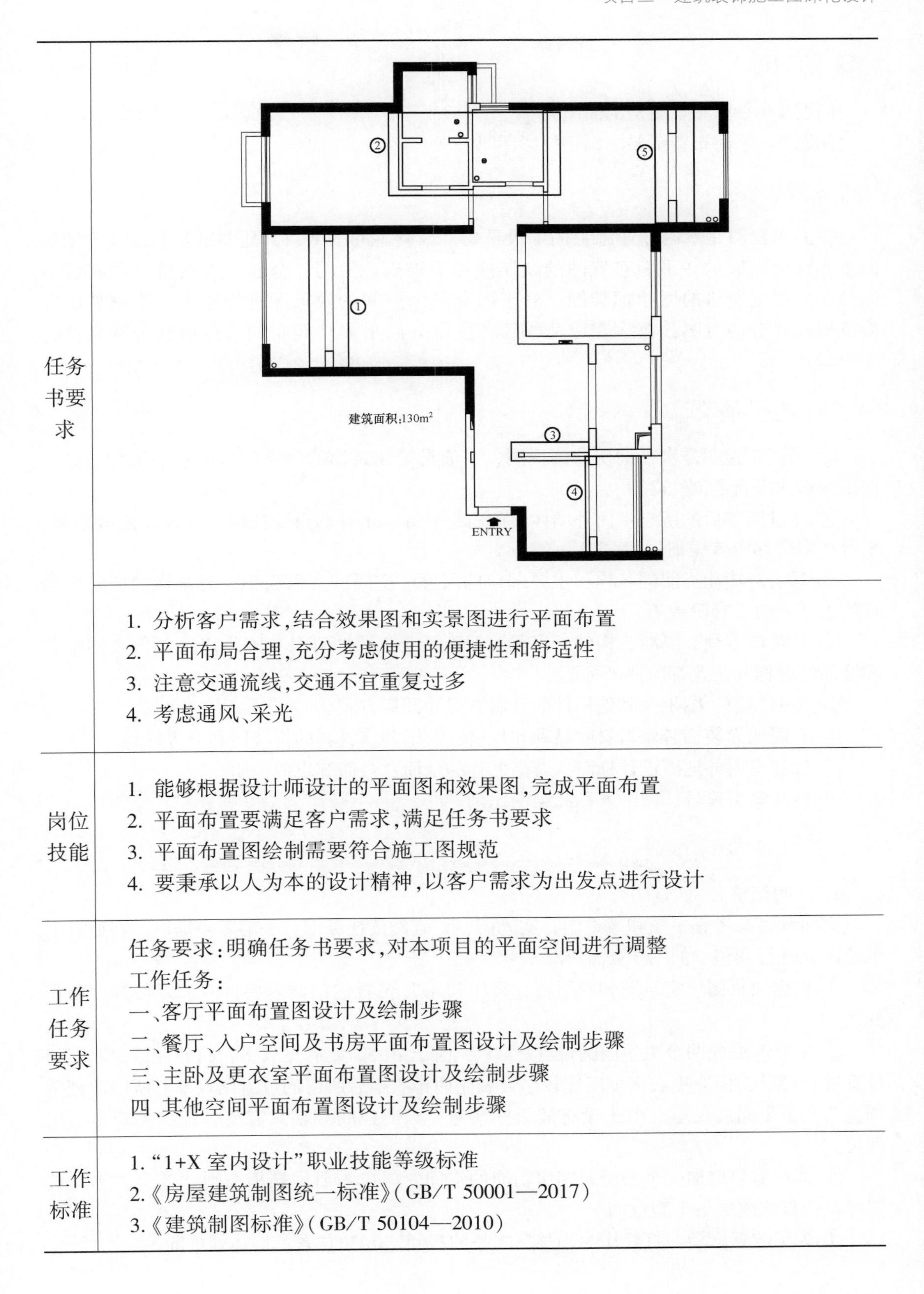

任务书要求	（平面图）
	1. 分析客户需求,结合效果图和实景图进行平面布置 2. 平面布局合理,充分考虑使用的便捷性和舒适性 3. 注意交通流线,交通不宜重复过多 4. 考虑通风、采光
岗位技能	1. 能够根据设计师设计的平面图和效果图,完成平面布置 2. 平面布置要满足客户需求,满足任务书要求 3. 平面布置图绘制需要符合施工图规范 4. 要秉承以人为本的设计精神,以客户需求为出发点进行设计
工作任务要求	任务要求:明确任务书要求,对本项目的平面空间进行调整 工作任务: 一、客厅平面布置图设计及绘制步骤 二、餐厅、入户空间及书房平面布置图设计及绘制步骤 三、主卧及更衣室平面布置图设计及绘制步骤 四、其他空间平面布置图设计及绘制步骤
工作标准	1.“1+X 室内设计”职业技能等级标准 2.《房屋建筑制图统一标准》(GB/T 50001—2017) 3.《建筑制图标准》(GB/T 50104—2010)

知识导入

问题 1：平面布置图是剖面图吗？

问题 2：平面布置图要绘制正投影图吗？

知识准备

平面布置图是室内专业施工图中最重要、最基本的图纸，其他图纸都是以其为依据派生和深化而成的。平面布置图的绘制应做到准确、简明、全面。本项目平面布置图的绘制应根据所给的原始框架图、彩平图和各个空间的效果图进行绘制，绘图者应准确把握设计者的意图，在除客厅及餐厅和主卧外的平面空间布局上应做到合理且符合客户需求。

（一）平面布置图绘制要求

① 平面布置图是水平剖切的俯视图，一般是沿建筑物的门窗洞口处水平剖切，必须按正投影法进行绘制。

② 经过调整后的所有室内外墙体、门窗、管井、电梯和自动扶梯、楼梯和疏散楼梯、平台和阳台都应该详细标明。

③ 标明各功能空间的名称和主要部位的尺寸、空间的大概面积，有楼梯的应标明楼梯的上下方向、台阶数等。

④ 各装饰造型、隔断、构件、家具、卫生洁具、照明灯具、陈设以及其他装饰配置和饰品的名称和位置都应清晰标明。

⑤ 标明门窗、橱柜及其他构件的开启方向和开启方式。

⑥ 标明地面装饰装修材料的品种和规格、装饰装修材料的拼接线和分界线等。

⑦ 标注室内外地面设计标高，有高低差的地面、台面等也应注明。

⑧ 标注索引符号、图纸名称和绘图比例。

（二）平面布置图空间调整

1. 空间调整

空间调整参考彩平图和效果图、实景图，认真阅读任务书，了解客户需求，在原有的框架图上进行调整，如图 3-1 所示。

① 根据效果图、实景图和彩平图，客厅“①”位置的门洞需要拆除，以使客厅面积变大。

② 主卧和原先两个卫生间的位置“②”，由于主卧需要有更衣室，只能在原更衣室的位置进行设计，但原更衣室宽度比较小，做完两排衣柜后所留的过道比较窄，所以应稍微调整两个卫生间的大小。由于没有效果图参考，因此空间调整只需要合理、美观、实用即可。

③ 客户需要增加一个书房兼客房功能的空间，门口需要做鞋柜，则“③”“④”位置可以调整修改成一个新空间。

④ 为了放置钢琴，打算作为小孩房之一的房间“⑤”位置的墙体须拆除。

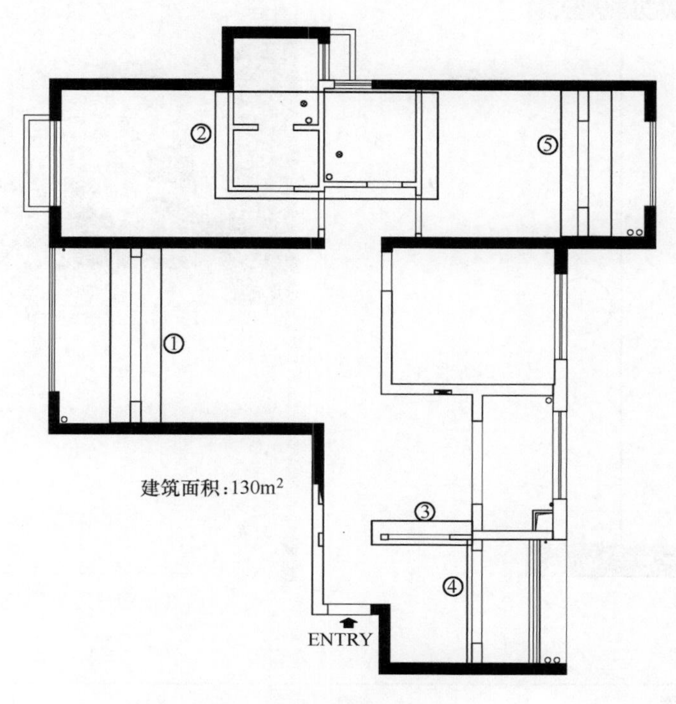

图 3-1　待调整原始框架图

2. 空间调整原则

① 除效果图、彩平图和实景图所示区域及满足客户需求外，其余空间的设计可自由进行，但应满足最基本的需求，如通风、采光、交通等。

② 施工图深化设计，要求所绘制的施工图必须按照效果图进行，要充分表达设计师的设计意图。例如：在效果图所示区域，客厅区域的沙发在效果图中为 L 型沙发，旁边配一个单人座，茶几为圆形茶几，我们在平面布置图中应选择跟它们一致的模型。模型风格最好也一致，比如效果图中是简约的设计，则尽量使用简约风格的家具平面；如果是欧式的效果，则模型可以相应选择该风格的图块。

一、客厅平面布置图设计及绘制步骤

（一）户型调整

① 拆除位置“①”墙体和门洞，如图 3-2 所示。

② 观察效果图，效果图上是 L 型沙发+单人沙发、圆形茶几、角几，如图 3-3 所示。

（二）绘制步骤

1. 图层设置

所需图层设置参考表 3-1（可自行设置图层名称、颜色等）。

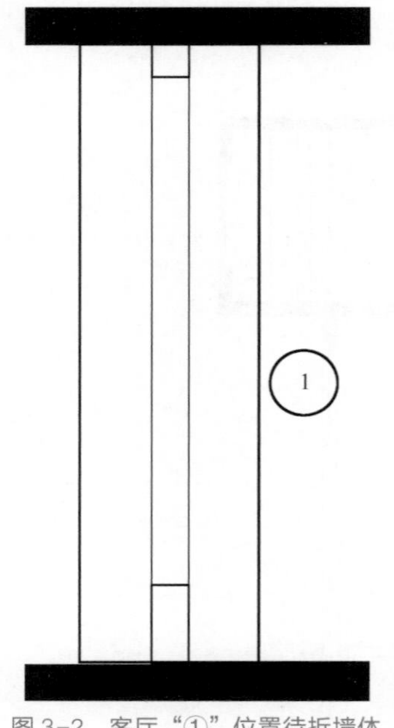

图 3-2　客厅“①”位置待拆墙体

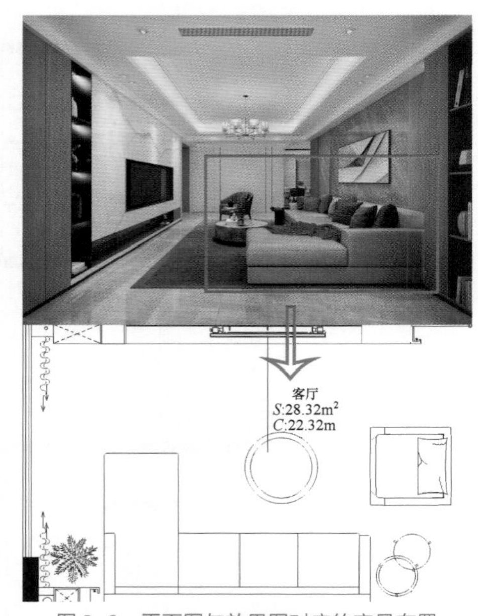

图 3-3　平面图与效果图对应的家具布置

表 3-1　图层设置内容

图层名称	颜色	线型	线宽
2-1 平面-新砌砖墙	青	Continuous	默认
3-1 平面-家具-活动	94	Continuous	默认
3-2 木作造型	41	Continuous	默认
3-3 平面-家具-固定高柜	41	Continuous	默认
3-3 平面-家具-活动	绿	Continuous	默认
3-4 平面-墙体-门套及门扇	87	Continuous	默认

2. 模型空间调整

准备工作：在模型空间，复制一张原始框架图，删除梁位和需要调整的墙体。

(1) 调整客厅空间布局

客厅空间删除要拆除的墙体后，剩余的空间效果如图 3-4 所示。

图 3-4　拆完墙的客厅空间

(2) 电视背景墙平面完成面绘制

在放平面家具之前，我们需要观察效果图。从效果图中可以看出，电视背景墙墙面都做了造型，电视背景做了展示柜，贴了瓷砖，做了内嵌造型的电视柜，在绘图时就需要先把墙面的完成面造型线绘制出来。内嵌深度不需要做太深，250mm～300mm 即可。具体尺寸比例和造型需要根据效果图由设计师自行确定。原管道位置需要包管。在“3-2 木作造型”图层绘制该平面完成面，效果如图 3-5 所示。

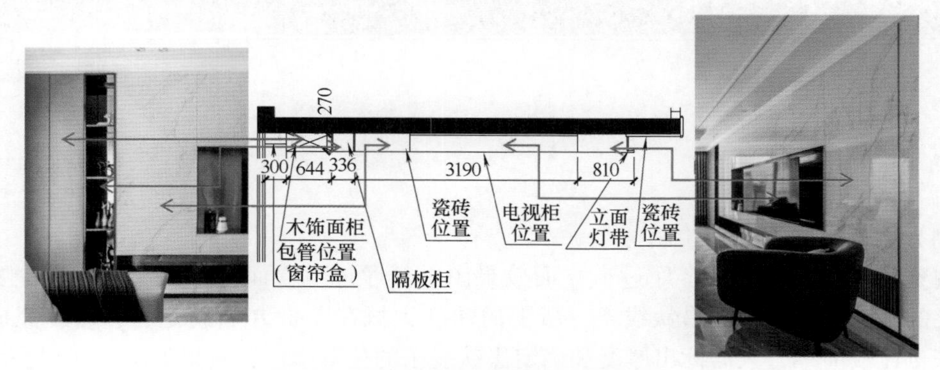

图 3-5　客厅电视背景效果图与平面对照图

整理后的客厅电视背景平面图如图 3-6 所示。具体尺寸依据设计造型，如后期立面尺寸发生变化，应调整平面各部分相应尺寸。

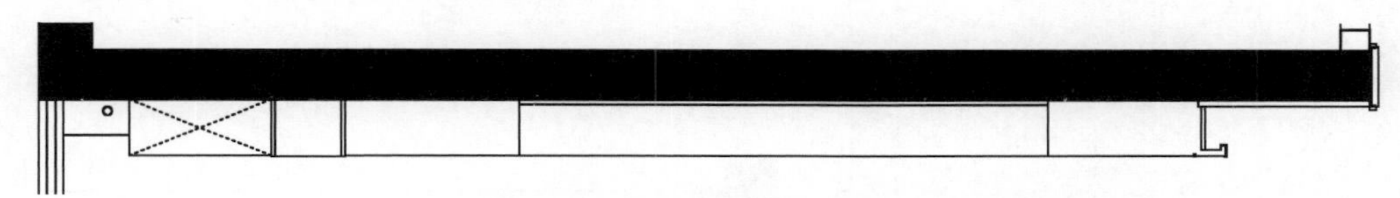

图 3-6　整理后的客厅电视背景平面图

（3）沙发背景平面完成面绘制

观察如图 3-7 所示的沙发背景设计，主要材料有木饰面板、大板瓷砖和隔板柜以及灯带。木饰面板和大板瓷砖上墙所需的深度大概 3cm～5cm 就足够，带灯带的隔板柜深度在 30cm 左右也足够，具体的尺寸定位各人可有轻微不同。在“3-2 木作造型”图层绘制该造型完成面，效果如图 3-8 所示。

图 3-7　客厅沙发背景造型效果图

图 3-8　沙发背景平面完成面

（4）客厅过道完成面绘制

观察如图 3-9 所示的客厅过道立面效果图，客厅过道立面做了隐形门，其主要造型是白色的木饰面护墙板嵌黑钛线条，所需的深度大概在 5cm 左右就足够，所以完成面绘制起来也比较简单，只需标出厚度和确定黑钛线条的位置即可，效果如图 3-10 所示。

图 3-9　客厅过道立面效果图

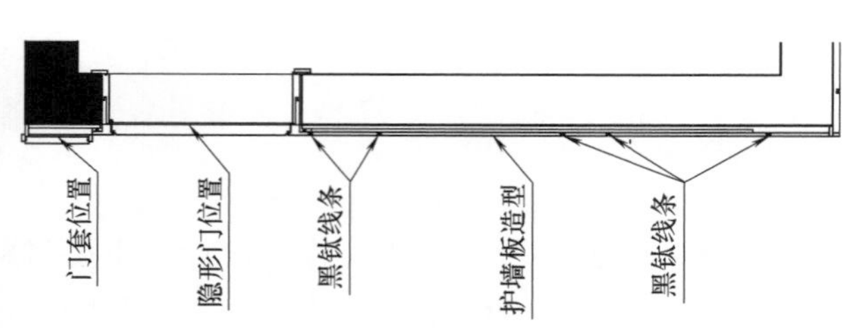

图 3-10　客厅过道平面完成面

（5）完成绘制

客厅墙面造型在平面图上的完成面绘制完毕，效果如图 3-11 所示。

（6）放置家具

放置家具，效果如图 3-12 所示。

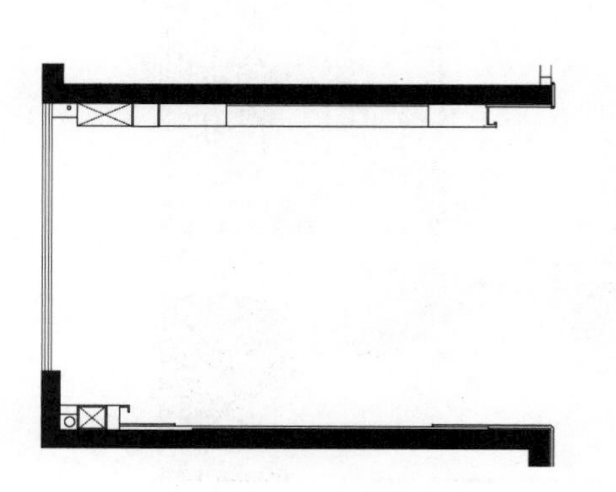

图 3-11　客厅平面完成面

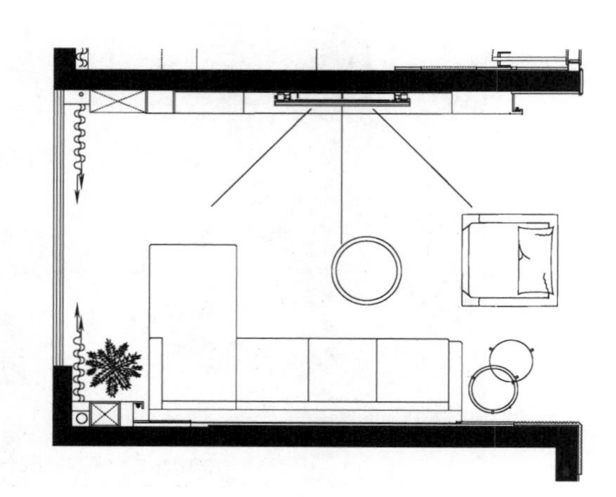

图 3-12　客厅平面布置图

二、餐厅、入户空间及书房平面布置图设计及绘制步骤

（一）户型调整

① 拆除位置“③”“④”墙体和门洞，调整平面布局，如图 3-13 所示。

② 观察效果图，应选择跟效果图上一致的长方形四人座餐桌，如图 3-14 所示。

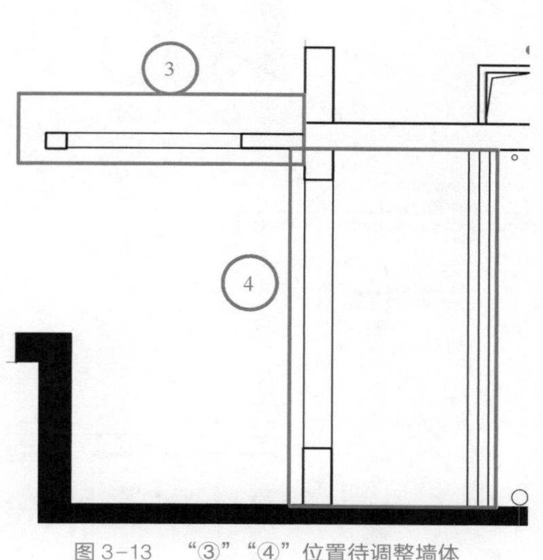

图 3-13　“③”“④”位置待调整墙体

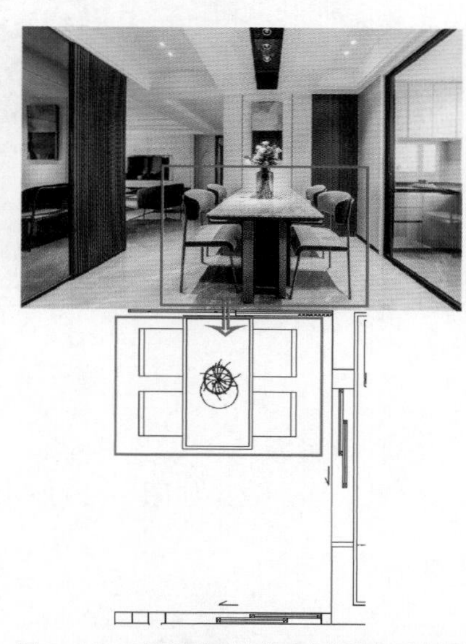
图 3-14　平面图与效果图对应的家具布置

（二）绘制步骤

（1）空间调整

调整餐厅空间墙体，使之符合设计要求，具体尺寸各人可稍有不同，注意调整出门口鞋柜位置，效果如图 3-15 所示。

（2）绘制墙面完成面

餐厅立面的造型设计主要是紧挨餐桌的墙面（图 3-16）和客厅沙发背景延伸过来的一小段（图 3-17），这两个位置主要是白色护墙板嵌黑钛线条和木饰面板拉槽设计，所需进深空间大概在 3cm~6cm 就足够，长度尺寸可自行定义，在“3-2 木作造型”图层绘制该造型完成面，效果如图 3-18 和图 3-19 所示。

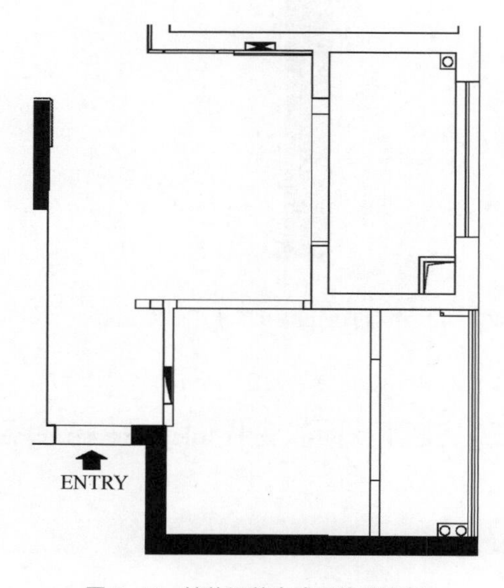

图 3-15　墙体调整完成后的平面图

图 3-16　餐厅立面造型（一）

图 3-17　餐厅立面造型（二）

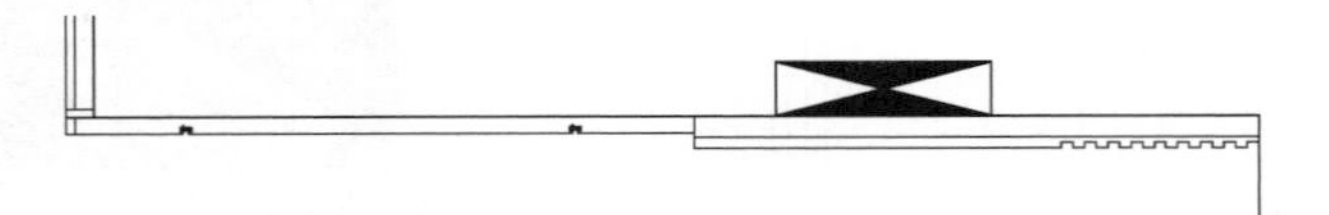

图 3-18　餐厅立面造型（一）平面完成面

(3) 放置家具

放置家具，效果如图 3-20 所示。

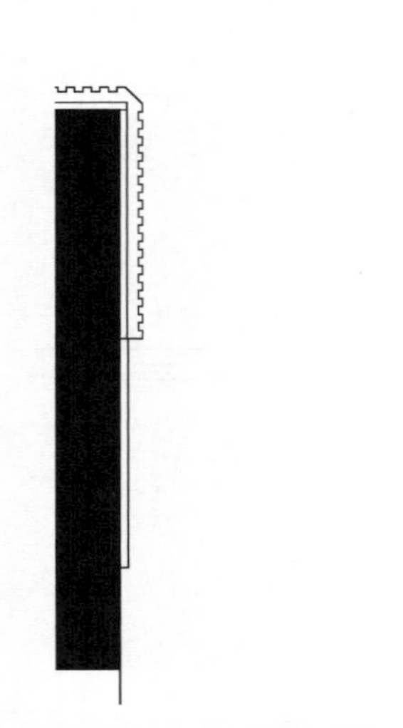

图 3-19　餐厅立面造型（二）平面完成面

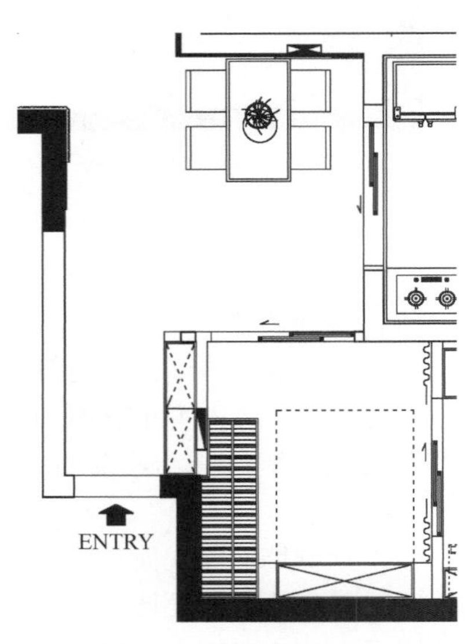

图 3-20　餐厅平面布置图

三、主卧及更衣室平面布置图设计及绘制步骤

（一）户型调整

① 拆除位置“②”墙体和门洞，调整平面布局，如图 3-21 所示。

② 观察效果图，图上为床+两个床头柜，对面墙有梳妆台和电视柜，在平面绘制中也应该跟其一致，如图 3-22 所示。

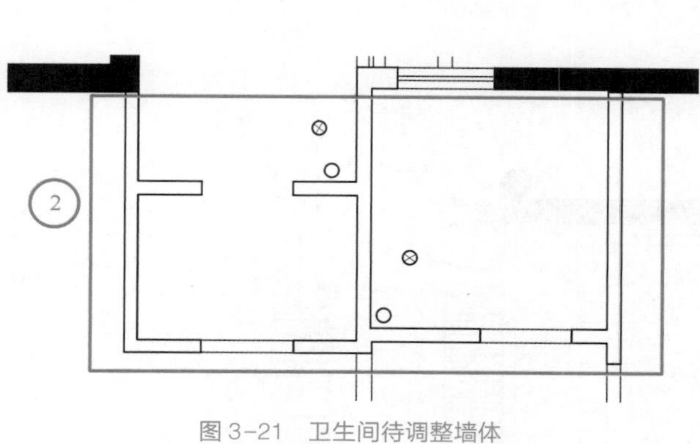

图 3-21　卫生间待调整墙体

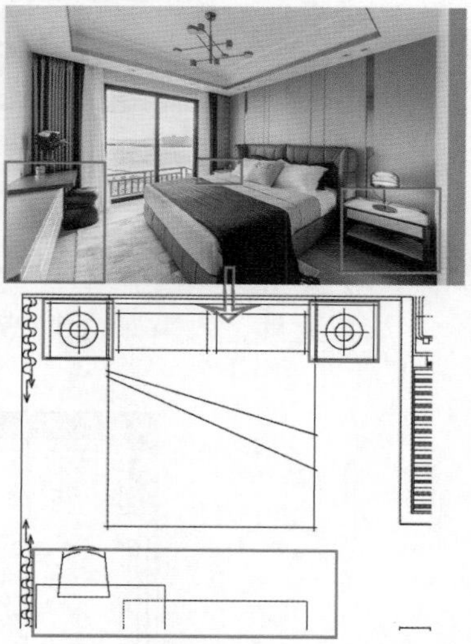

图 3-22　主卧效果图与平面对照图

（二）绘制步骤

（1）绘制平面完成面

主卧空间墙体没有变化，主要是在入门口的墙面做了一点木饰面加明镜的造型（图 3-23），床头背景处做了硬包的设计（图 3-24），这两处设计所需的进深空间在 5cm 之内就足够。更衣室和卫生间墙体可自行设计。在“3-2 木作造型”图层绘制该造型完成面，效果如图 3-25 和图 3-26 所示。

图 3-23　主卧入口处墙体造型

图 3-24　主卧床头背景效果图

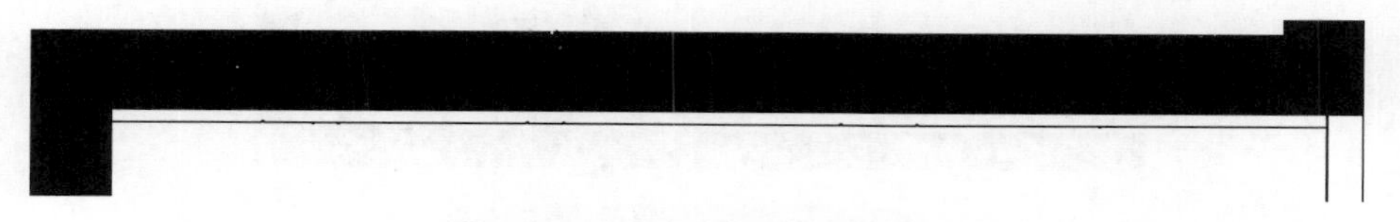

图 3-25　主卧床头背景平面完成面

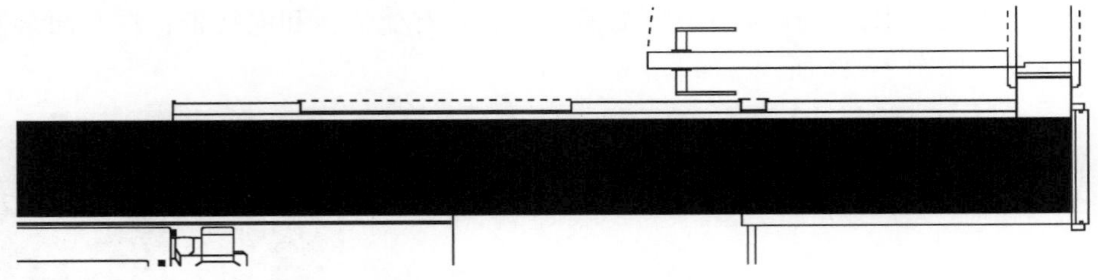

图 3-26　主卧入口处平面完成面

(2) 放置家具

放置家具，效果如图 3-27 所示。

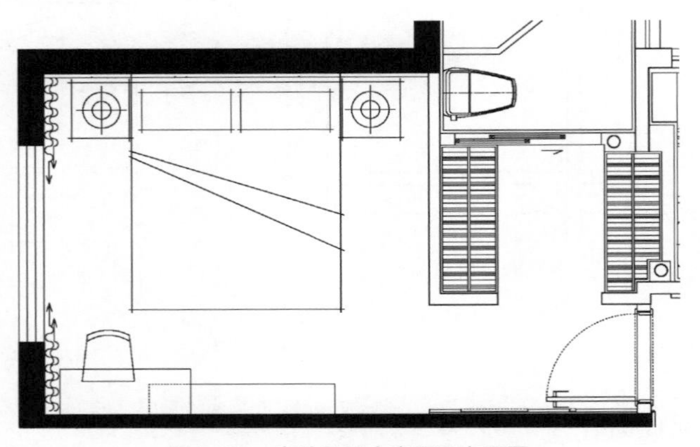

图 3-27　主卧及更衣室平面布置图

四、其他空间平面布置图设计及绘制步骤

（一）户型调整

拆除小孩房之一“⑤”位置的墙体，调整平面布局，如图 3-28 所示。

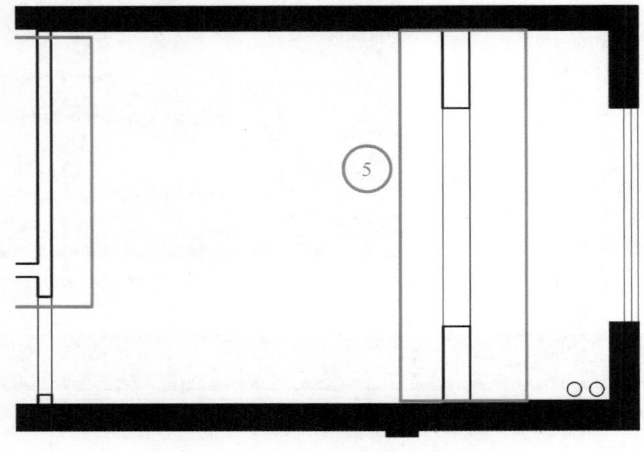

图 3-28　“⑤”位置待调整墙体

（二）绘制步骤

卫生间、厨房、阳台等空间的墙面贴砖完成面厚度在3cm，其余效果图中不可见部分的室内墙面可自行设计。

平面布置图参考图如图3-29所示（可稍有区别）。

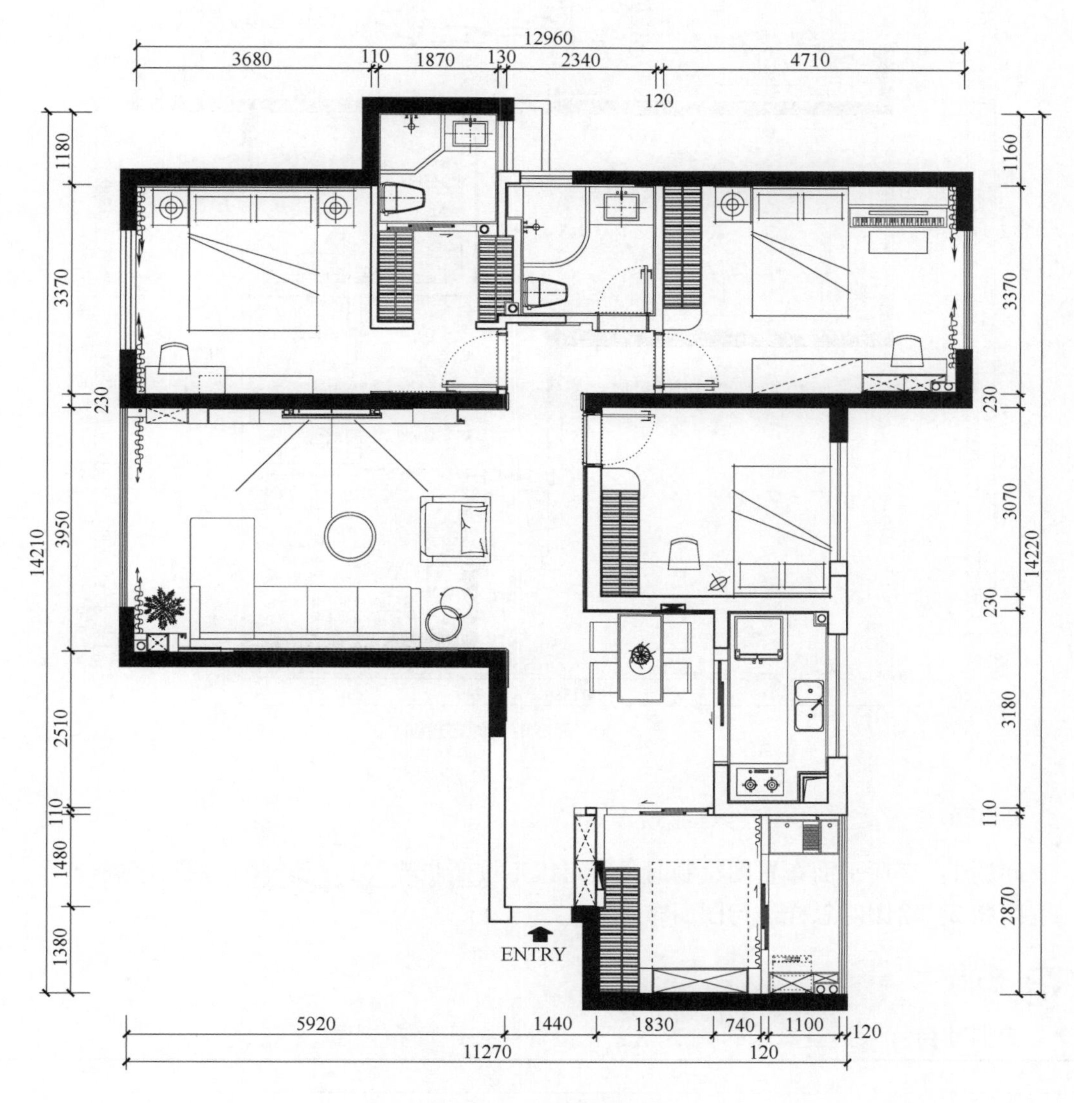

图3-29　平面布置图

空间分割和家具摆放完成后，我们还需要对平面进行一些文字说明，比如房间的面积、周长，家具的尺寸等。我们要在布局空间进行文字的描述。在布局空间的“1-4建筑-标注-文字”图层，文字样式为“建筑-标注-文字”，汉字字高为2.5mm，数字字高为1.8mm，效果如图3-30所示。

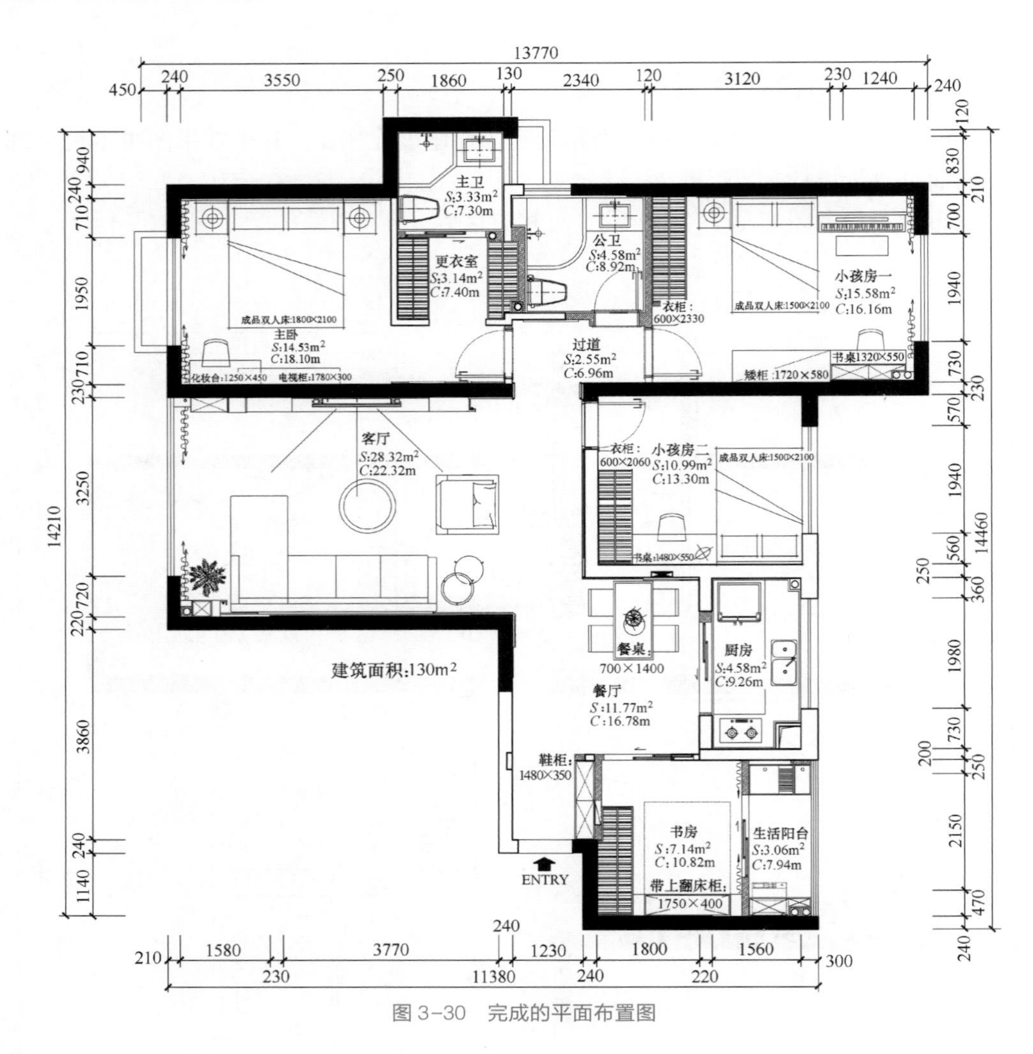

图 3-30　完成的平面布置图

思考

问题 1：客厅平面布置图绘制时是否可以不按照步骤（1）至（6）的顺序进行？

问题 2：绘图时怎样进行图面布置？

拓展

☞　实训项目：云顶至尊项目施工图深化设计——平面布置图

工作任务	
客户需求	客户:黄先生 一、家庭基本情况 家庭常住人员为黄先生夫妇,一个孩子,父母和住家保姆 二、功能空间需求 1. 客厅:空间完整,面积大,有独立泡茶区 2. 餐厅:使用圆形餐桌,能容纳 8 人用餐

<table>
<tr>
<td>客户需求</td>
<td>3. 主卧：必须带独立卫生间，卫生间要同时有浴缸和淋浴区，有大帽间或者大衣柜，设置梳妆台
4. 次卧：小孩居住的卧室，要有书桌
5. 父母房：须带独立卫生间
6. 客房：有衣柜
7. 书房：光线好，偶尔使用
8. 住家保姆房：房间须离主要公共活动空间远，有独立出入电梯
三、设计风格
装修风格要求：现代简约</td>
</tr>
<tr>
<td>任务书要求</td>
<td>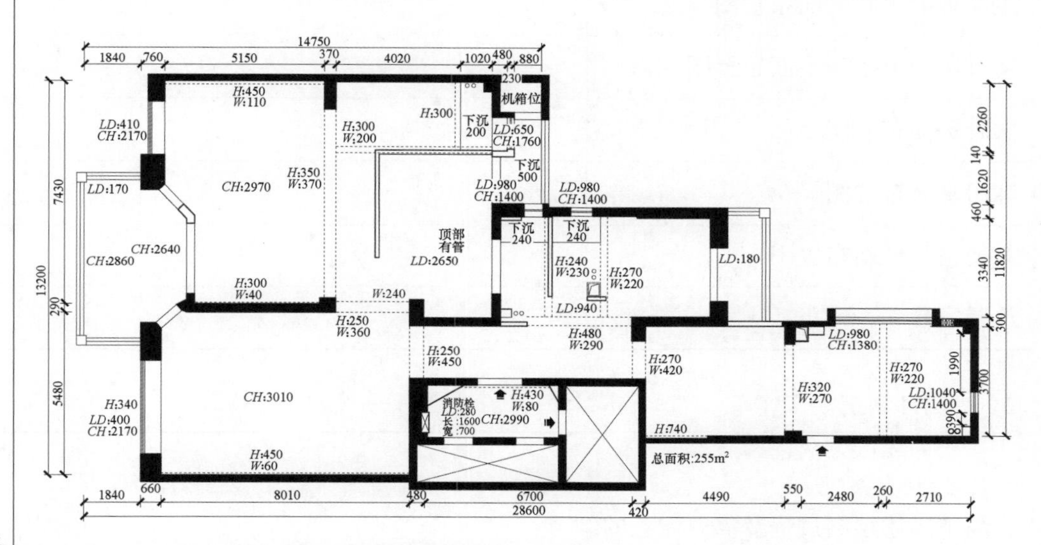

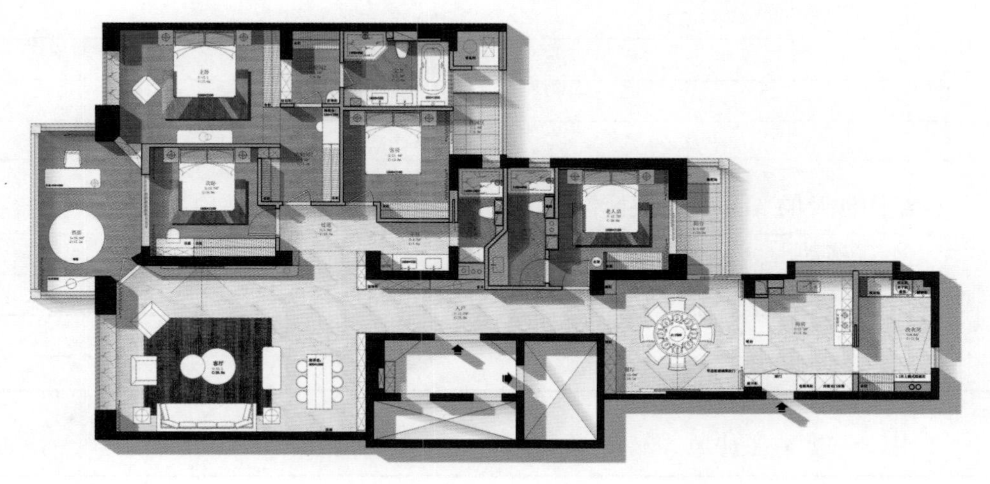</td>
</tr>
<tr>
<td></td>
<td>1. 结合彩平图和效果图进行平面布置
2. 平面布局合理</td>
</tr>
</table>

☞ 相关知识和绘图技能确认单

相关知识和绘图点	绘制情况	自我评价
户型调整		
图层设置		
模型空间调整		
客厅平面布置图		
主卧带卫生间平面布置图		
父母房带卫生间平面布置图		
次卧平面布置图		
客房平面布置图		
其他空间平面布置图		
放置家具		

☞ 绘图计划制定工作单

1. 绘制方案

简单描述绘制过程及需要注意的细节：

2. 绘图涉及的 AutoCAD 快捷键

移动	M	直线	L

☞ 绘图计划实施工作单

主要绘制内容	实施情况（附图纸）	完成时间（min）

☞ 图纸绘制记录与评分

绘制项目	内容	评分标准	记录	评分
平面布置图空间调整（30分）	根据彩平图和效果图进行绘制	平面布置是否符合彩平图及效果图所示，空间尺寸是否合理		
户型调整（10分）	户型调整	户型调整是否规范		
	观察效果图	是否按效果图所示调整		
绘制步骤（60分）	图层设置	图层命名是否清晰、规范		
	模型空间调整	模型空间调整是否准确		
	客厅平面布置图	平面布置是否按彩平图及效果图所示		
	主卧带卫生间平面布置图	平面布置是否按彩平图及效果图所示		
	父母房带卫生间平面布置图	平面布置是否按彩平图及效果图所示		
	次卧平面布置图	平面布置是否按彩平图及效果图所示		
	其他空间平面布置图	平面布置是否按彩平图及效果图所示		
	放置家具	家具放置是否按彩平图及效果图所示		

☞ 提交与改进工作单

改进要点记录		
作品提交	绘制的图纸	展示（附图纸）

任务二
空间改造墙体定位图绘制

工作任务导入

工作任务

任务书要求

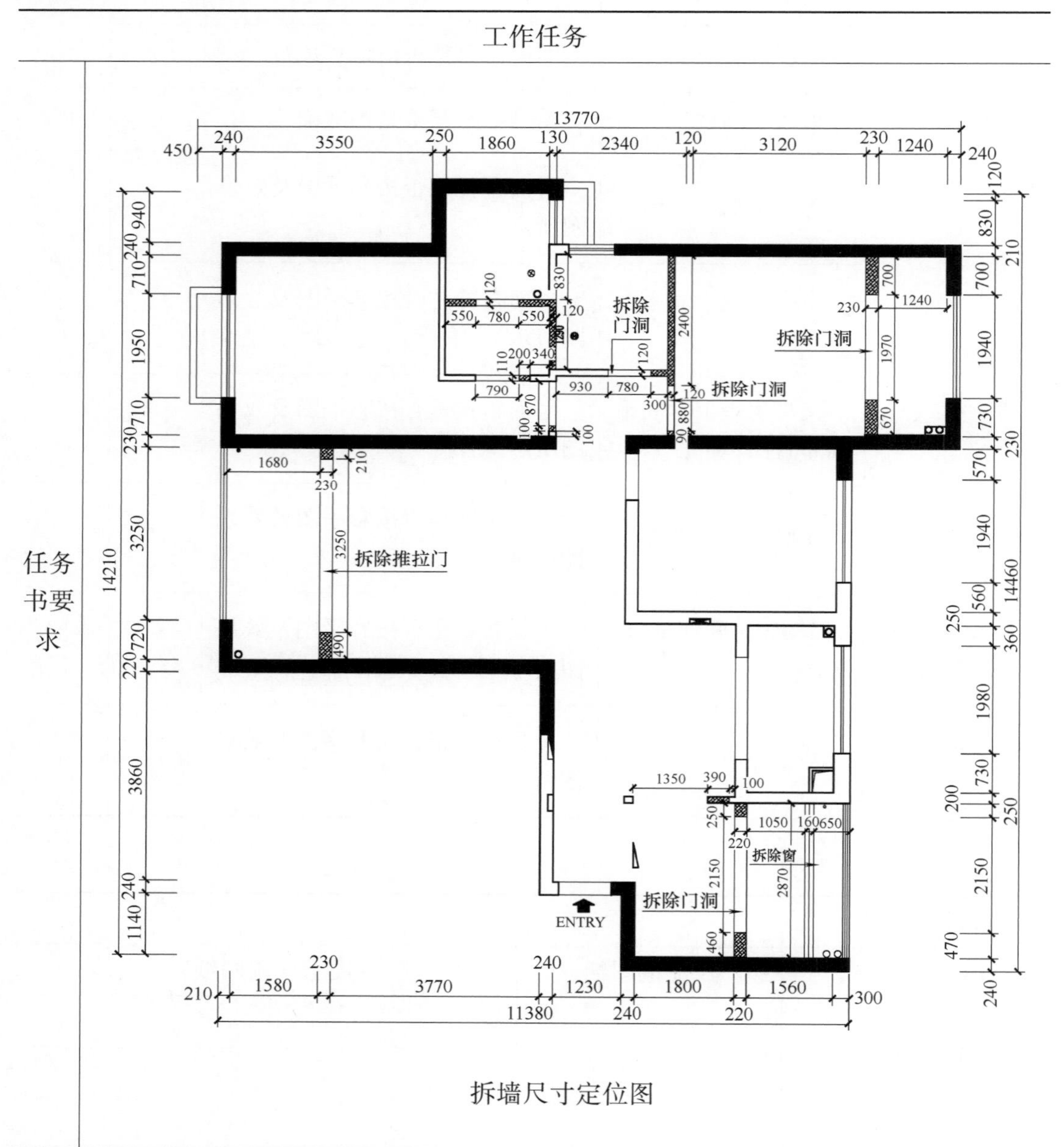

拆墙尺寸定位图

任务书要求

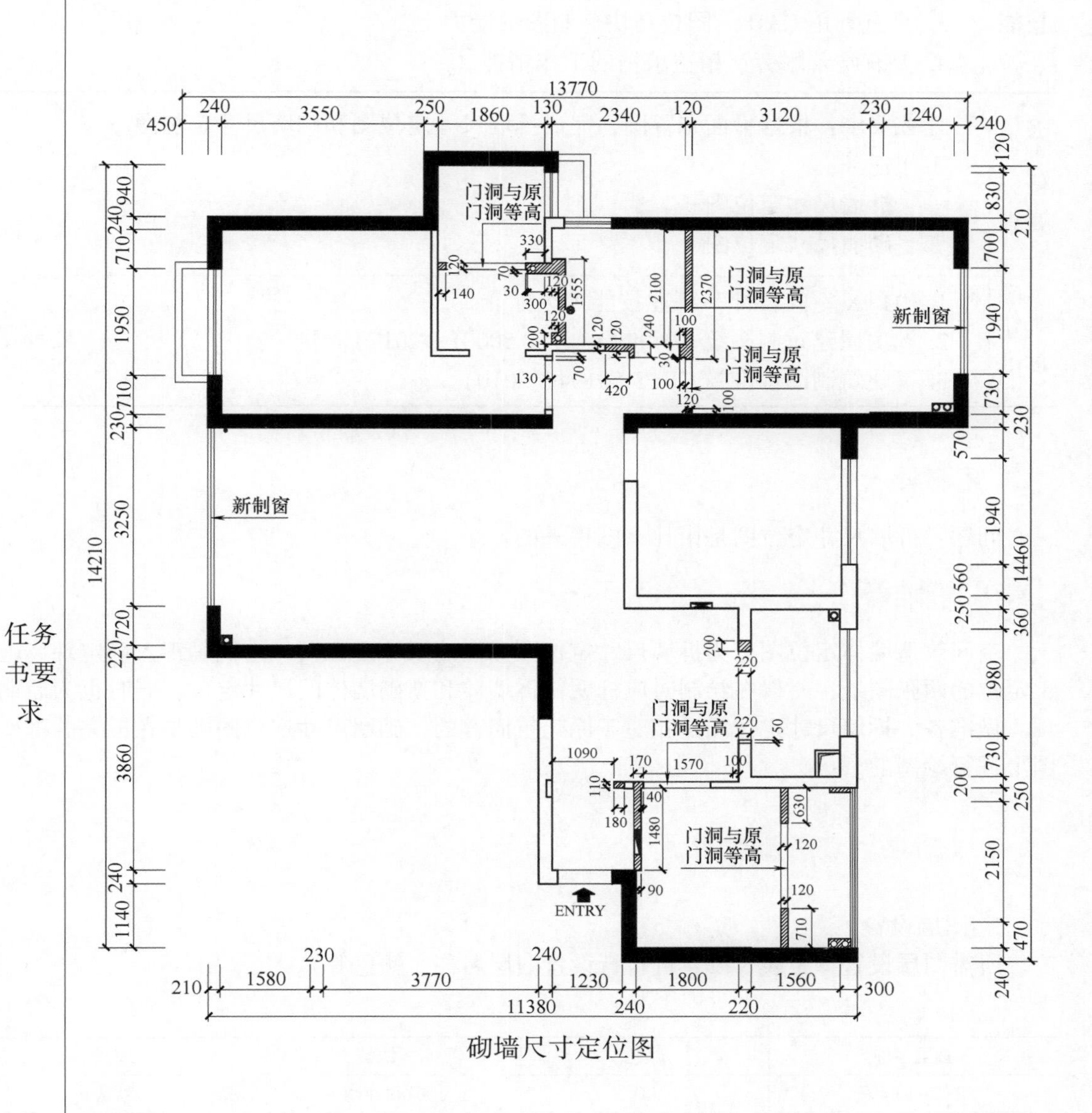

砌墙尺寸定位图

1. 根据平面布置图，完成拆墙尺寸定位图和砌墙尺寸定位图
2. 尺寸定位准确
3. 图纸表达准确

岗位技能	1. 能够标清拆除原建筑的部位、宽度、长度、高度和门洞部分 2. 图纸表达要清晰、准确 3. 具有利用 CAD 绘图技巧快速制图的能力 4. 要有吃苦耐劳、精益求精的工作精神
工作任务要求	任务要求：根据平面布置图，完成拆墙尺寸定位图和砌墙尺寸定位图 工作任务： 一、拆墙尺寸定位图 二、砌墙尺寸定位图
工作标准	1. “1+X 室内设计”职业技能等级标准 2. 《房屋建筑制图统一标准》(GB/T 50001—2017) 3. 《建筑制图标准》(GB/T 50104—2010)

知识导入

问题：拆墙尺寸定位图是由什么图得来的？

知识准备

空间改造墙体定位图分为拆墙尺寸定位图和砌墙尺寸定位图，它们是工人确定现场施工定位的两张图纸，所以在绘制时应标明待拆墙体和新砌墙体的尺寸定位，同时也为后期预算做准备。拆墙尺寸定位图是相对于原建筑而言的，砌墙尺寸定位图则是在拆完的框架图上进行绘制的。

一、拆墙尺寸定位图

1. 图层设置

所需图层设置参考表 3-2（可自行设置图层名称、颜色等）。

表 3-2 图层设置内容

图层名称	颜色	线型	线宽
2-2-1 拆墙	40	Continuous	默认
2-2-2 拆墙填充	8	Continuous	默认
2-2-3 拆墙标注	8	Continuous	默认

2. 模型空间调整

① 在模型空间复制出一张原始框架图，删除梁、文字等信息后的图纸如图 3-31 所示。

② 再复制一张平面布置图，把平面布置图中的家具、完成面、标注等信息全部删除，只剩下门窗和墙体，将剩下的门窗和墙体全部改成同一个鲜艳的颜色并且做成块，如图 3-32 所示。

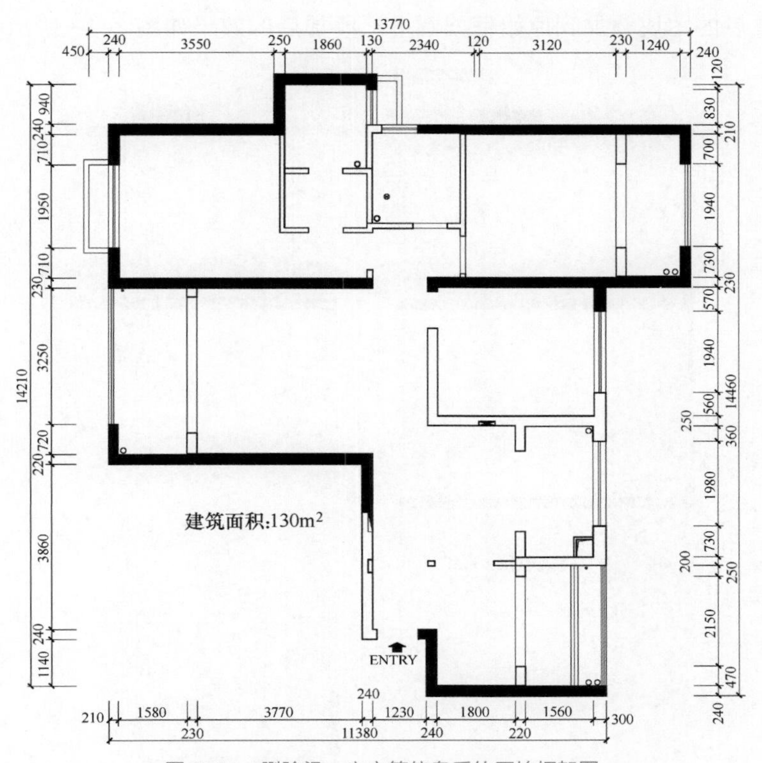

图 3-31　删除梁、文字等信息后的原始框架图

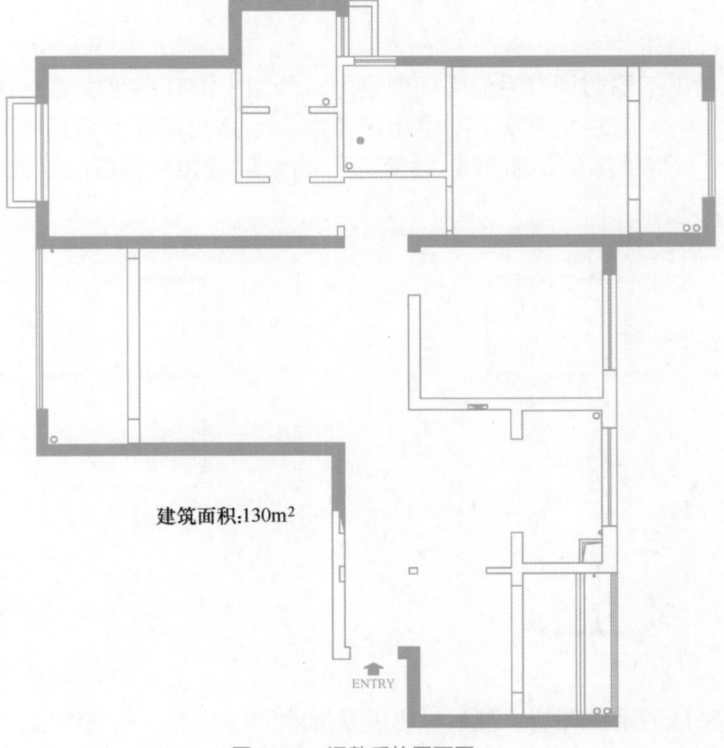

图 3-32　调整后的平面图

③ 将调整后的图块叠加到原始框架图上，叠加后的效果如图 3-33 所示。

图 3-33　叠加后的图

3. 确定待拆墙体

① 找到原始框架图与调整后的平面图叠加后的图中留有黑色线的地方，如图 3-34 所示的红色框内，在“2-2-1 拆墙”图层用多段线命令描出墙体，然后在“2-2-2 拆墙填充”图层填充待拆墙体图例，如图 3-35 所示。确定后再和调整后的平面图进行对比，最终确定待拆墙体。

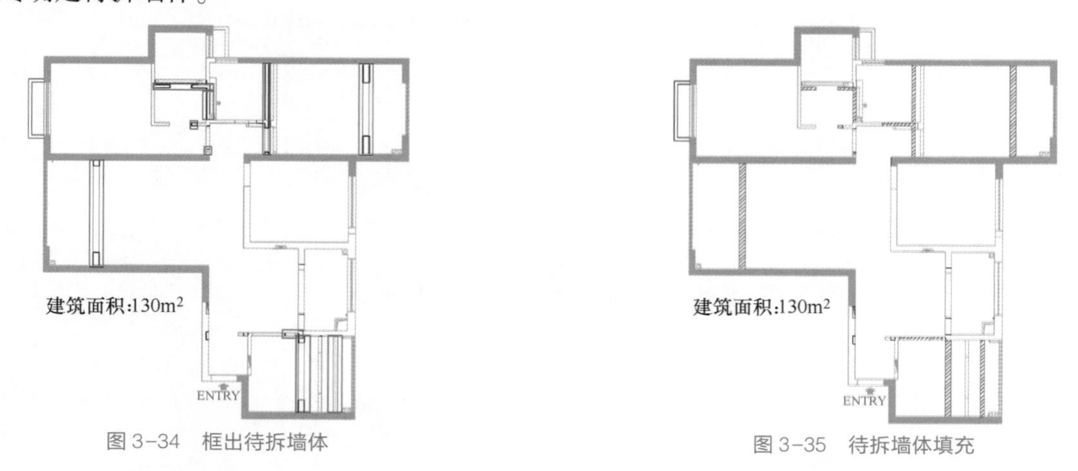

图 3-34　框出待拆墙体　　图 3-35　待拆墙体填充

② 删除调整后的平面图块，然后标出需要拆除的门洞等。调整图层，最后在“2-2-3 拆墙标注”图层进行尺寸标注（标注样式：1-70），完成拆墙图，效果如图 3-36 所示。

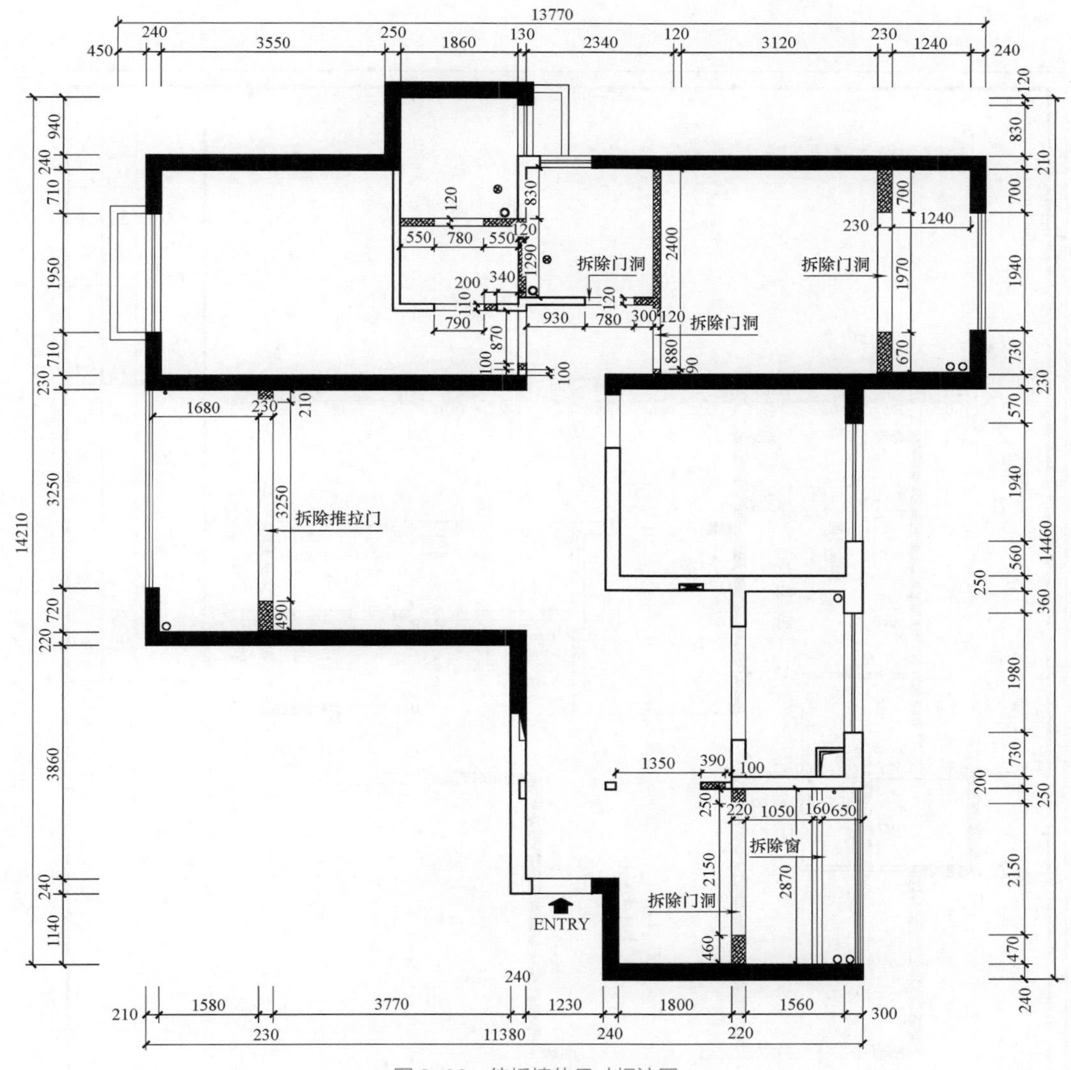

图 3-36　待拆墙体尺寸标注图

4. 图纸排版

在布局空间进行图纸排版，标出待拆墙体图例，修改图框的图名，最终效果如图 3-37 所示。

二、砌墙尺寸定位图

1. 图层设置

所需图层设置参考表 3-3（可自行设置图层名称、颜色等）。

2. 布局空间绘图准备

在布局空间复制一张平面布置图，删除布局空间在平面布置图上标注的文字信息，冻结家具等不需要的图层，留下墙体图层，效果如图 3-38 所示。

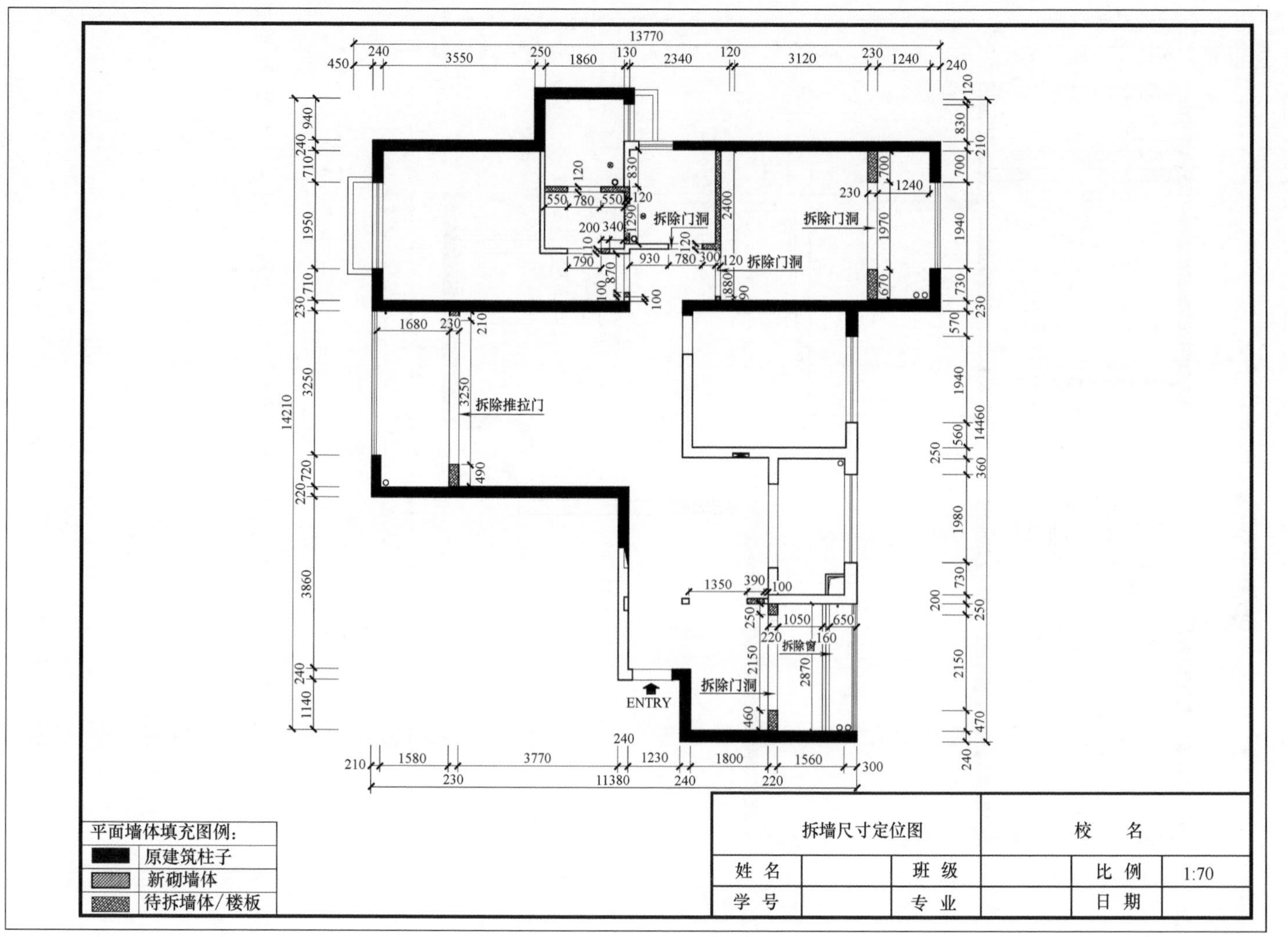

图 3-37 完成的拆墙尺寸定位图

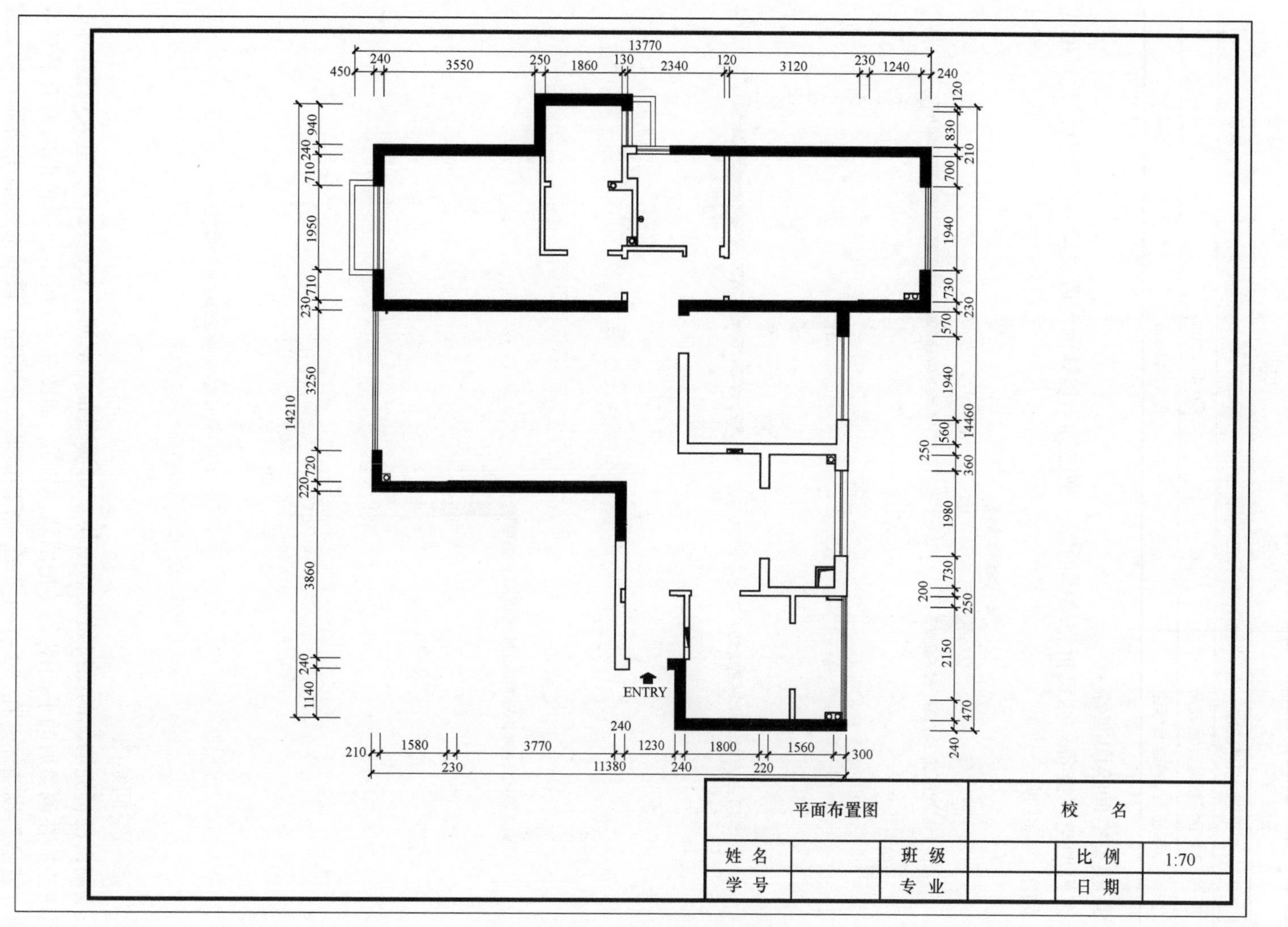

图 3-38 布局空间准备的平面布置图

表 3-3　　图层设置内容

图层名称	颜色	线型	线宽
2-1-1 平面-新砌砖墙	青色	Continuous	默认
2-1-2 平面-新砌砖墙填充	8	Continuous	默认
2-1-3 平面-新砌砖墙标注	8	Continuous	默认

3. 模型空间绘图准备

在模型空间准备一张已拆完墙体的图，把已拆完墙体的图改成同一个颜色，并且做成块，如图 3-39 所示。

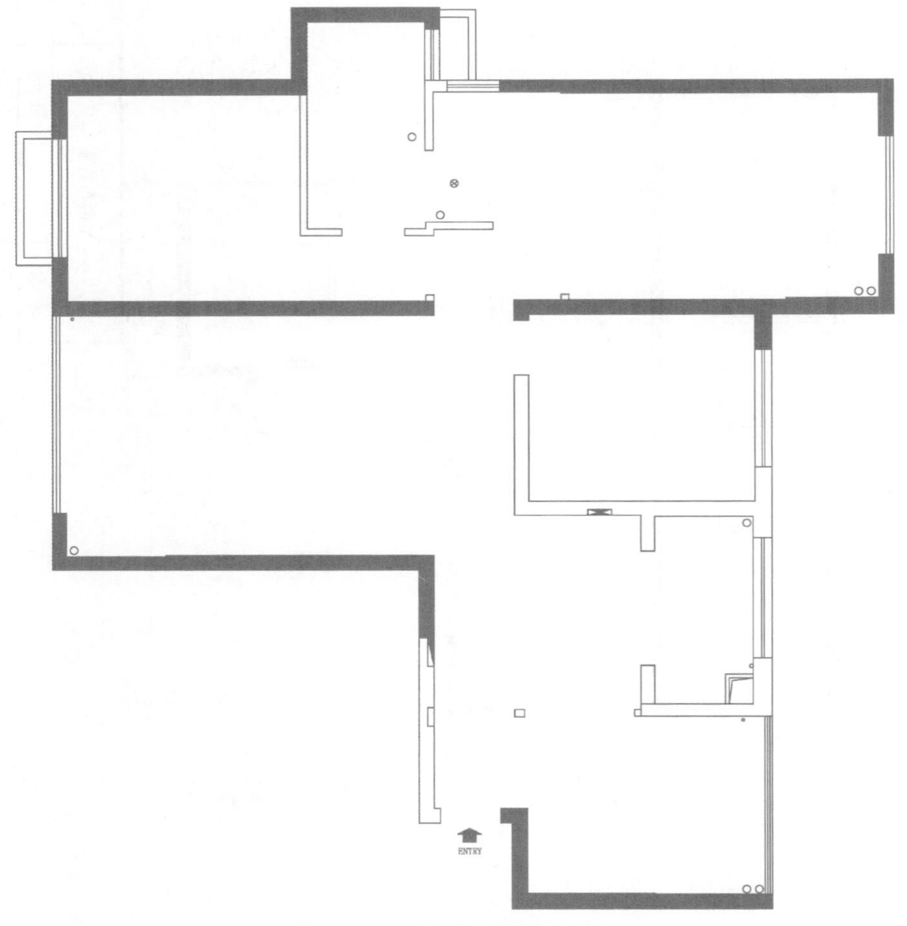

图 3-39　已拆完墙体的平面框架图

4. 布局空间绘图

复制由已拆完墙体的图所做成的图块，切换到布局空间，双击视口，进入模型空间，把图块叠加在调整后的平面图上（把图块前置）。如图 3-40 所示，绿色框内留有黑色线的地方就是新砌墙体。在“2-1-1 平面-新砌砖墙”图层用多段线命令描出墙体，然后在“2-1-2 平面-新砌砖墙填充”图层填充新砌墙体图例，最后删除图块，效果如图 3-41 所示。

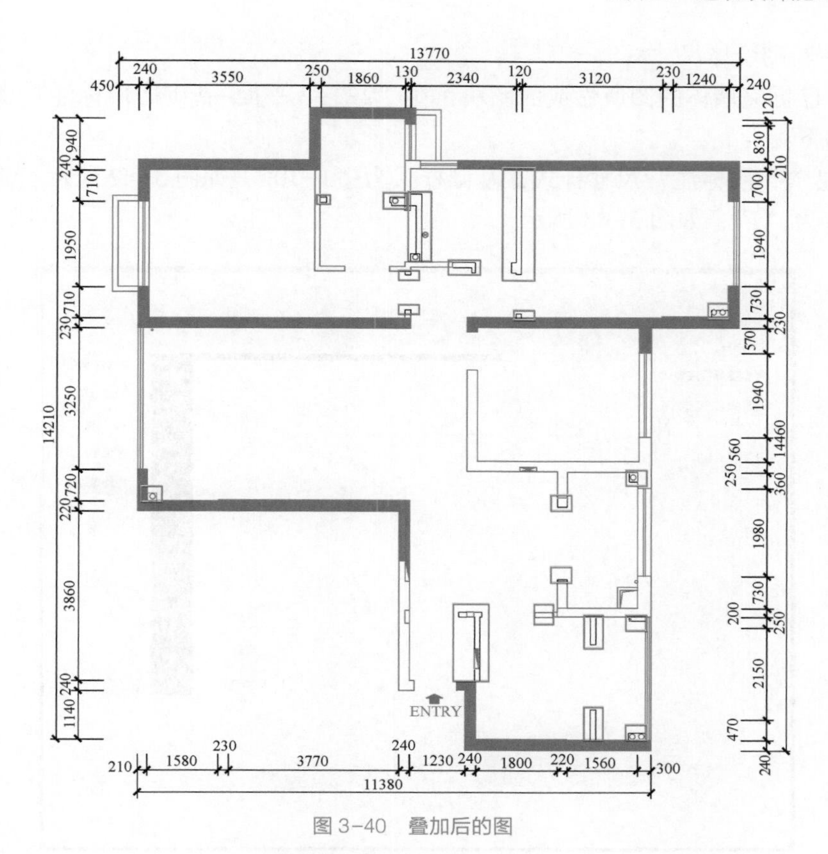

图 3-40　叠加后的图

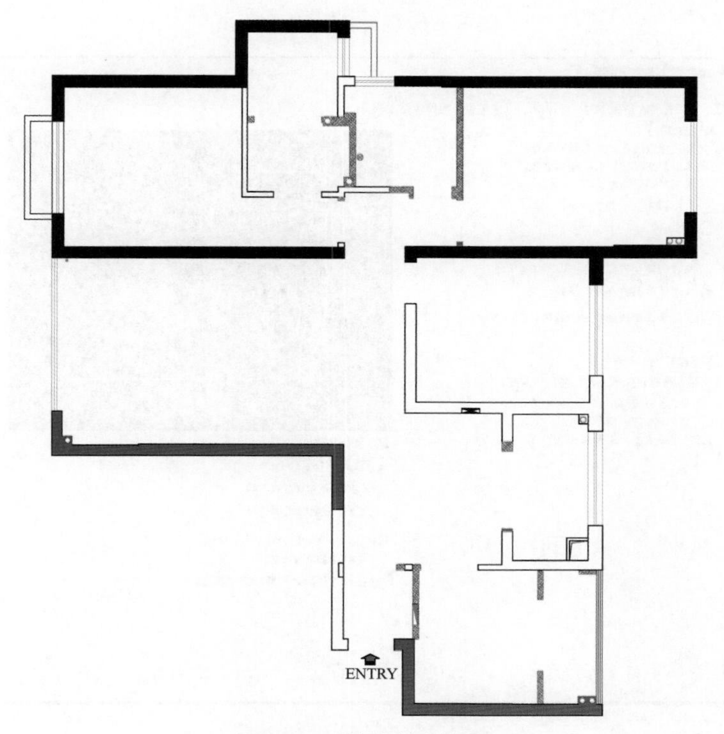

图 3-41　绘制好的砌墙图

5. 标注新砌墙体尺寸

删除由已拆完墙体的图所做成的图块，在“2-1-3 平面-新砌砖墙标注”图层标注尺寸，方法如下：

① 新建“布局标注”尺寸样式，基础样式为“1-70”，如图 3-42 所示。修改“使用全局比例”为“1”，如图 3-43 所示。

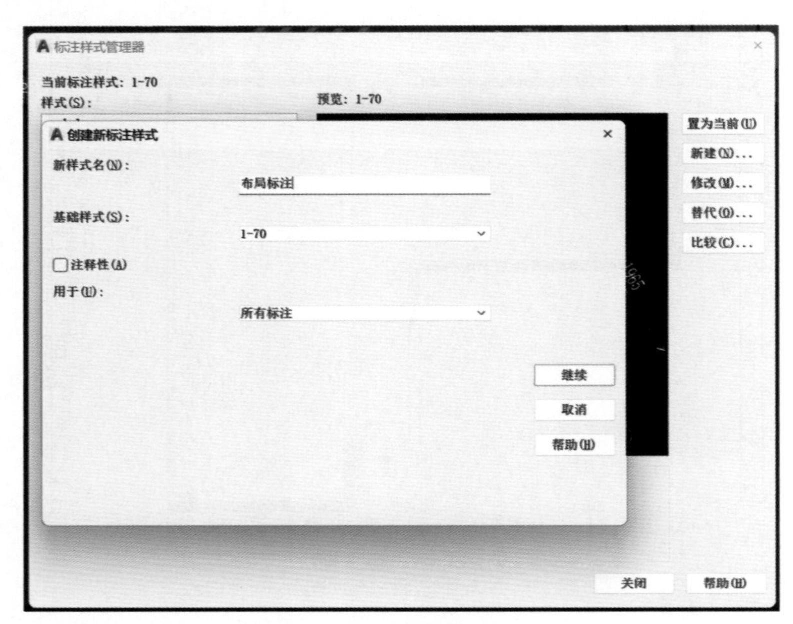

图 3-42　创建“布局标注”

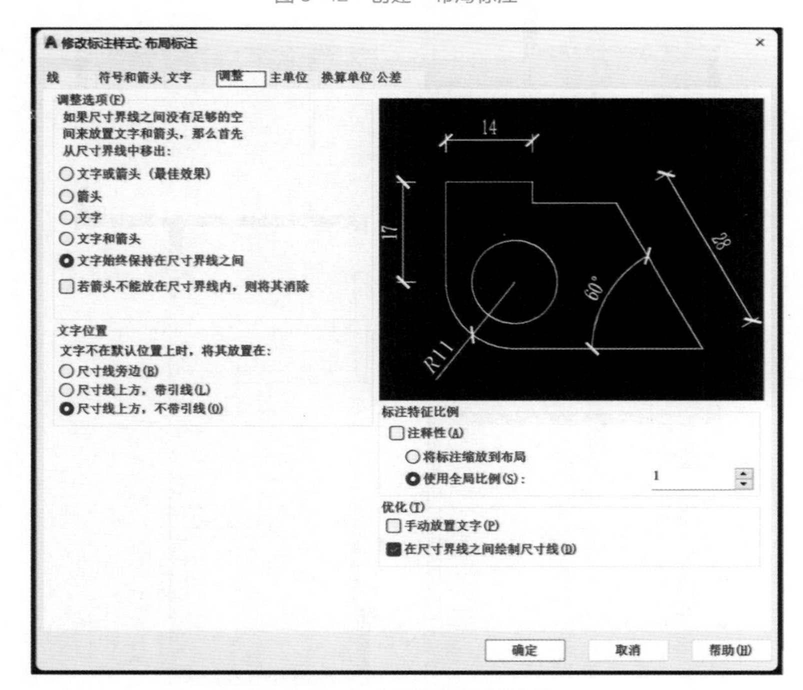

图 3-43　修改“使用全局比例”

② 在布局空间以该标注样式对新砌墙体尺寸进行标注，并以该标注样式在门洞处画引线，标注“门洞与原门洞等高”字样，字高为 2. 5mm，效果如图 3-44 所示。

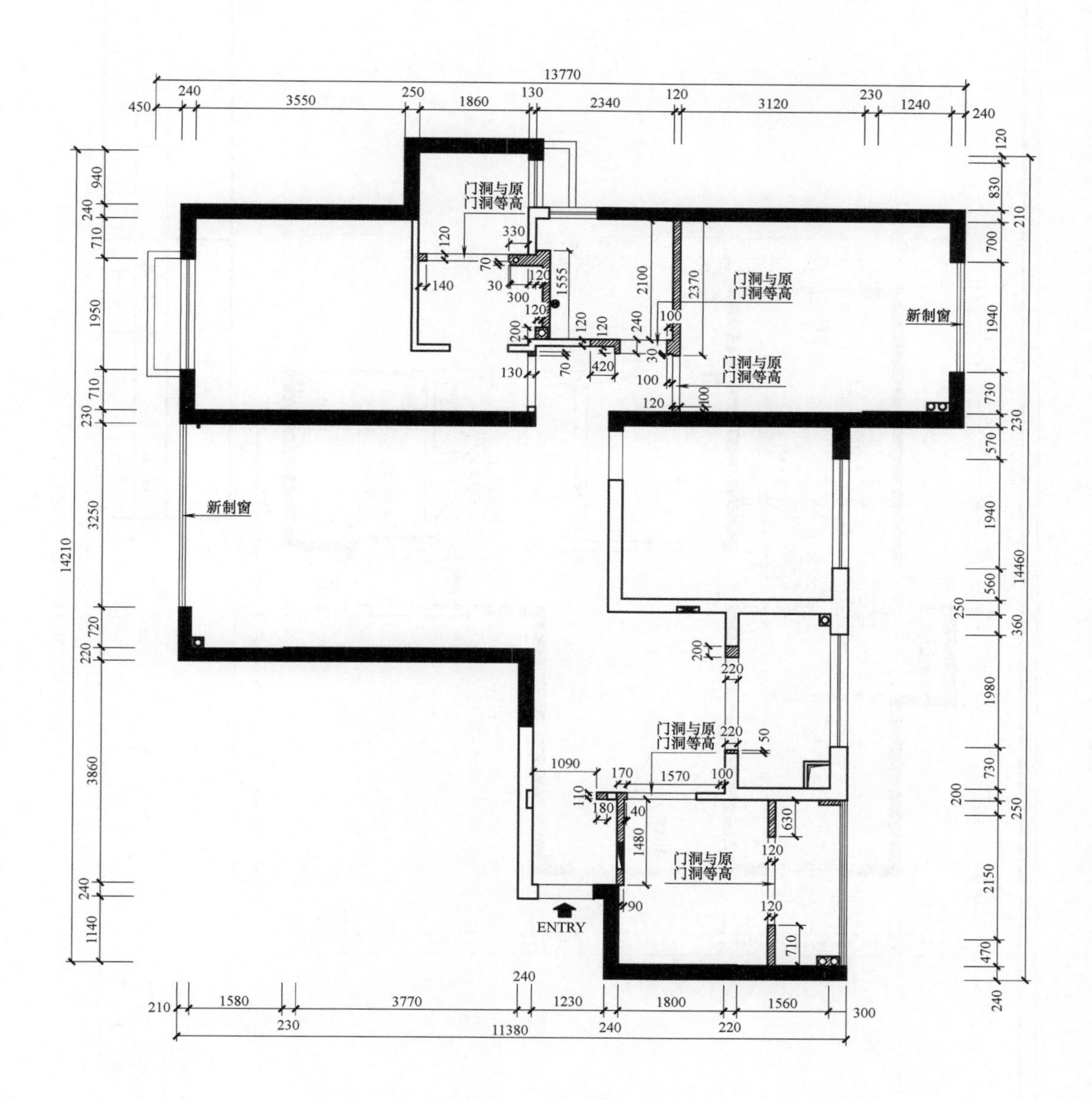

图 3-44　标注文字的砌墙图

6. 标注图例

拆墙尺寸定位图和砌墙尺寸定位图要填充不同的图例来表示，并且图例需要在这两张图纸中以表格形式标明。标出新砌墙体图例，修改图框的图名，最终效果如图 3-45 所示。

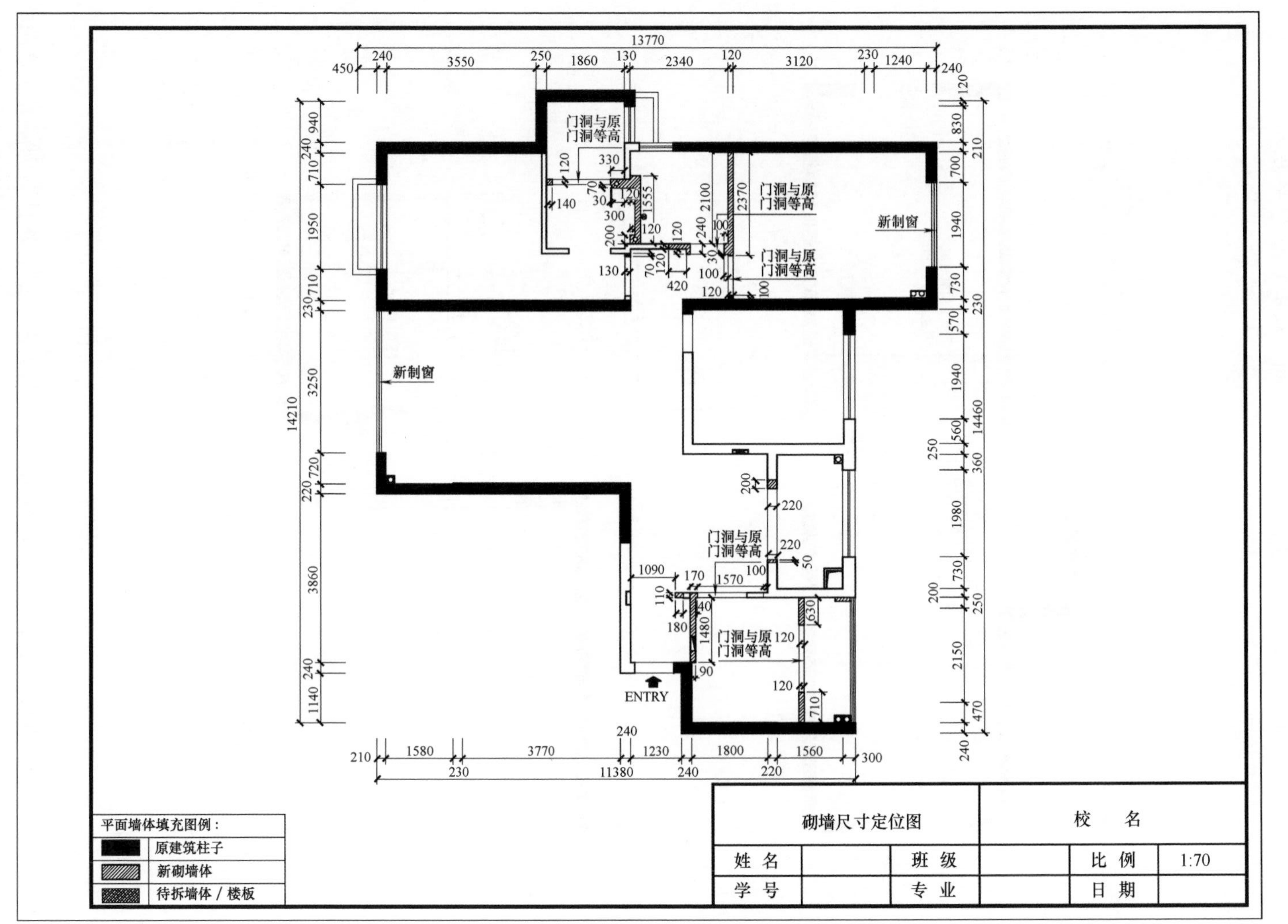

图 3-45　完成的砌墙尺寸定位图

思考

问题 1：空间改造墙体定位图有什么作用？

问题 2：为什么空间改造墙体定位图需要标注详细尺寸？

拓展

☞ 实训项目：云顶至尊项目施工图深化设计——空间改造墙体定位图

<table>
<tr><th colspan="2">工作任务</th></tr>
<tr><td rowspan="2">任务书要求</td><td>
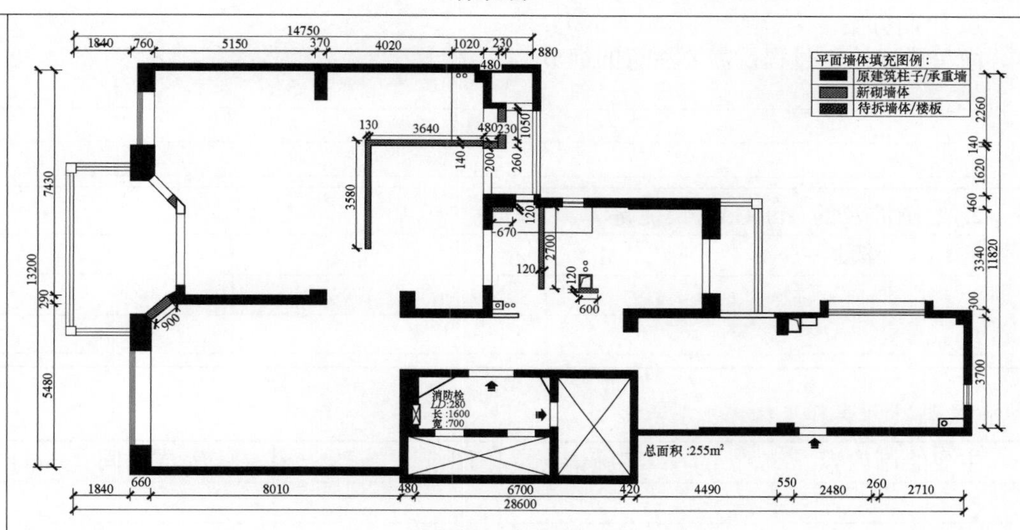

拆墙尺寸定位图

砌墙尺寸定位图
</td></tr>
<tr><td>1. 根据平面布置图，完成拆墙尺寸定位图和砌墙尺寸定位图
2. 尺寸定位准确
3. 图纸表达准确</td></tr>
</table>

☞ 相关知识和绘图技能确认单

相关知识和绘图点	绘制情况	自我评价
图层设置		
拆墙尺寸定位图		
砌墙尺寸定位图		
图纸排版		

☞ 绘图计划制定工作单

1. 绘制方案

简单描述绘制过程及需要注意的细节：

____

____

____

2. 绘图涉及的 AutoCAD 快捷键

移动	M	直线	L

☞ 绘图计划实施工作单

主要绘制内容	实施情况（附图纸）	完成时间（min）

☞ 图纸绘制记录与评分

绘制项目	内容	评分标准	记录	评分
绘图准备（30分）	理解布局空间和模型空间的区别	能否准确使用布局空间绘制图形		
图块使用（10分）	图块使用技巧	能否准确使用图块		
	图层叠加技巧（前置或后置）	图层叠加是否准确		
绘制步骤（60分）	图层设置	图层命名是否清晰、规范		
	布局空间绘图准备	是否能准确且熟练使用布局空间		
	模型空间绘图准备	模型空间调整是否准确		
	拆墙尺寸定位图	是否能准确、完整绘制拆墙尺寸定位图		
	砌墙尺寸定位图	是否能准确、完整绘制砌墙尺寸定位图		

☞ 提交与改进工作单

改进要点记录		
作品提交	绘制的图纸	展示（附图纸）

任务三

平面家具尺寸定位图绘制

工作任务导入

工作任务	
客户需求	后期配置家具时需要参考图纸
任务书要求	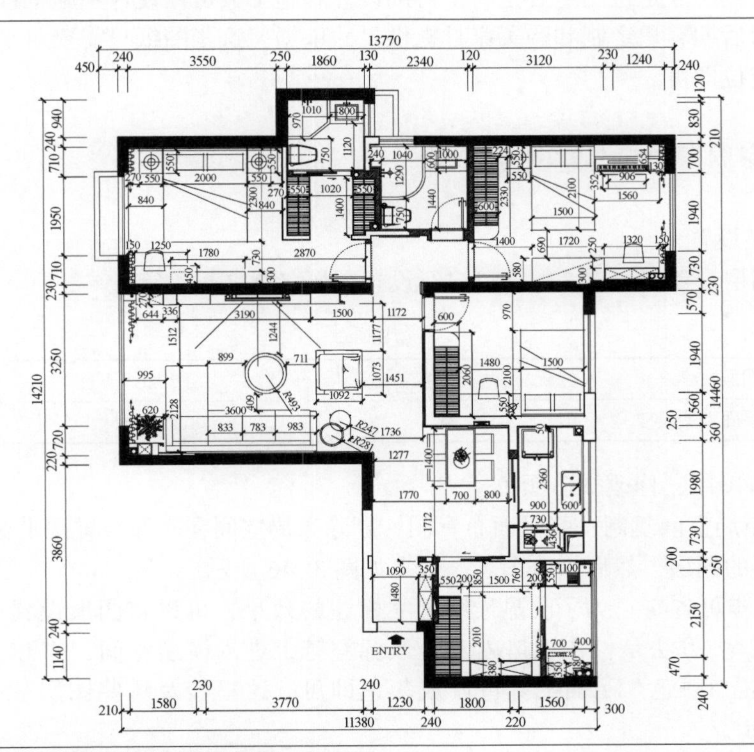 1. 结合平面布置图进行家具尺寸定位 2. 图纸清晰、易于辨认

岗位技能	1. 标注样式设置要符合规范 2. 图纸应清晰、明了，易于辨认 3. 具有服务他人、一丝不苟、协作共赢的工作精神
工作任务要求	任务要求：在平面布置图的基础上，完成平面家具尺寸定位图 工作任务： 平面家具尺寸定位图绘制步骤
工作标准	1. “1+X 室内设计”职业技能等级标准 2. 《房屋建筑制图统一标准》(GB/T 50001—2017) 3. 《建筑制图标准》(GB/T 50104—2010)

知识导入

问题：平面家具尺寸定位图的作用是什么？

知识准备

平面家具尺寸定位图主要是为了协助设计和施工人员在设计和施工过程中对空间进行定位，并为后期客户定制和购买家具提供尺寸依据。这张图纸只需要对平面图的家具摆放进行尺寸定位即可。

平面家具尺寸定位图绘制步骤

1. 图层设置

所需图层设置参考表 3-4（可自行设置图层名称、颜色等）。

表 3-4　　图层设置内容

图层名称	颜色	线型	线宽
2-3 平面家具尺寸	40	Continuous	默认

2. 准备图纸，修改视口颜色

① 在布局空间复制一张平面布置图，删除布局空间在平面布置图上标注的文字信息，冻结不需要的图层，然后修改图名，效果如图 3-46 所示。

②（此步可省略）为了凸显最终尺寸标注的效果，可以将图形设置成灰色（修改视口图层颜色）。方法是：在视口内双击鼠标左键，进入模型空间，打开“图层特性管理器”，在“视口颜色”下面把颜色调成灰色即可，这里涉及哪些图层就调哪些图层，如图 3-47 所示。

③ 经过调整，在 CAD 视口空间可以看到，图纸中的家具等都变成了统一的灰色（8 号色），这样调整有利于对图纸进行观察，整理完的平面布置图如图 3-48 所示。

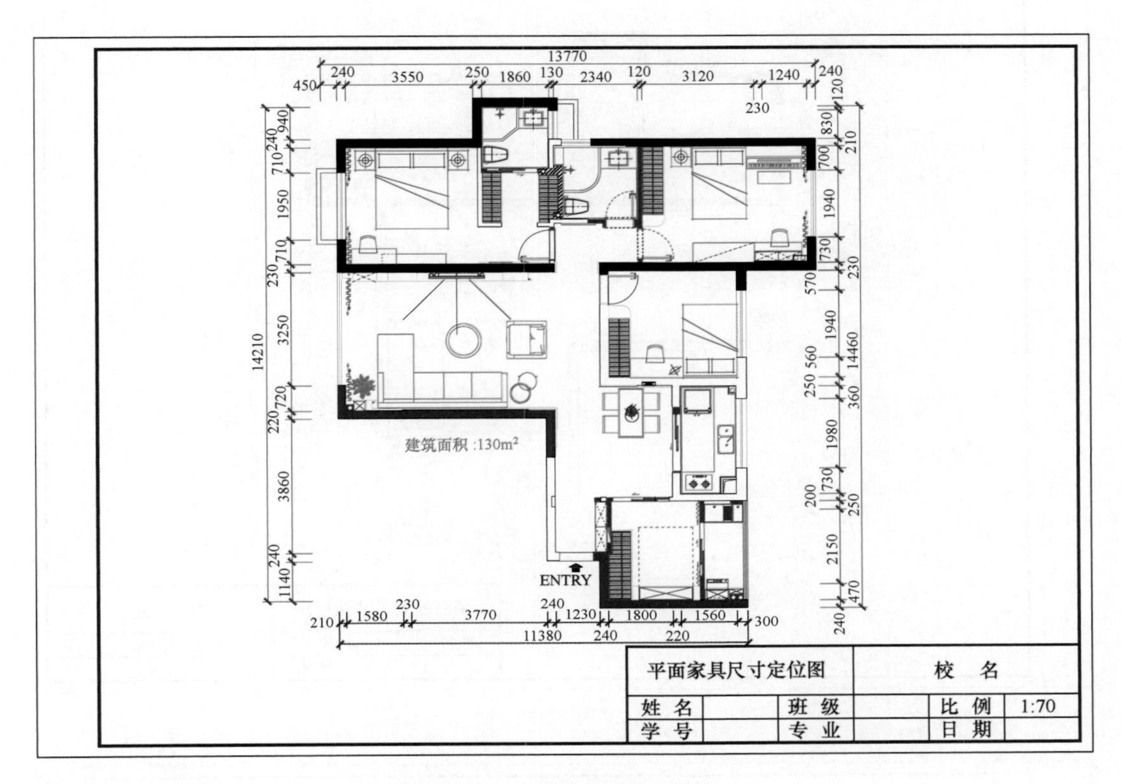

图 3-46　修改完的平面布置图

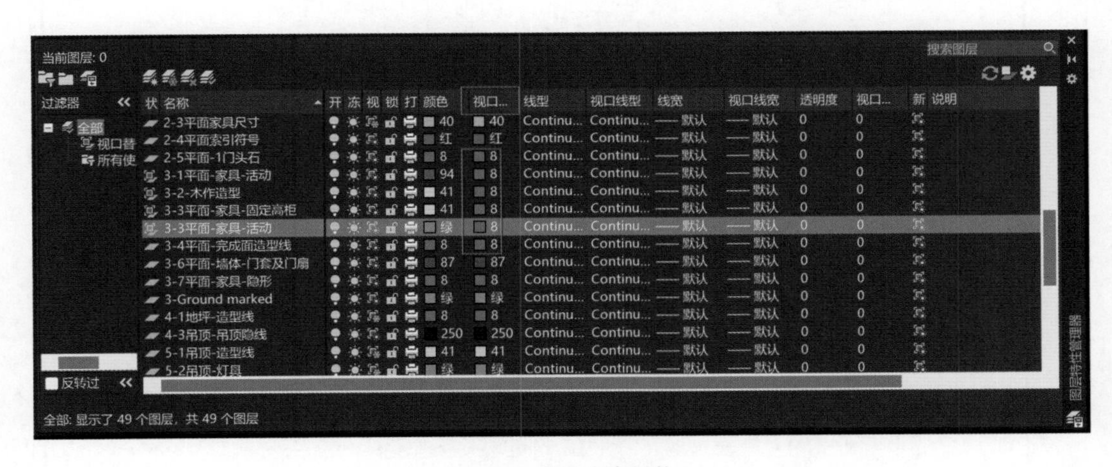

图 3-47　视口颜色调整

3. 标注尺寸

在“2-3 平面家具尺寸”图层（标注样式：1-70），对图形进行尺寸标注（要注意家具本身的尺寸及家具与空间的尺寸），最终效果如图 3-49 所示。

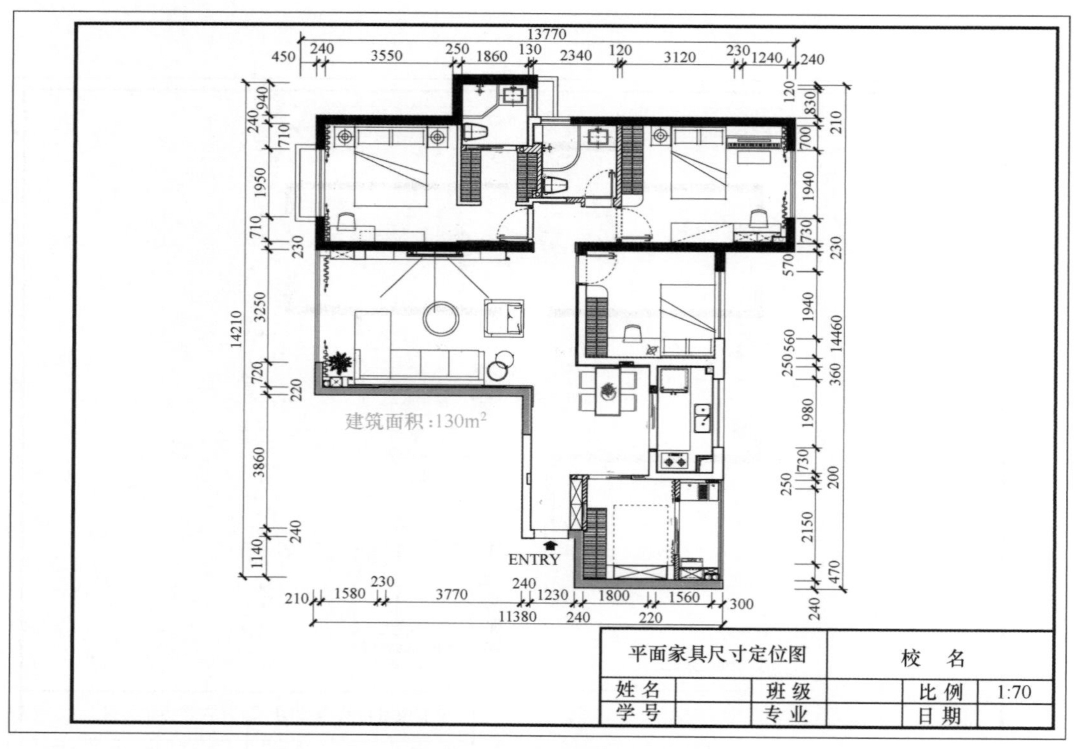

图 3-48　调整完视口颜色的平面布置图

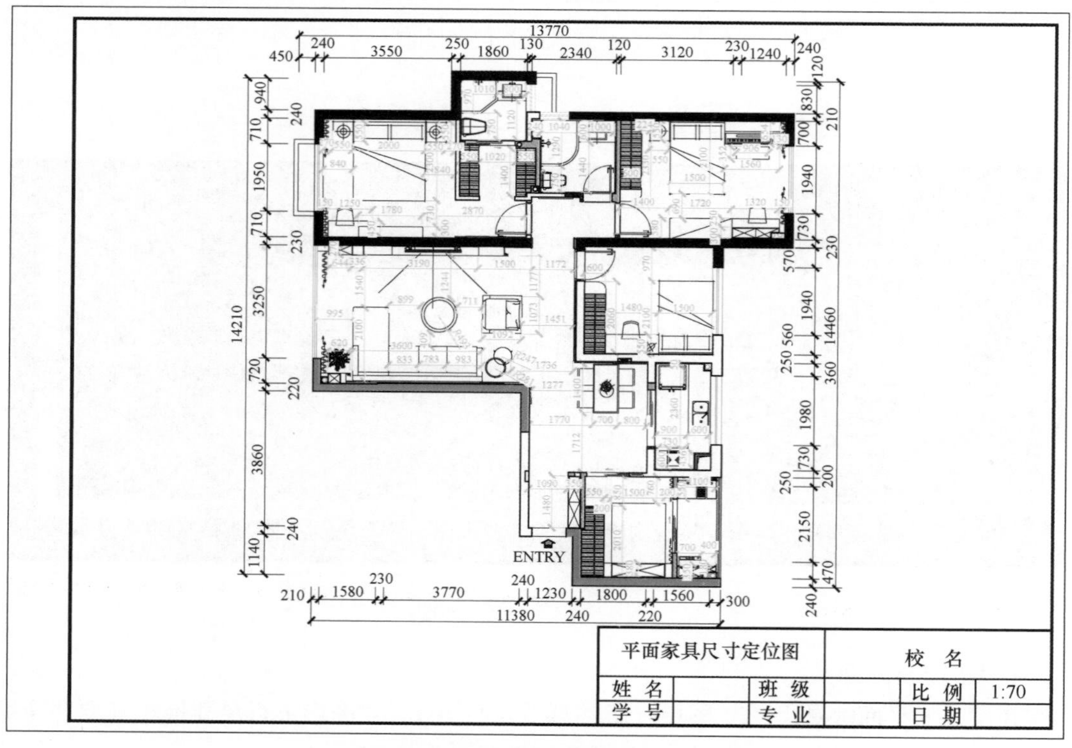

图 3-49　完成的平面家具尺寸定位图

思考

问题：平面家具尺寸定位图如何指导客户进行家具的选择？

拓展

实训项目：云顶至尊项目施工图深化设计——平面家具尺寸定位图

工作任务	
客户需求	后期配置家具时需要参考图纸
任务书要求	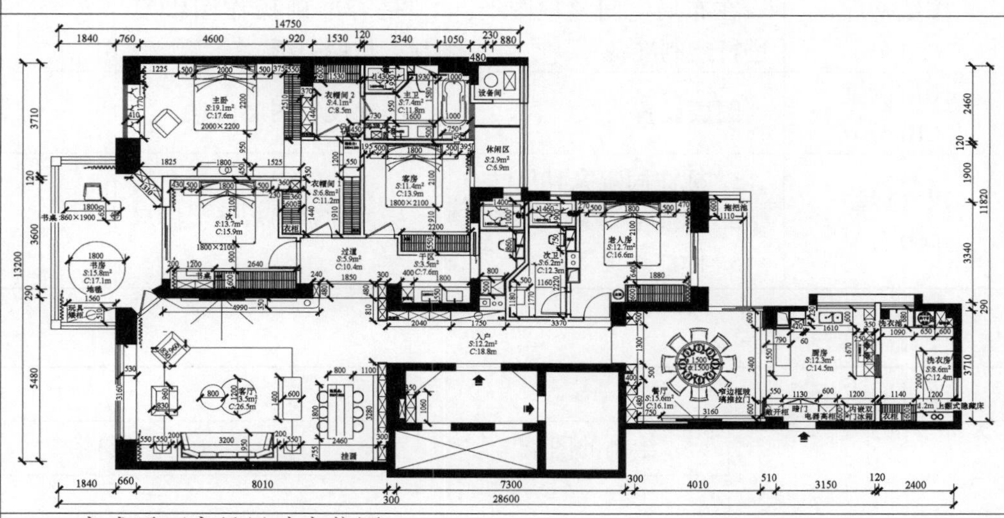 1. 完成平面家具尺寸定位图 2. 图纸表达清晰、准确

相关知识和绘图技能确认单

相关知识和绘图点	绘制情况	自我评价
图纸整理		
图层设置		
尺寸标注		
图纸排版		

绘图计划制定工作单

1. 绘制方案

简单描述绘制过程及需要注意的细节：

2. 绘图涉及的 AutoCAD 快捷键

移动	M	直线	L

☞ 绘图计划实施工作单

主要绘制内容	实施情况（附图纸）	完成时间（min）

☞ 图纸绘制记录与评分

绘制项目	内容	评分标准	记录	评分
图纸整理（30分）	在布局空间整理图纸，进行绘制准备	是否准确操作图纸复制，整理图纸		
图层设置（10分）	图层设置	准确设置图层信息		
尺寸标注（60分）	1. 标注固定家具尺寸 2. 标注活动家具尺寸 3. 标注过道等尺寸	标注准确、清晰、详尽		

☞ 提交与改进工作单

改进要点记录		
作品提交	绘制的图纸	展示（附图纸）

任务四
地面材料铺贴图绘制

工作任务导入

工作任务	
客户需求	1. 客厅及餐厅公共区域铺贴瓷砖，要易于清洁，地面无须拼花，要简洁大气 2. 卧室区域使用实木地板 3. 厨房、卫生间、阳台区域使用防滑瓷砖

任务书要求

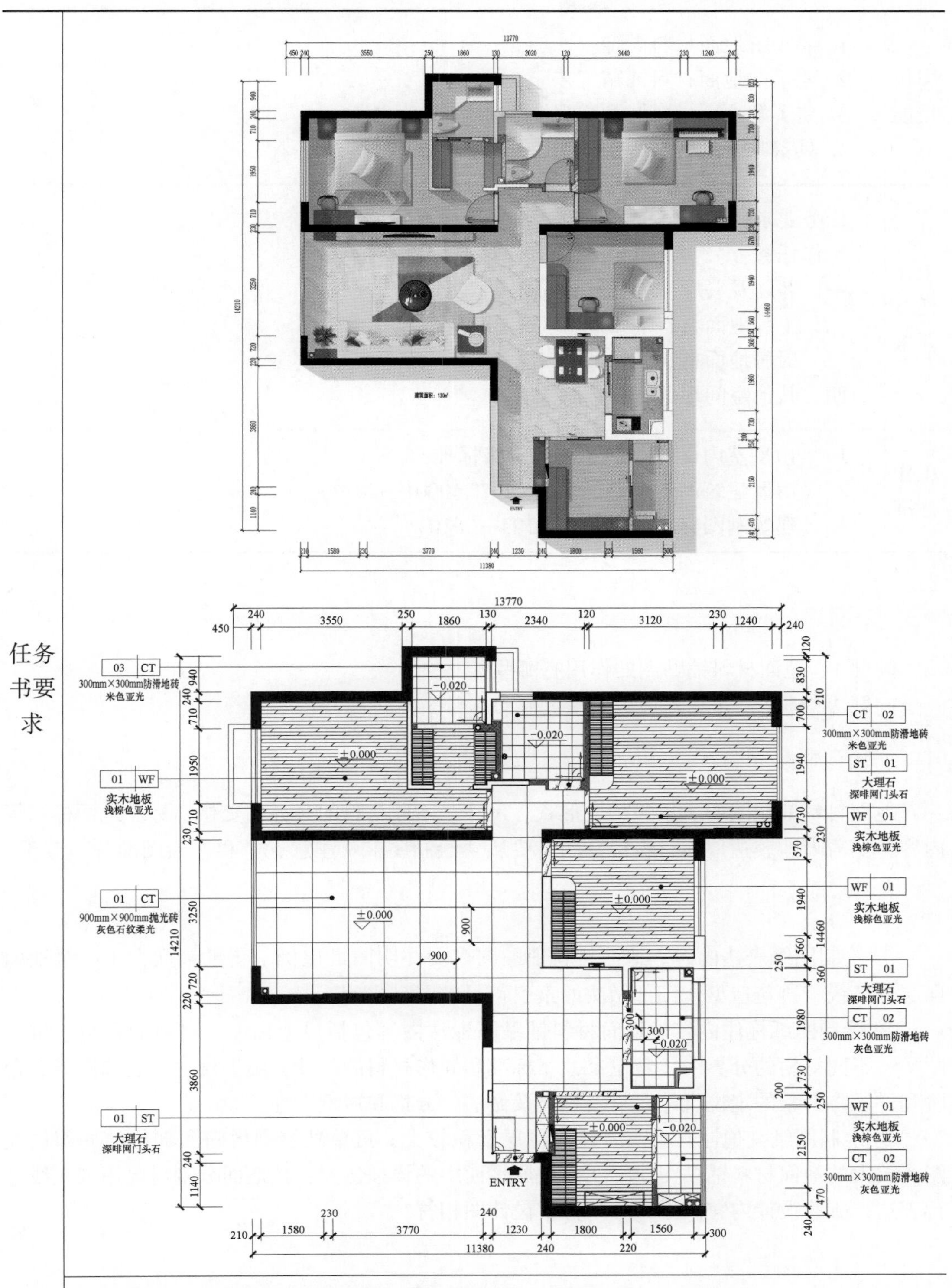

1. 结合任务书给出的各种材料使用情况设计地面材料铺贴
2. 图纸表达规范、清晰、材料尺寸齐全

岗位技能	1. 要了解地面材料类型 2. 要了解地面材料铺贴工艺 3. 要了解地面材料铺贴美观性 4. 具备吃苦耐劳、精益求精、一丝不苟的设计态度
工作任务要求	任务要求：明确任务书要求，绘制地面材料铺贴图 工作任务： 一、客厅及餐厅地面材料铺贴图 二、主卧地面材料铺贴图 三、厨房地面材料铺贴图 四、其他空间地面材料铺贴图
工作标准	1. “1+X 室内设计”职业技能等级标准 2. 《房屋建筑制图统一标准》(GB/T 50001—2017) 3. 《建筑制图标准》(GB/T 50104—2010)

知识导入

问题 1：地面材料铺贴图的作用有哪些？

问题 2：铺贴瓷砖和木地板的工艺流程有什么不同？

知识准备

地面材料铺贴图的表达包括块形状、尺寸、不同材料的分界和交接、标注地面标高等内容，要清晰地表达地面材料铺贴图需要从“绘制要求及注意点”和“绘图准备”着手。

（一）绘制要求及注意点

① 绘制图纸表达内容。地面材料铺贴图需要注明图纸比例、图纸幅面大小、楼地面面层分格线、拼花造型、细部做法的索引符号、图名比例。

② 绘制图纸标注内容。地面材料铺贴图标注内容包括尺寸标注、材料的种类、拼接图案、不同材料的分界线、定位尺寸、标准和异形材料的尺寸、施工做法、装饰嵌条、台阶和梯段防滑条的定位尺寸、材料种类及做法、分格和造型尺寸。

③ 绘制图纸其他注意点。若建筑单层面积较大，可单独绘制房间和部位的局部放大图，放大的地面材料铺贴图应标明其在原平面中的详细位置；楼地面分割需要用细实线进行表达；所绘设计内容及形式应与方案设计图相符。

（二）绘图准备

1. 图层设置

所需图层设置参考表 3-5（可自行设置图层名称、颜色等）。

表 3-5　　图层设置内容

图层名称	颜色	线型	线宽
4-1 地坪-造型线	8	Continuous	默认

2. 图纸准备

在布局空间复制一张平面布置图，粘贴在相应位置上，修改图名为“地面材料铺贴图”。删除布局空间的文字信息，冻结平面布置图中的家具、门等不需要的图层（要注意，可以保留固定在地面的家具图层，也可以把所有家具图层都冻结起来），效果如图3-50所示。

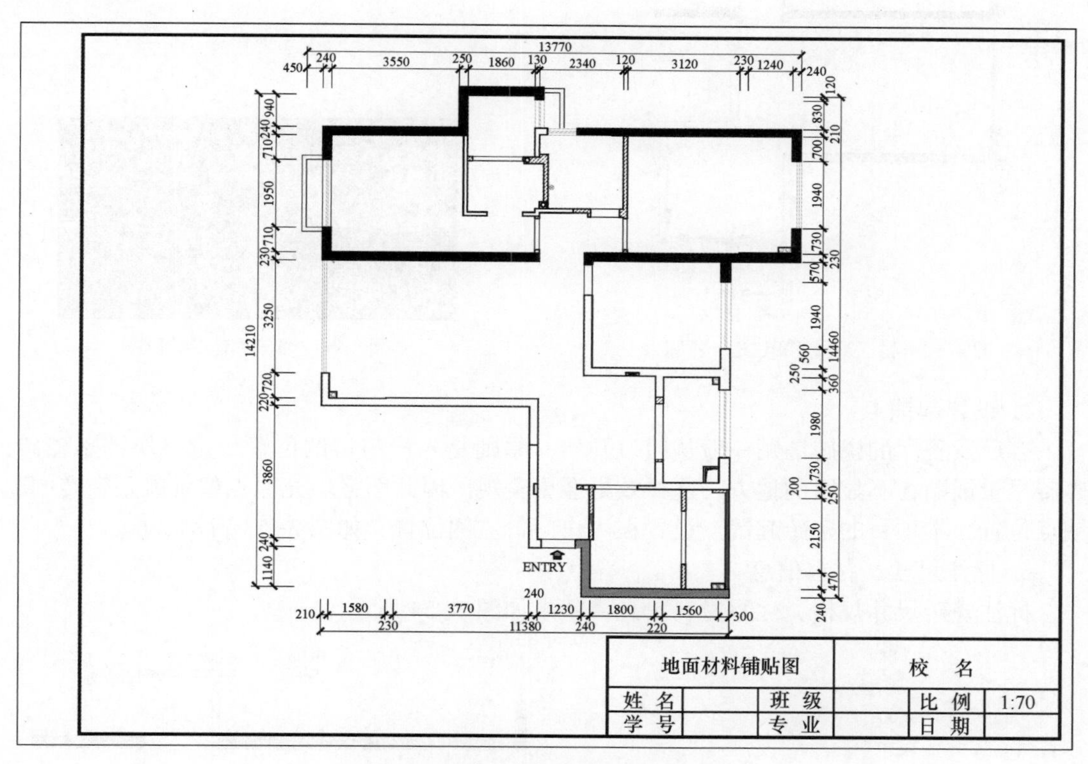

图 3-50　冻结多余图层的平面布置图

一、客厅及餐厅地面材料铺贴图

（一）客厅及餐厅地面材料设计方案

通过观察彩平图、效果图和任务书可知，客厅及餐厅和过道属于通铺统一的900mm×900mm抛光砖，所以绘制时可以一起进行填充，只要注意起铺点位置即可。

（二）绘制步骤

1. 描轮廓

用“多段线”命令或者“BO”命令描出客厅及餐厅和过道的外轮廓（主要使填充过程不易出错，此步骤也可省略），效果如图 3-51 所示。

2. 图层设置

将“4-1 地坪-造型线”图层置为当前图层。

3. 图案填充

执行“填充”命令，方法为：选择步骤 1 中使用“多段线”描的闭合造型，将图案填充类型设置为“用户定义”，比例改为“900”，选择“双向”，具体参数设置如图 3-52 所示。

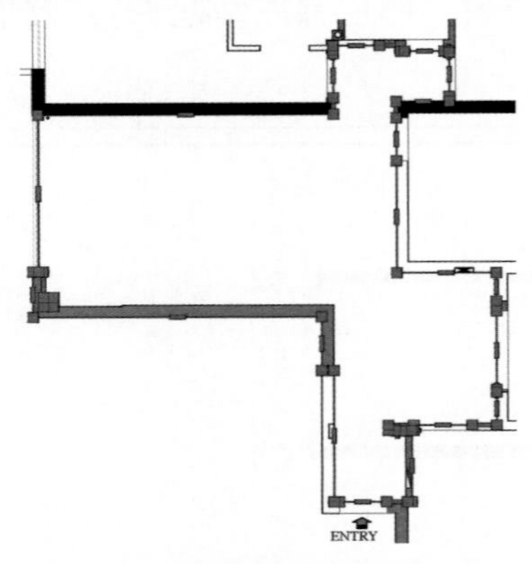

图 3-51　客厅及餐厅和过道外轮廓

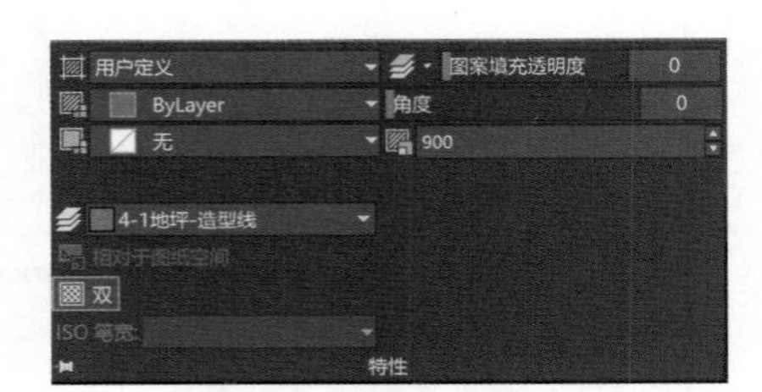

图 3-52　填充具体参数设置

4. 设置起铺点

客厅及餐厅的瓷砖铺贴一般从门口开始，原则是入户门口的位置尽量整块铺贴瓷砖，碎砖尽量铺贴在不显眼的地方，这样效果会更美观。因此图案填充原点位置就是瓷砖的起铺点位置。本项目的瓷砖起铺点设置在入户门口左侧位置，如图 3-53 所示。

5. 标注尺寸、材料信息

标注瓷砖尺寸规格，注写材料信息，效果如图 3-54 所示。

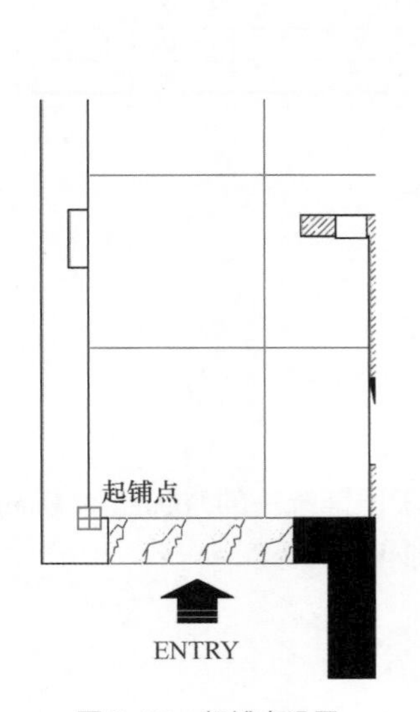

图 3-53　起铺点设置

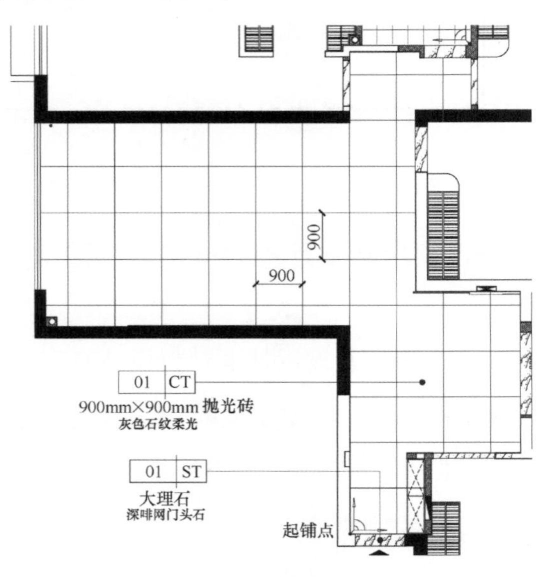

图 3-54　标注瓷砖规格

6. 标注地面标高

标注地面标高，效果如图 3-55 所示。

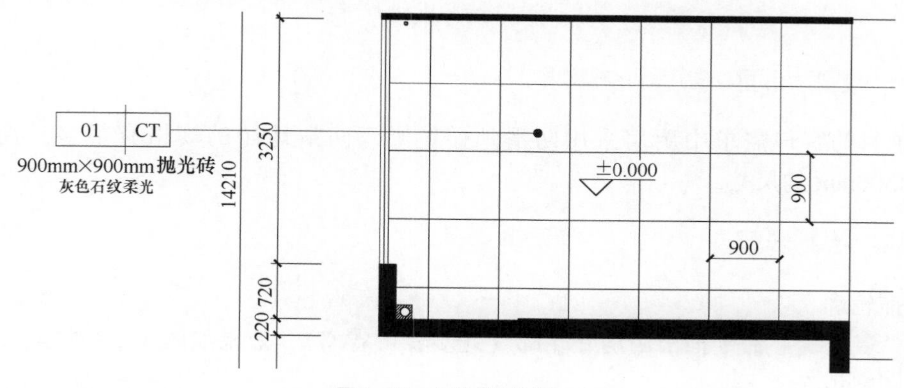

图 3-55　标注地面标高

二、主卧地面材料铺贴图

（一）主卧地面材料设计方案

本项目的卧室地板均采用实木地板铺贴。与瓷砖相比，实木地板在脚感上更好，它有弹性，人走在上面很舒服，跟走在瓷砖上面的脚感完全不一样。

（二）绘制步骤

1. 描轮廓

用“多段线”命令描出主卧外轮廓（此步骤可省略），效果如图 3-56 所示。

图 3-56　主卧外轮廓

2. 图案填充

执行：填充—样例（选择“DOLMIT”图案）—比例（改为“15”）。

注意：铺设木地板方向应与窗户垂直，效果如图 3-57 所示。

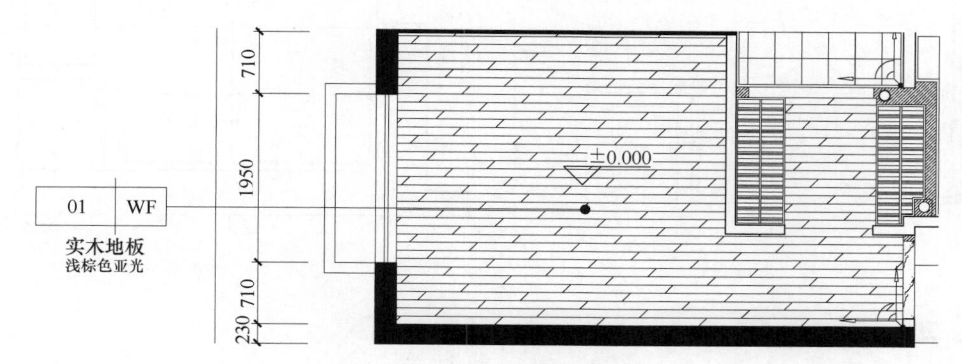

图 3-57　主卧木地板铺设方向

三、厨房地面材料铺贴图

（一）厨房地面材料设计方案

本项目的客户需求中厨房采用防滑地砖铺贴。防滑地砖的规格有很多，我们采用300mm×300mm 的尺寸。

（二）绘制步骤

1. 描轮廓

用“多段线”命令描出厨房外轮廓（此步骤可省略），效果如图 3-58 所示。

2. 图案填充

使用“填充”命令，方法为：选择步骤 1 中使用“多段线”命令描的闭合造型将图案填充类型设置为“用户定义”，比例改为“300”，选择“双向”，效果如图 3-59 所示。

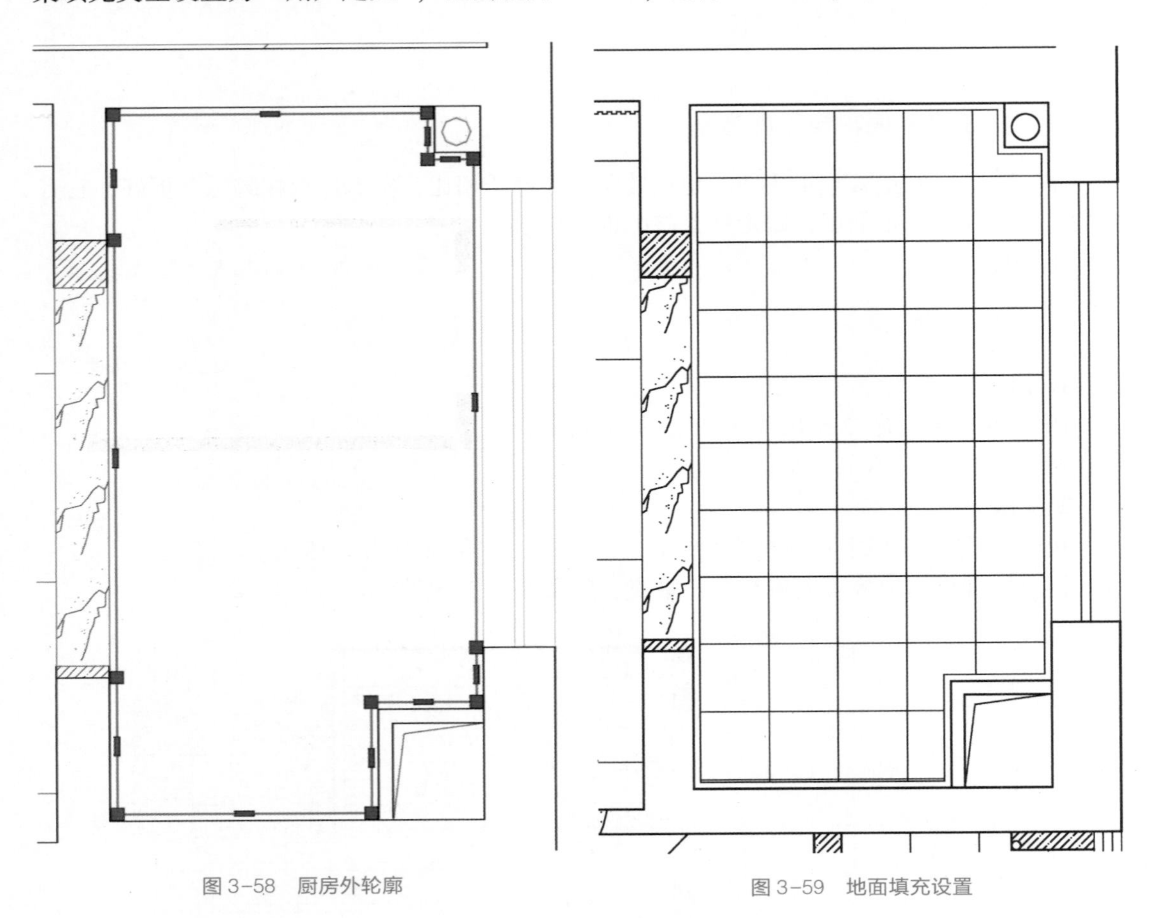

图 3-58　厨房外轮廓　　图 3-59　地面填充设置

3. 设置起铺点

起铺点设置在左上角位置，效果如图 3-60 所示。

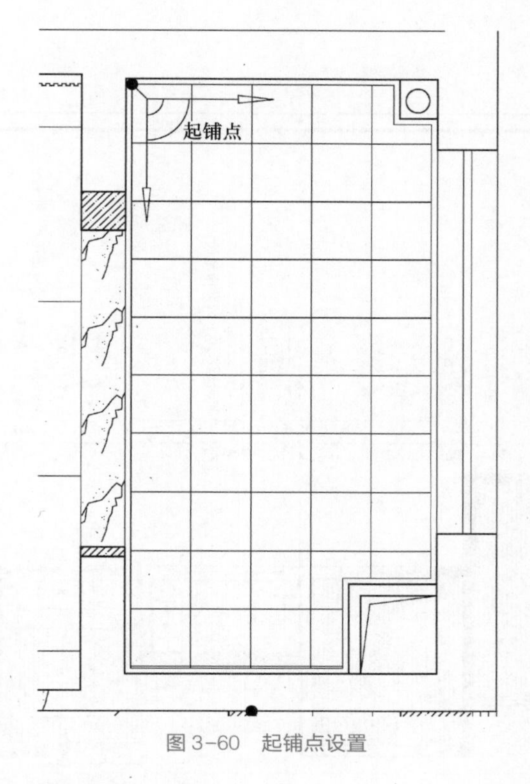

图 3-60　起铺点设置

4. 标注尺寸、材料信息及地面标高

标注瓷砖尺寸规格，注写材料信息，标注地面标高，效果如图 3-61 所示。

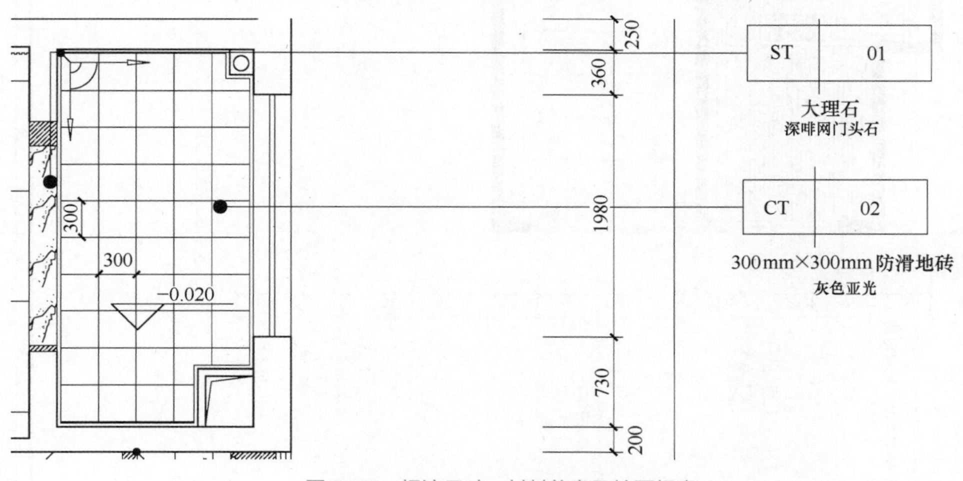

图 3-61　标注尺寸、材料信息及地面标高

四、其他空间地面材料铺贴图

本项目其他空间的地面材料铺贴均可仿照上面三类材料的铺贴方法，排版后的效果如图 3-62 所示。

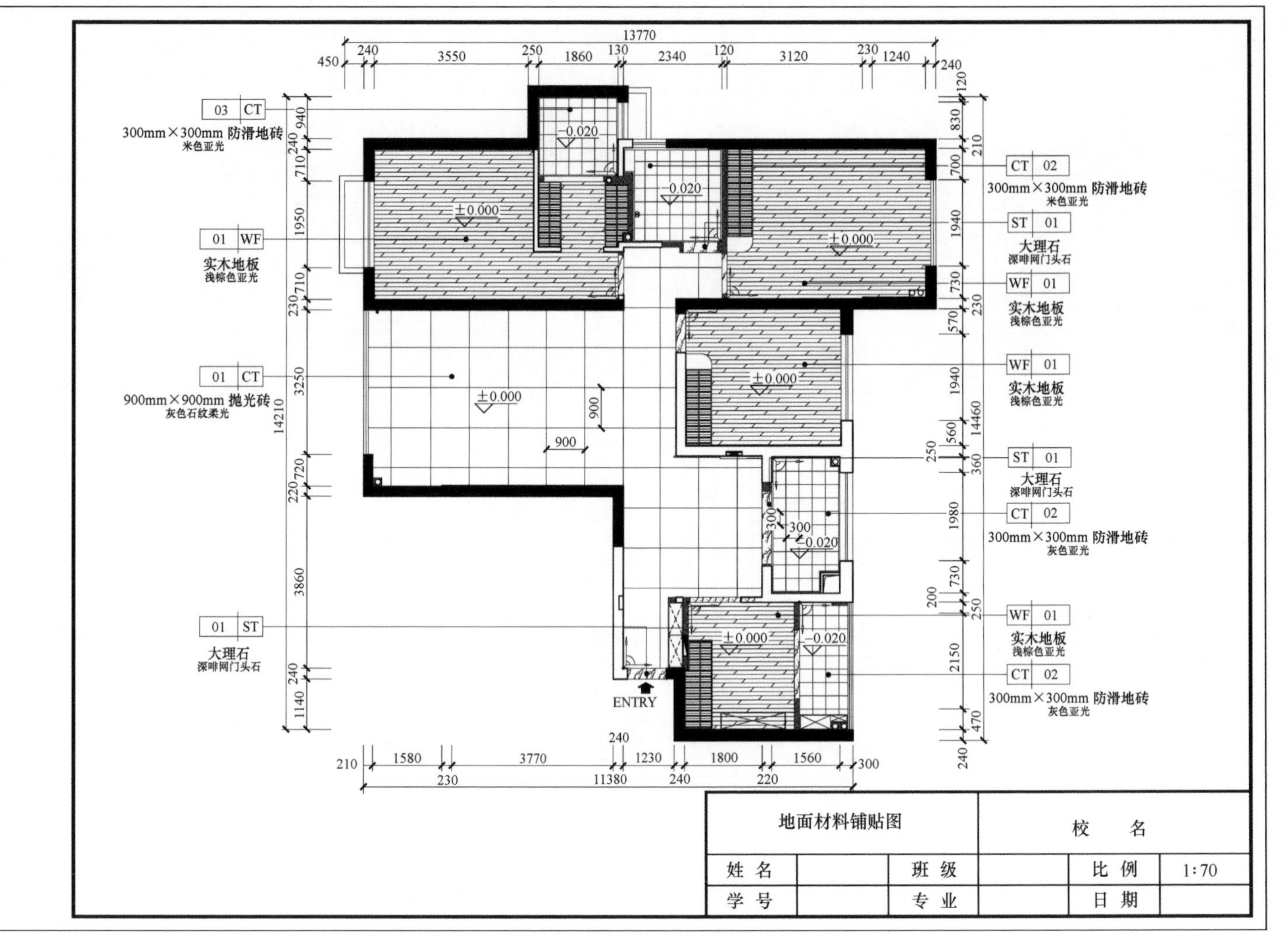

图3-62 地面材料铺贴图

思考

问题 1：厨房、卫生间、阳台的地面为什么比其他空间地面的标高低？
问题 2：瓷砖铺贴时的起铺点设计除了美观还有什么作用？

拓展

☞ **实训项目：云顶至尊项目施工图深化设计——地面材料铺贴图**

工作任务	
客户需求	1. 客厅及餐厅等公共区域铺贴 800mm× 800mm 的抛光砖 2. 卧室和书房等空间铺设实木地板 3. 厨房、卫生间、阳台和保姆房铺贴 400mm× 400mm 的防滑地砖 4. 尽量降低损耗
任务书要求	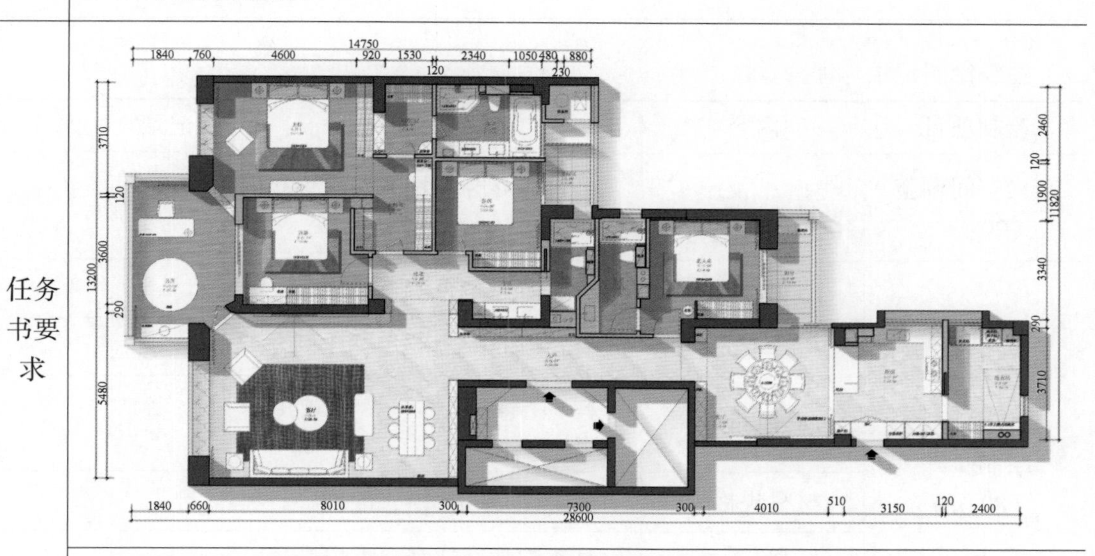
	1. 结合彩平图和效果图进行地面材料铺贴图的绘制 2. 图纸表达清晰、规范、内容详尽

☞ **相关知识和绘图技能确认单**

相关知识和绘图点	绘制情况	自我评价
地面材料特性		
地面材料设计		
地面材料铺贴图绘制		
材料规格		
地面标高		
起铺点		

☞ 绘图计划制定工作单

1. 绘制方案

简单描述绘制过程及需要注意的细节：

____

____

____

2. 绘图涉及的 AutoCAD 快捷键

填充	H	直线	L

☞ 图纸绘制记录与评分

绘制项目	内容	评分标准	记录	评分
布局空间调整（20分）	布局设置	是否能够合理且准确设置布局空间		
绘制步骤（80分）	图层设置	图层命名是否清晰、规范		
	材料填充	材料填充图例准备、比例合理		
	起铺点设置	起铺点设置规范、符合审美要求		
	材料规格标注	是否完整、清晰、准确		
	标高	是否完整、清晰、准确		
	材料标注	是否完整、清晰、准确		
	图纸排版	是否美观、完整、规范		

☞ 提交与改进工作单

改进要点记录		
作品提交	绘制的图纸	展示（附图纸）

任务五
顶平面布置图绘制

工作任务导入

工作任务	
客户需求	1. 梁要隐藏起来 2. 吊顶要简洁并有细节 3. 全屋中央空调
任务书要求	顶棚布置图　校名 姓名　班级　比例 1:70 学号　专业　日期

任务书要求	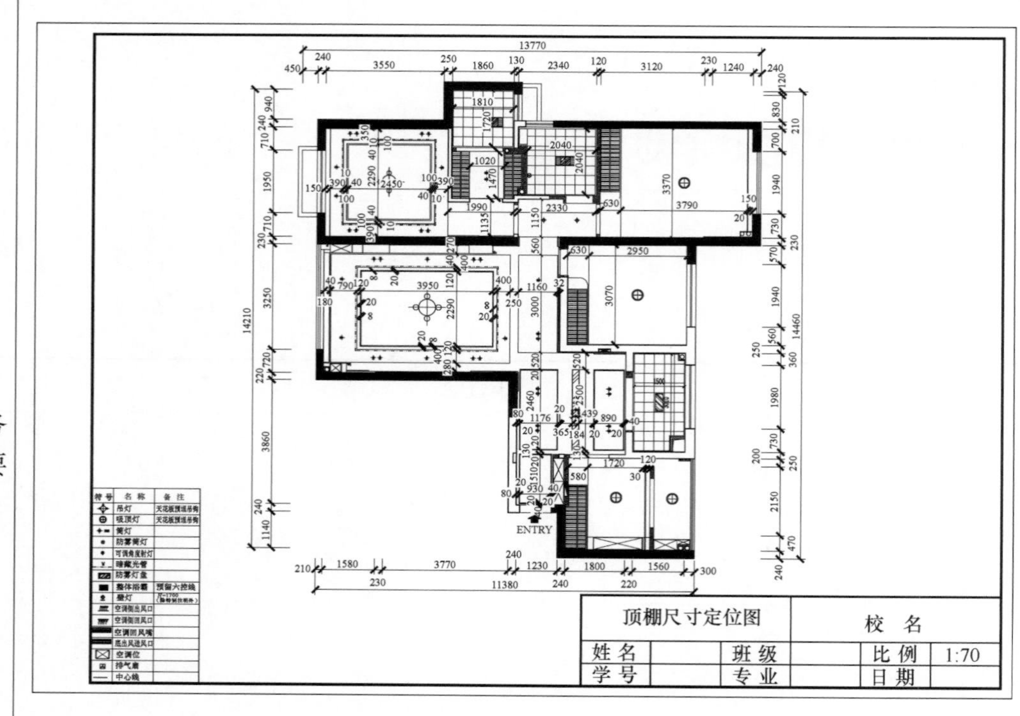
	1. 结合效果图和实景图进行顶棚设计 2. 注意对梁的修饰 3. 注意空调的安排 4. 注意细节的设计
岗位技能	1. 能够根据效果图绘制顶棚布置图 2. 顶棚布置图要表达准确 3. 顶棚结构线要表达准确 4. 要秉承以人为本、精益求精、一丝不苟的设计精神
工作任务要求	任务要求：明确任务书要求，对本项目的顶棚空间进行设计 工作任务： 一、顶棚布置图 二、顶棚尺寸定位图 三、灯具尺寸定位图
工作标准	1. “1+X 室内设计”职业技能等级标准 2. 《房屋建筑制图统一标准》(GB/T 50001—2017) 3. 《建筑制图标准》(GB/T 50104—2010)

知识导入

问题 1：顶棚布置图要表现哪些内容？

问题 2：中央空调安装需要多高的空间？

知识准备

顶平面图绘制内容包括建筑、电气、给排水、暖通空调等专业相关设施的详细定位尺寸、剖切索引等。建筑专业需要表达吊顶材料、造型、标高、尺寸等内容，还需要表达送风回风口、烟感、温感、喷淋、灯具、音响、检修口等内容。建筑图需要表达的图纸内容较多且较为详细，因此在绘制顶平面施工图的时候会进行详细划分，主要分为：顶棚布置图、顶棚尺寸定位图和灯具尺寸定位图。

（一）顶平面图绘制注意点

① 绘制图纸表达内容。顶平面图需要表达建筑平面、门窗洞口、室内（外）顶棚造型、尺寸、做法、说明、灯具符号及具体位置、完成面标高、窗帘及窗帘盒、窗帘帷幕板、空调送风口位置、消防自动报警系统、与吊顶有关的音频设备的平面布置形式及安装位置等。

② 绘制图纸标注内容。顶平面图需要标注与顶棚相接的家具、设备位置及尺寸；需要图外标注开间、进深、总长、总宽等尺寸。

③ 绘制图纸其他注意点。顶平面图中表达的门只需要画出门洞边线，不需要画出门扇及开启方向；所绘设计内容与形式应与方案设计图相符。

（二）顶平面图绘制方法

① 仔细观察所给效果图的顶棚设计，在绘制顶平面图时，造型上要依据所给效果图进行绘制，效果图未给出的部分可自行设计，但要符合常规并符合整套设计的风格。

② 按空间分区进行造型绘制。

③ 放置灯具。

④ 标注材料。

⑤ 标注尺寸定位。

一、顶棚布置图

（一）客厅顶棚设计

1. 客厅顶棚绘制依据

观察客厅效果图和实景照片可知，其顶棚造型较复杂，主要为四面半吊顶，中央空调设计，有灯带、筒灯和吊灯设计，有三个层次的高度区别，如图 3-63 至图 3-65 所示。

图 3-63　客厅顶棚效果图（一）

从图 3-63 至图 3-65 中，我们可以清晰地观察出客厅吊顶的造型、层次、主要灯具设计和空调设计，结合任务书给出的吊顶材料，便可以绘制客厅空间顶棚布置图。

图 3-64　客厅顶棚效果图（二）

图 3-65　客厅顶棚效果图（三）

2. 绘制步骤

（1）绘图准备

① 在布局空间复制一张地面材料铺贴图，粘贴在相应位置上，修改图名为“顶棚布置图”。删除布局空间的文字信息，冻结地面材料相关图层，保留到顶的家具的图层，效果如图 3-66 所示。

② 解冻“3-2 木作造型”图层，客厅空间效果如图 3-67 所示。

③ 所需图层设置参考表 3-6（可自行设置图层名称、颜色等）。

表 3-6　图层设置内容

图层名称	颜色	线型	线宽
5-1 吊顶-造型线	41	Continuous	默认
5-2-1 吊顶-灯具	绿	Continuous	默认
5-2-2 吊顶-中央空调风口	绿	Continuous	默认
5-3 吊顶-结构线	红	Continuous	默认
5-4 吊顶-吊顶定位	40	Continuous	默认
5-5 吊顶-灯具定位	40	Continuous	默认

（2）绘制吊顶造型

根据效果图和照片，在“5-1 吊顶-造型线”图层绘制出客厅吊顶造型，尺寸可因个人审美偏差而有所不同，效果如图 3-68 所示，图中相同的数字表示相同的位置。

（3）放置空调及灯具

根据效果图和实景照片，分别在“5-2-1 吊顶-灯具”和“5-2-2 吊顶-中央空调风口”图层放置灯具及空调内机、出风口和回风口等模型。要注意灯具的摆放应尽量美观，注意间隔，主灯要居中等，效果如图 3-69 所示。

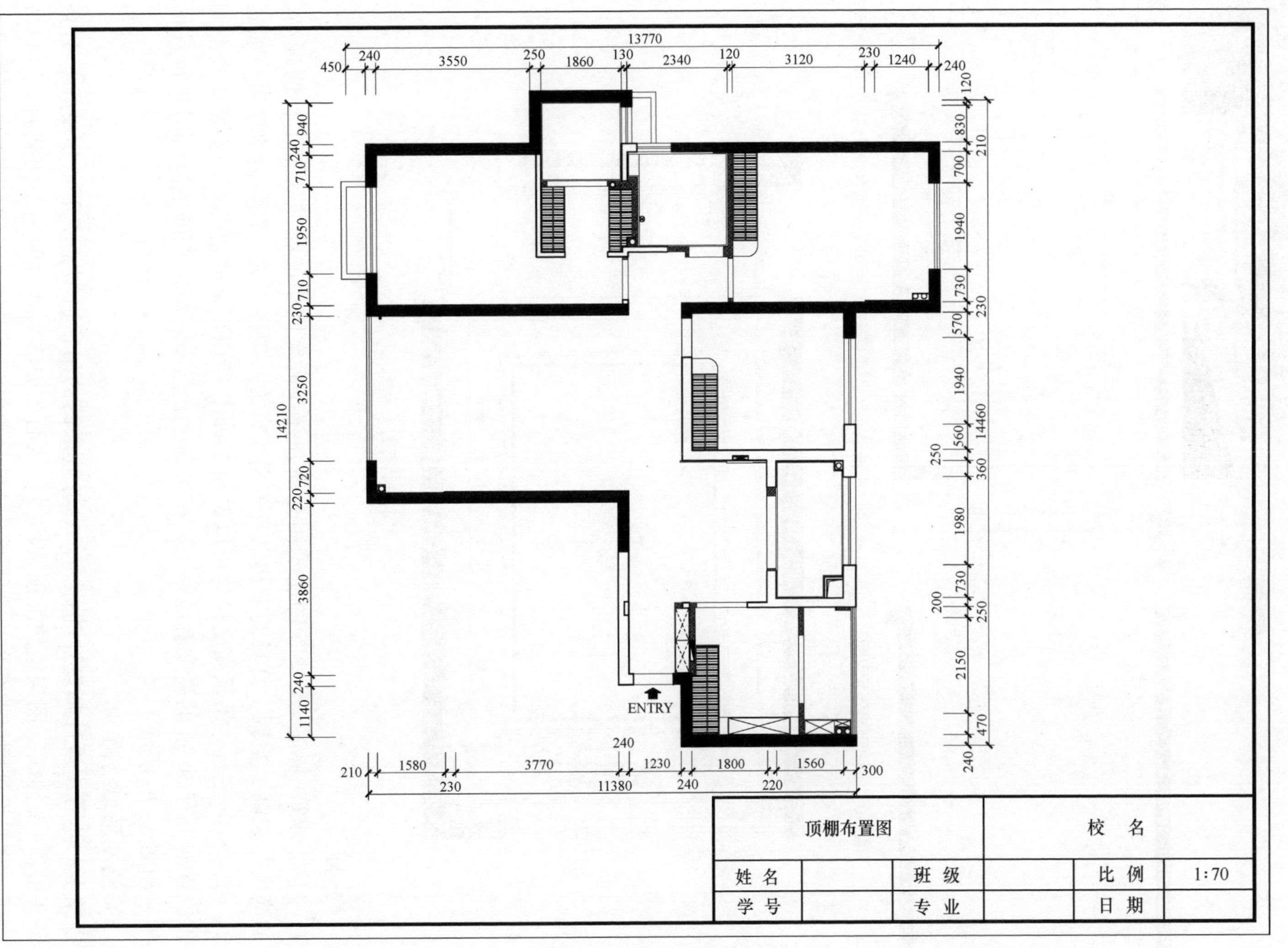

图 3-66　布局空间准备的图纸

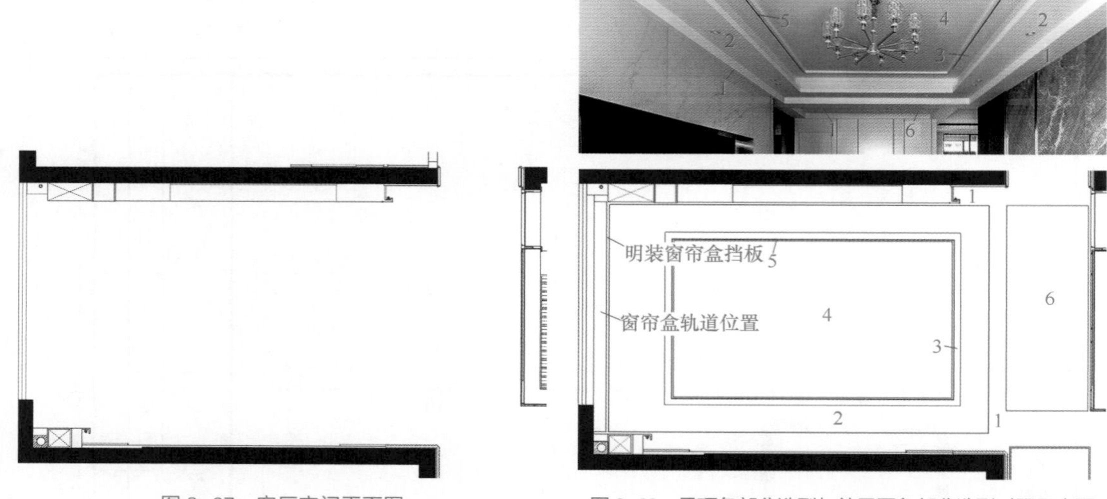

图 3-67　客厅空间平面图　　图 3-68　吊顶各部分造型与效果图各部分造型对照示意图

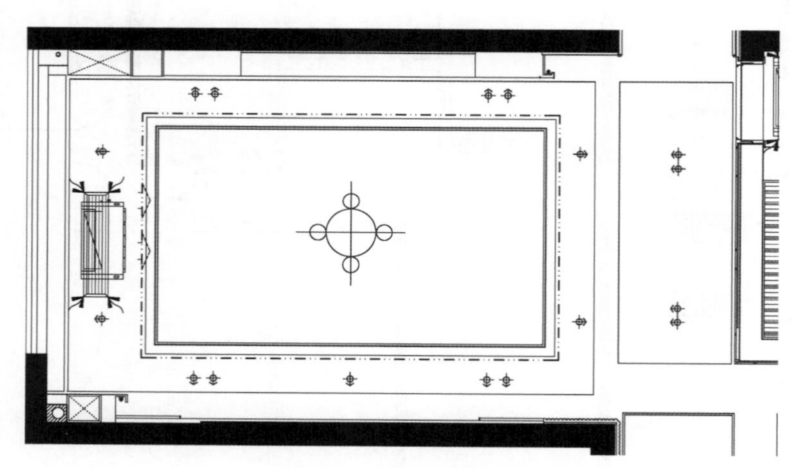

图 3-69　吊顶空调与灯具绘制

（4）标高

在“1-2 建筑-标注-尺寸”图层绘制标高并在布局空间中的相应位置上标注标高。吊顶的高度与梁高、空调、灯具的安装以及美观性有关。现在中央空调的内机厚度一般是超薄的，在 18cm 左右，吊顶高度最低可以做到 29cm，所以正常的情况下，安装中央空调的吊顶位置如果有 30cm 的高度就足够了。在吊顶上，只要有高低差的地方都应该标注标高，效果如图 3-70 所示。

（5）绘制吊顶结构线

根据上一步骤中设计师设计的标高，参考效果图的吊顶造型，使用“多段线”命令在“5-3 吊顶-结构线”图层绘制吊顶结构线，从而更加清晰地表明吊顶的截面。绘制吊顶结构线，需要设计师能够想象出自己所设计的吊顶的截面造型。本项目客厅靠窗位置的吊顶截面如图 3-71 所示，其对应的顶面如图 3-72 所示，图中相同的数字表示相同的位置。

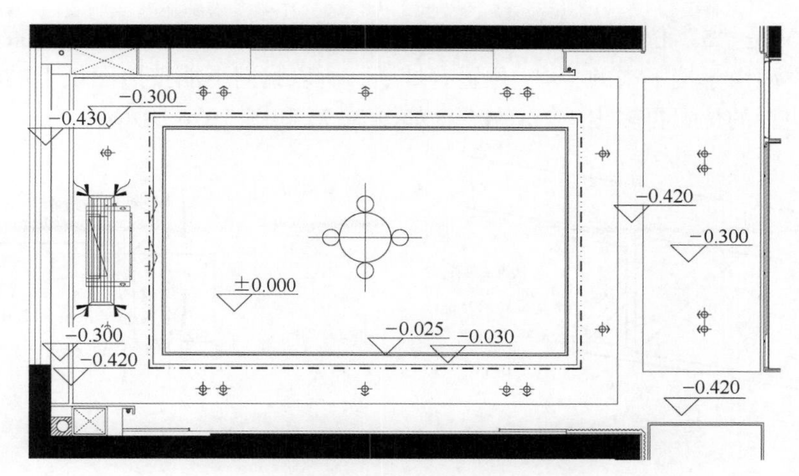

图 3-70 吊顶标高注写

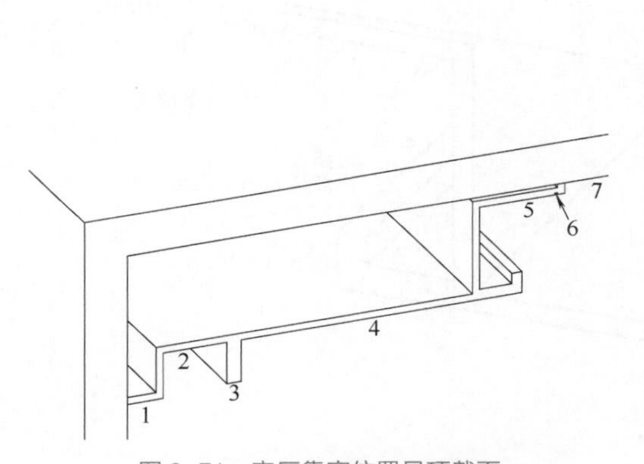

图 3-71 客厅靠窗位置吊顶截面

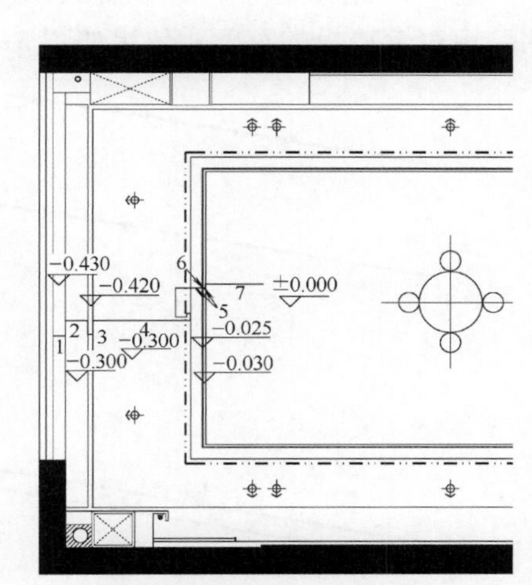

图 3-72 客厅靠窗位置吊顶结构线

要想绘制出客厅靠窗位置的吊顶结构线，设计师必须具有一定的空间想象能力，这样才能准确绘制出它的高度。其绘制方法如下：

① 先从“7”位置开始画。因为它的标高是原屋顶的高度，所以我们从这里开始绘制。仔细对应吊顶的标高和造型的轮廓线，绘制“5”至“7”位置的结构线，“6”位置的黑钛线条为内嵌的收边工艺，“6”与“5”的高度差为 5mm 左右即可，如图 3-73 和图 3-74 所示。

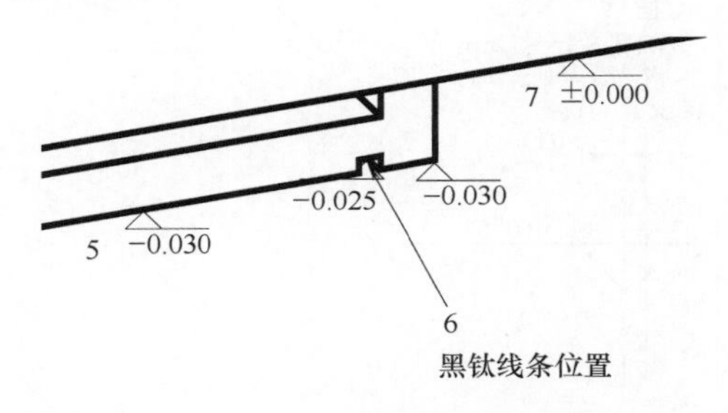

图 3-73 “5”至“7”位置结构线（一）

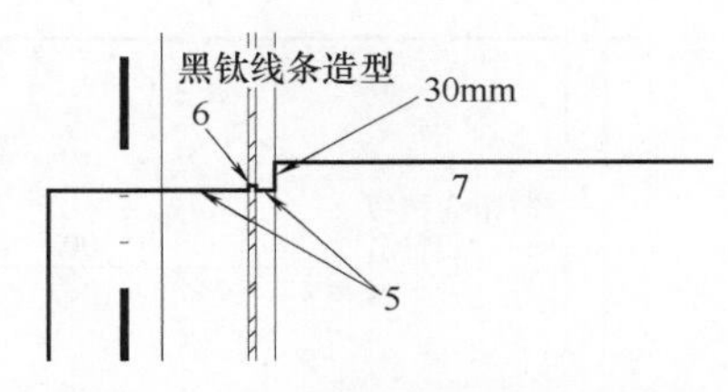

图 3-74 “5”至“7”位置结构线（二）

② 接着又是“5”位置。这个位置的标高也是-0.030，跟前面“5”位置是一样的高度。在宽度方面由于接下来的“4”位置有灯槽，所以我们不能按照图纸上的边界进行绘制，需要比边界的位置再多出12cm左右，如图3-75和图3-76所示。

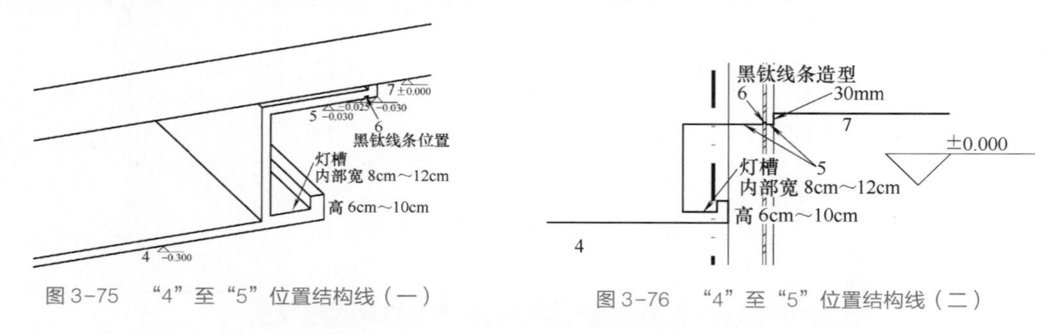

图3-75 “4”至“5”位置结构线（一）

图3-76 “4”至“5”位置结构线（二）

③“3”位置绘制。此位置的标高为-0.420，所以我们要再往下绘制12cm，其宽度为明装窗帘盒挡板的宽度，效果如图3-77和图3-78所示。

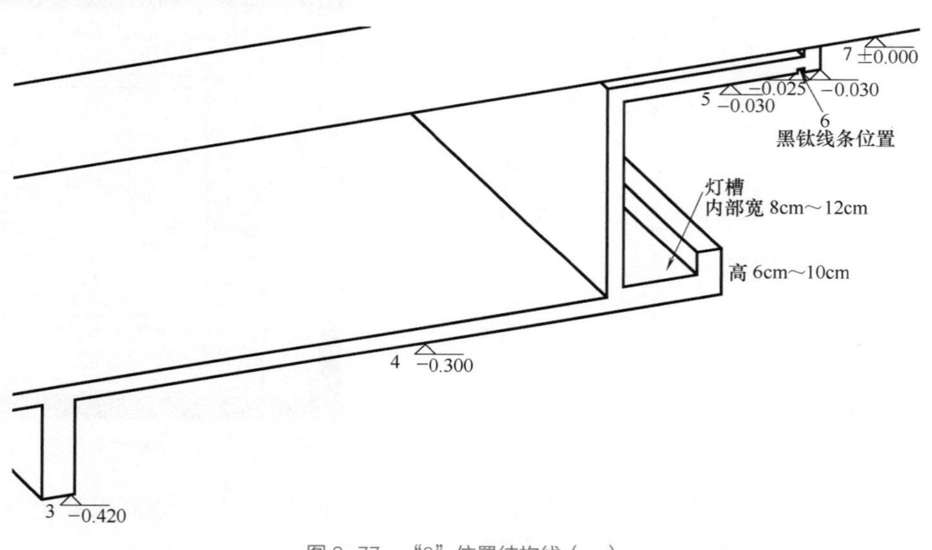

图3-77 “3”位置结构线（一）

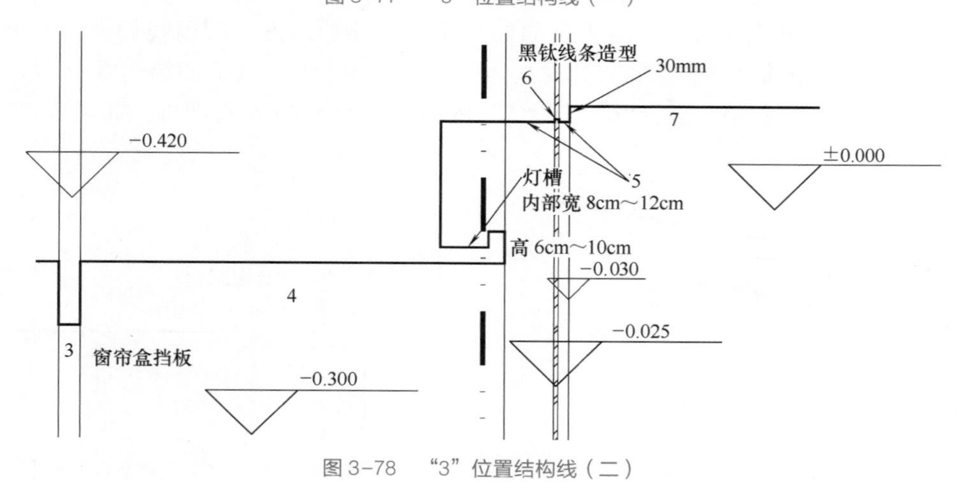

图3-78 “3”位置结构线（二）

④“2”位置绘制。此位置的标高为-0.300，是从原顶往下30cm，现在在42cm位置，所以要向上12cm，其宽度为窗帘盒的宽度，效果如图3-79和图3-80所示。

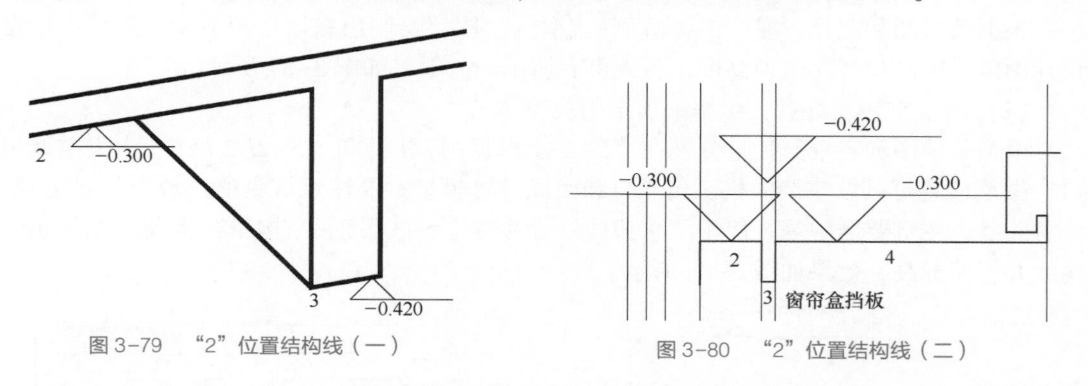

图3-79　“2”位置结构线（一）　　图3-80　“2”位置结构线（二）

⑤“1”位置绘制。此位置的标高为-0.430，要从当前的位置向下13cm，效果如图3-81所示。

⑥用与上述同样的方法绘制其他的结构线，整体效果如图3-82所示。

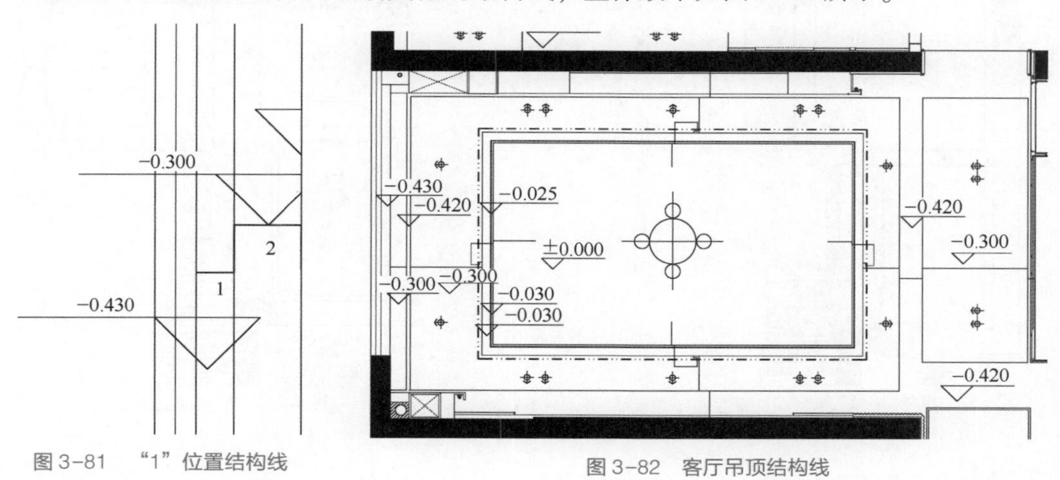

图3-81　“1”位置结构线　　图3-82　客厅吊顶结构线

（二）餐厅顶棚设计

1. 餐厅顶棚绘制依据

观察餐厅效果图和实景照片可知，其顶棚造型较简单，但是层次较多，主要为中间向下吊顶，中央空调设计，有筒灯和射灯设计，有三个层次的高度区别，效果如图3-83所示。

图3-83　餐厅顶棚效果图

2. 绘制步骤

（1）绘制吊顶造型

根据效果图和照片，在“5-1 吊顶-造型线”图层绘制出餐厅吊顶造型，尺寸可根据设计图纸、梁高和客厅吊顶高度，各人可有所不同，效果如图 3-84 所示。

（2）放置空调及灯具，绘制吊顶结构线等

根据效果图和实景照片，分别在“5-2-1 吊顶-灯具”和“5-2-2 吊顶-中央空调风口”图层放置灯具及空调内机、出风口和回风口等模型。要注意灯具的摆放应尽量美观，注意间隔，主灯要居中等。使用“多段线”命令在“5-3 吊顶-结构线”图层绘制吊顶结构线并标注标高，效果如图 3-85 所示。

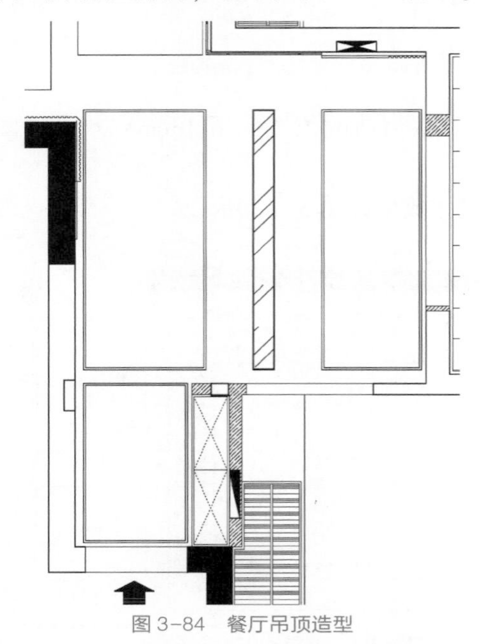

图 3-84　餐厅吊顶造型

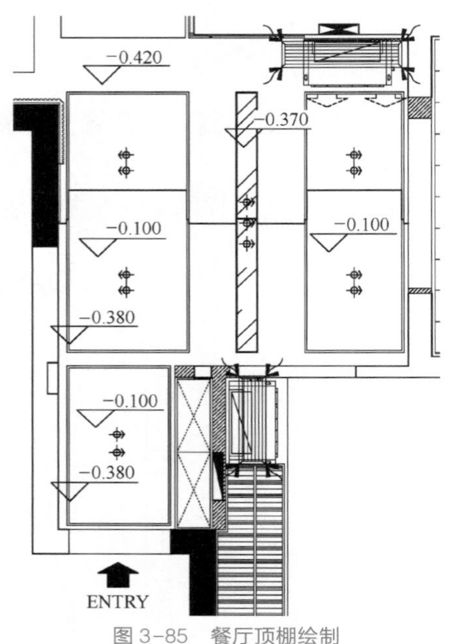

图 3-85　餐厅顶棚绘制

（三）主卧顶棚设计

1. 主卧顶棚设计依据

观察主卧效果图和实景照片可知，其顶棚造型较简单，主要为四周吊顶，中央空调设计，有灯带、筒灯和吊灯设计，有两个层次的高度区别，效果如图 3-86 和图 3-87 所示。

图 3-86　主卧顶棚效果图（一）

图 3-87　主卧顶棚效果图（二）

2. 绘制步骤

（1）绘制吊顶造型

根据效果图和照片，在“5-1 吊顶-造型线”图层绘制出主卧吊顶造型，尺寸可根据空调安装高度、梁高进行调整，各人可有所不同。

（2）放置灯具及空调，标注标高等

方法同客厅和餐厅顶棚绘制，效果如图 3-88 所示。

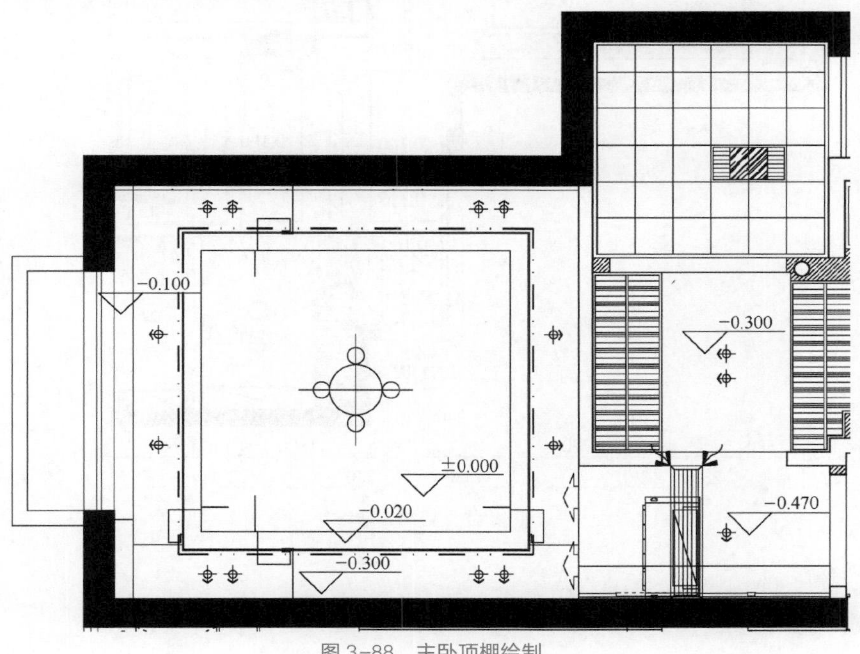

图 3-88　主卧顶棚绘制

（四）其他空间顶棚设计

其他空间的顶棚绘制可自行设计，但整体风格要与已绘制的三个空间一致。厨房、卫生间的吊顶高度以梁的最低位置为基准，最终效果如图 3-89 所示。

（五）标注顶棚材料、图纸排版

在布局空间的“7-1 标注-引线”图层对顶棚材料进行标注，标注时参考任务书和效果图所给的材料，最终效果如图 3-90 所示。

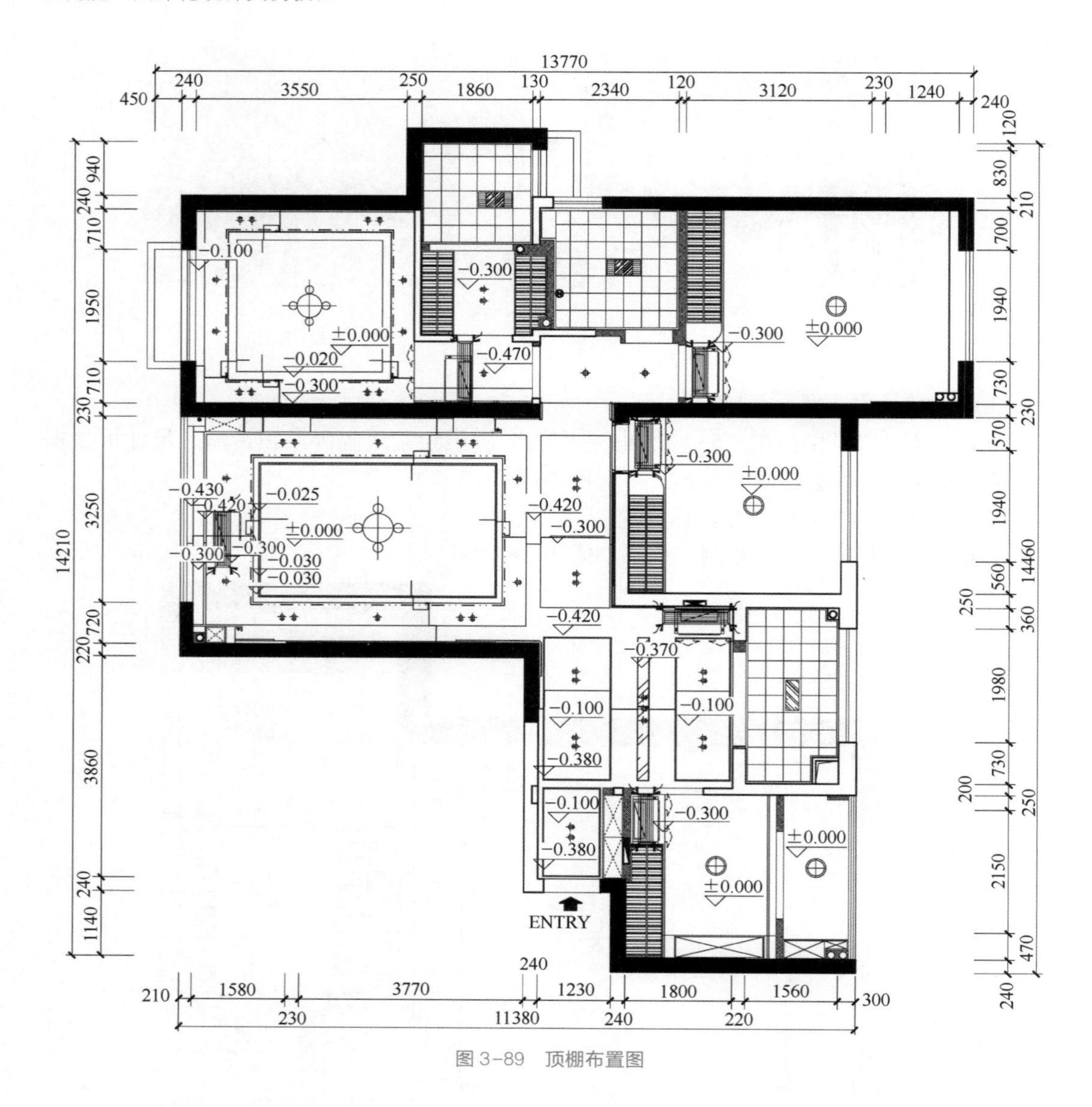

图 3-89　顶棚布置图

二、顶棚尺寸定位图

顶棚要表达的内容比较多，一张图纸表达不清楚，所以我们会单独绘制一张顶棚尺寸定位图，用来详细定位顶棚造型的位置。

绘制步骤：

① 在布局空间复制一张顶棚布置图，粘贴在相应位置上，删除布局空间的材料、标高等信息，冻结结构线、空调相关图层，然后打开图层特性管理器，把造型线、灯具等图层的视口颜色调整为灰色（8 号色），效果如图 3-91 所示。

② 在“5-4 吊顶-吊顶定位”图层（标注样式：1-70），对顶棚造型进行尺寸定位，效果如图 3-92 所示。

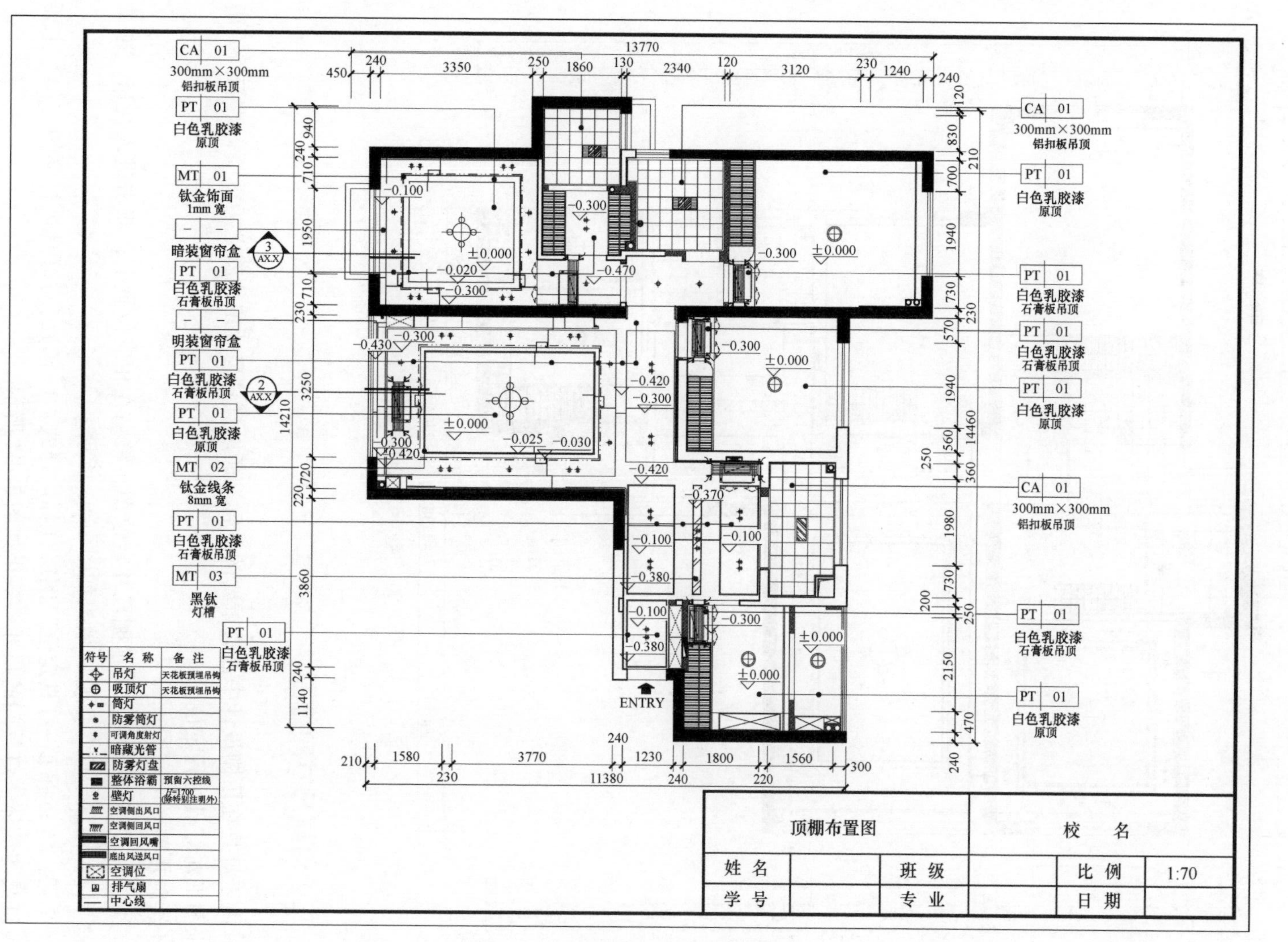

图 3-90　图纸排版完成的顶棚布置图

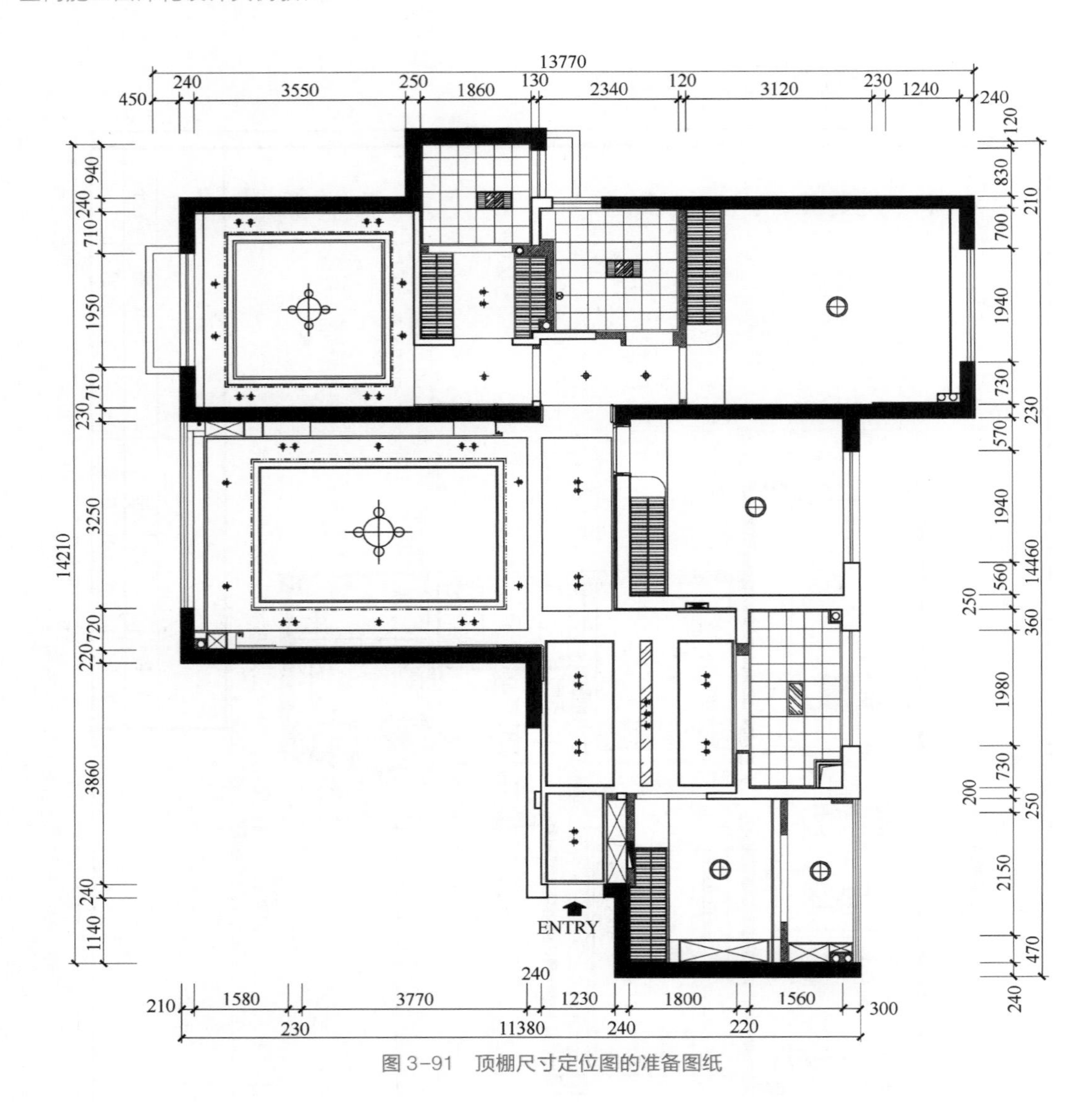

图 3-91　顶棚尺寸定位图的准备图纸

三、灯具尺寸定位图

由于灯具在顶棚设计中占有重要的位置，所以灯具尺寸定位就尤为重要，我们需要用一张图纸对灯具进行定位。

绘制步骤：

① 在布局空间复制一张顶棚尺寸定位图，粘贴在相应位置上，双击进入视口，冻结“5-4 吊顶-吊顶定位”图层，效果如图 3-93 所示。

② 在“5-5 吊顶-灯具定位”图层（标注样式：1-70），对灯具进行详细定位。主要定位灯具与墙体、灯具间的尺寸，效果如图 3-94 所示。

把图例放在顶棚布置图、顶棚尺寸定位图和灯具尺寸定位图里，顶棚平面布置图就完成了，如图 3-95 至图 3-97 所示。

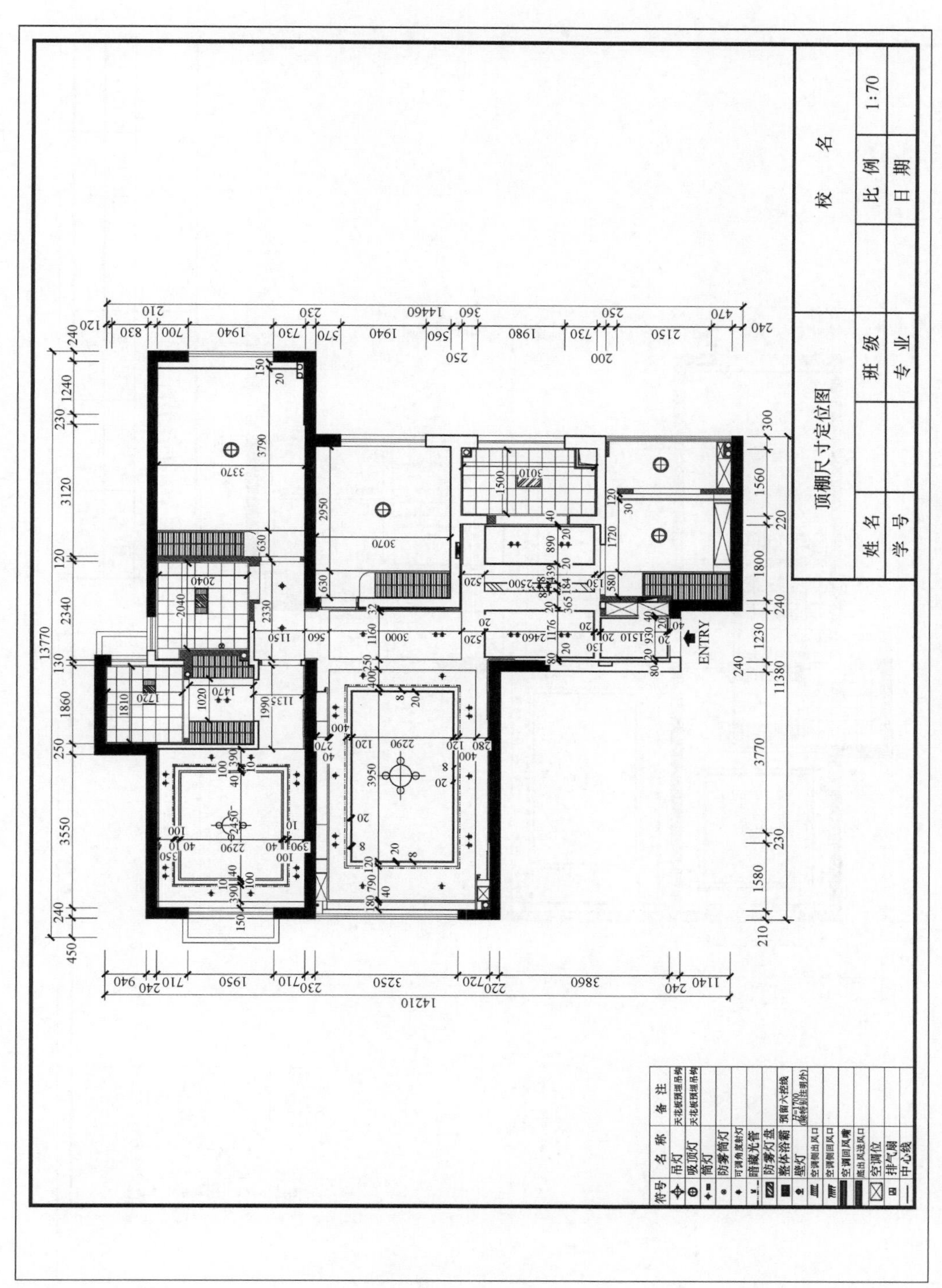

图 3-92　图纸排版完成的顶棚尺寸定位图

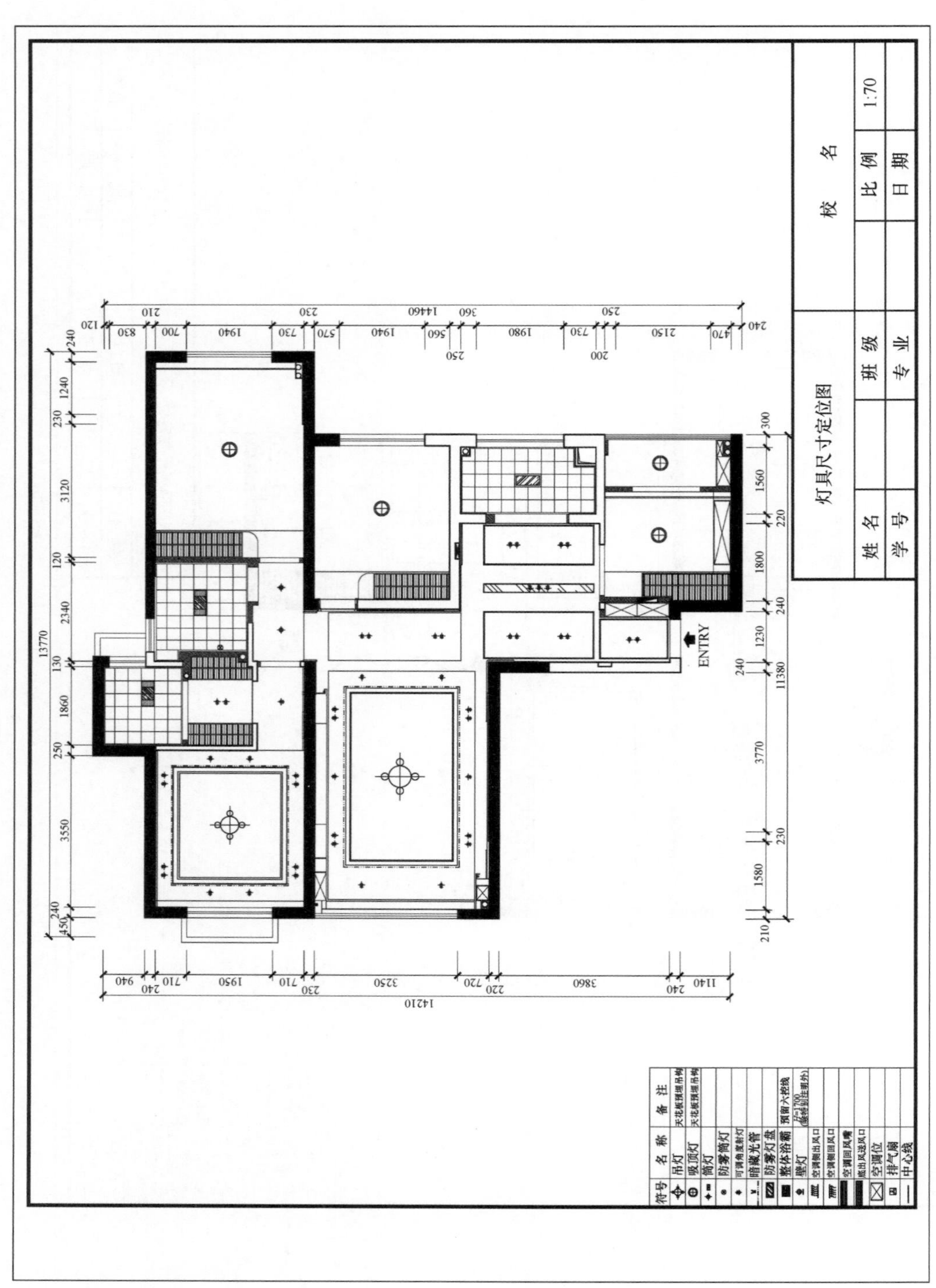

图 3-93　灯具尺寸定位图的准备图纸

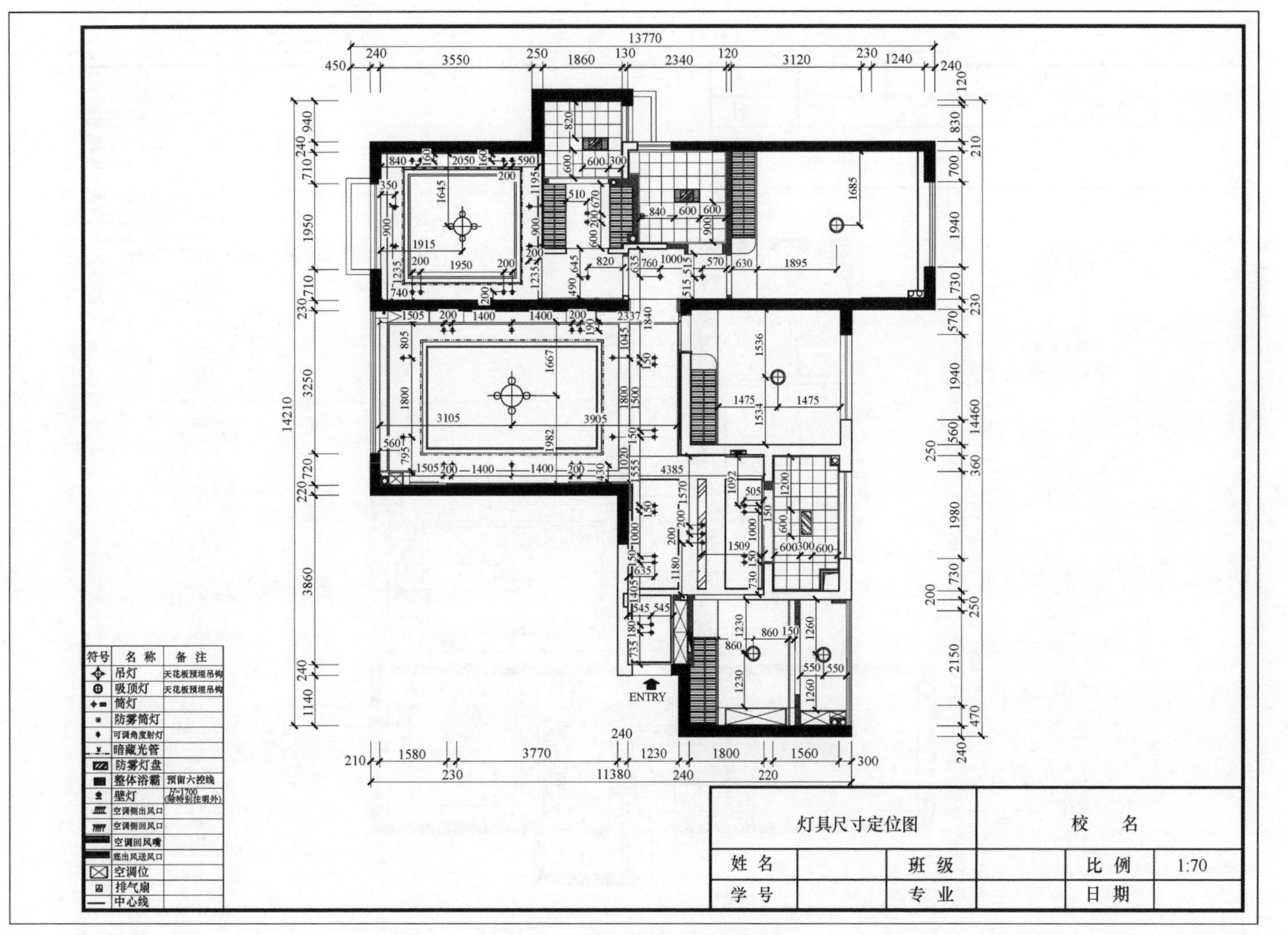

图 3-94　排版完的灯具尺寸定位图

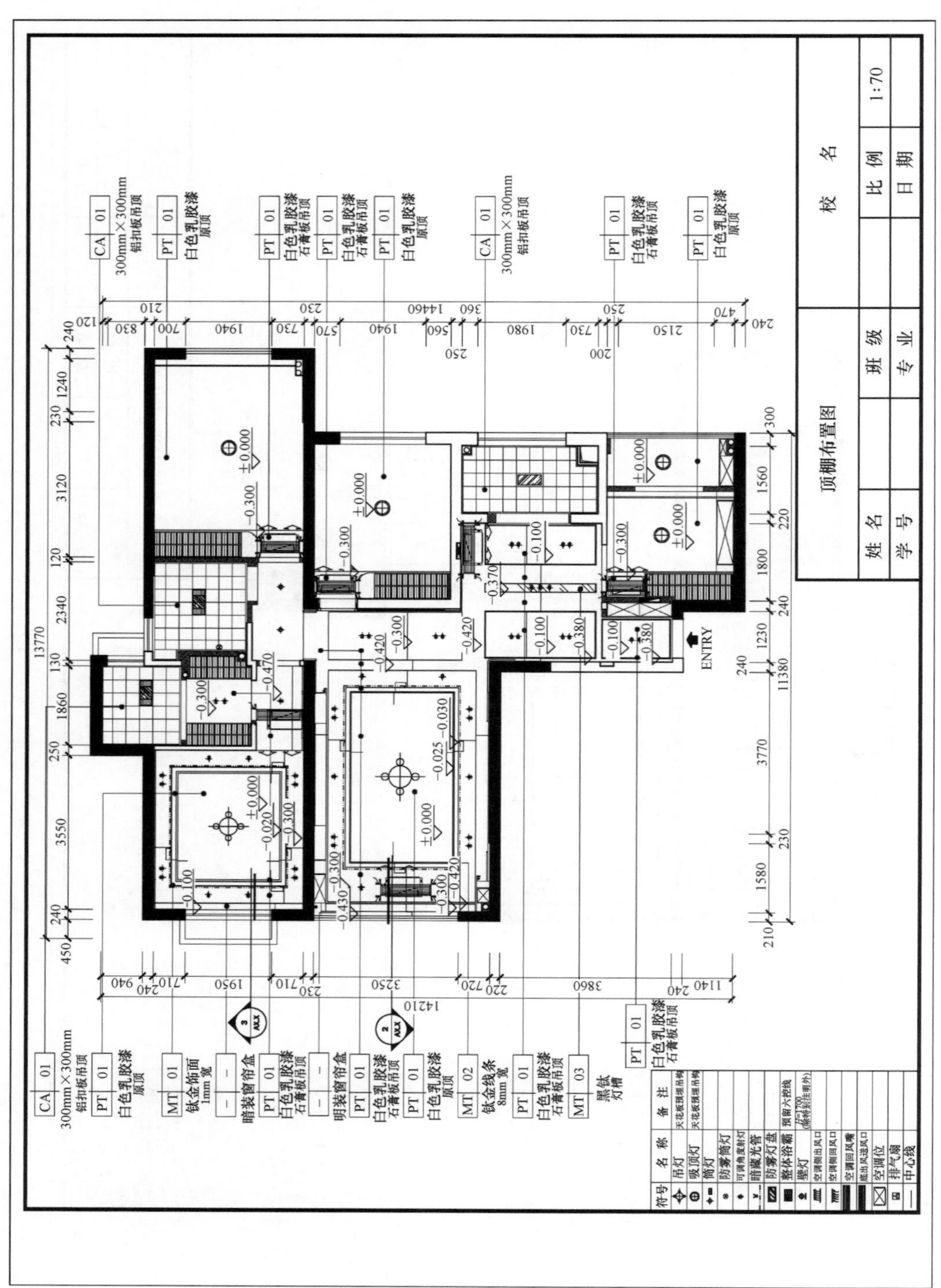

图 3-95　顶棚布置图

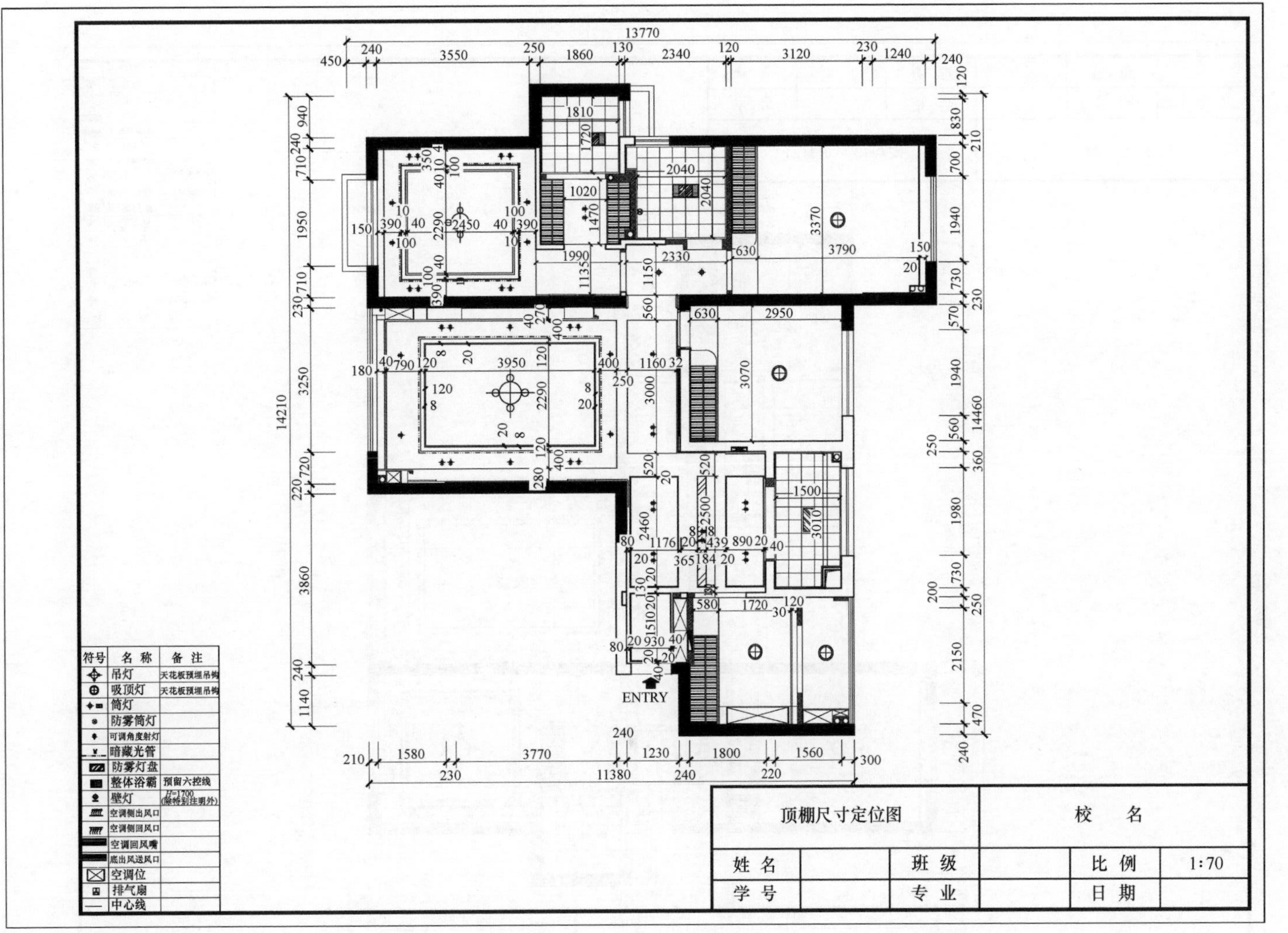

图 3-96　顶棚尺寸定位图

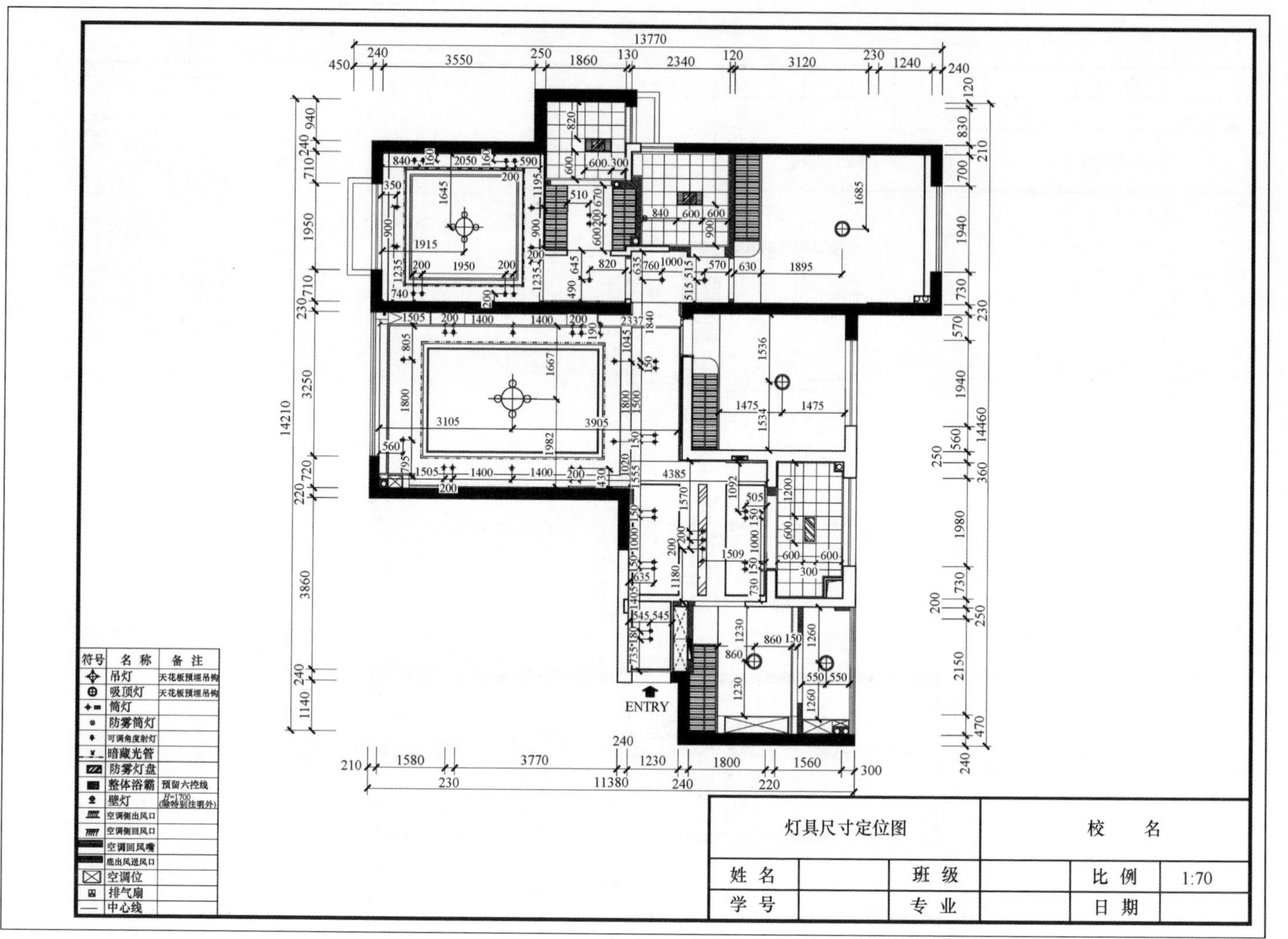

图 3-97 灯具尺寸定位图

思考

问题1：顶棚造型设计应考虑哪些因素？

问题2：顶棚可以使用的材料有哪些？

拓展

☞ 实训项目：云顶至尊项目施工图深化设计——顶棚布置图

工作任务	
客户需求	1. 顶棚设计要简约大气 2. 要有细节 3. 全屋中央空调
任务书要求	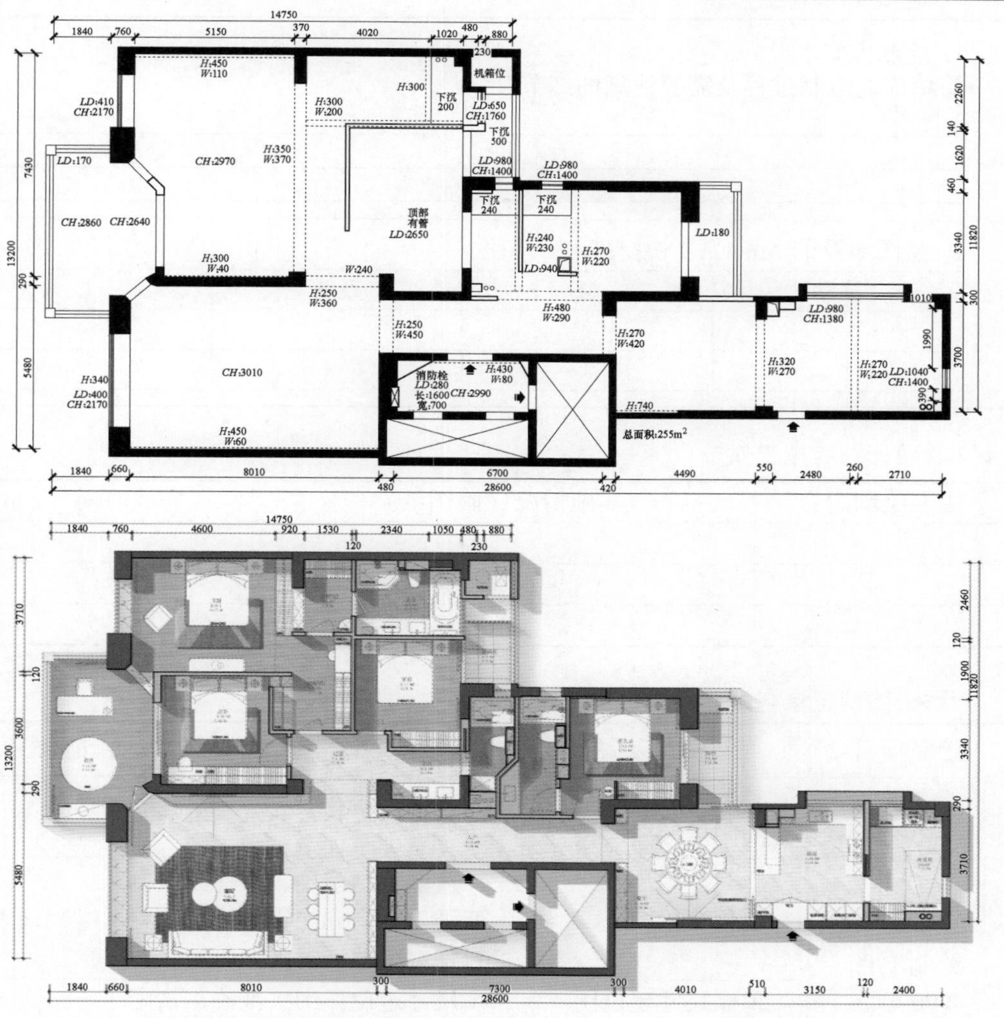 1. 结合效果图进行顶棚布置图的设计绘制 2. 顶棚图表达准确

☞ 相关知识和绘图技能确认单

相关知识和绘图点	绘制情况	自我评价
绘图准备		
图层设置		
顶棚布置图：造型绘制、结构线绘制、标注标高、标注材料		
顶棚尺寸定位图		
灯具尺寸定位图		
图纸排版		

☞ 绘图计划制定工作单

1. 绘制方案

简单描述绘制过程及需要注意的细节：

____

____

____

2. 绘图涉及的 AutoCAD 快捷键

移动	M	直线	L

☞ 绘图计划实施工作单

主要绘制内容	实施情况（附图纸）	完成时间（min）

☞ 图纸绘制记录与评分

绘制项目	内容	评分标准	记录	评分
绘图准备（10分）	复制图纸、冻结不需要的图层，图层设置	操作过程是否熟练、准确		
绘制项目（90分）	顶棚布置图	造型绘制准确、结构线绘制准确、标高标注符合规范、材料标识清晰		
	顶棚尺寸定位图	尺寸定位详细、准确、清晰		
	灯具尺寸定位图	尺寸定位详细、准确、清晰		
	图纸排版	是否美观、完整、规范		

☞ 提交与改进工作单

<table>
<tr><td>改进要点记录</td><td colspan="2"></td></tr>
<tr><td rowspan="4">作品提交</td><td>绘制的图纸</td><td>展示（附图纸）</td></tr>
<tr><td></td><td></td></tr>
<tr><td></td><td></td></tr>
<tr><td></td><td></td></tr>
</table>

任务六
开关布置图绘制

工作任务导入

<table>
<tr><th colspan="2">工作任务</th></tr>
<tr><td>客户需求</td><td>开关布置设计方便使用</td></tr>
<tr><td rowspan="2">任务书要求</td><td>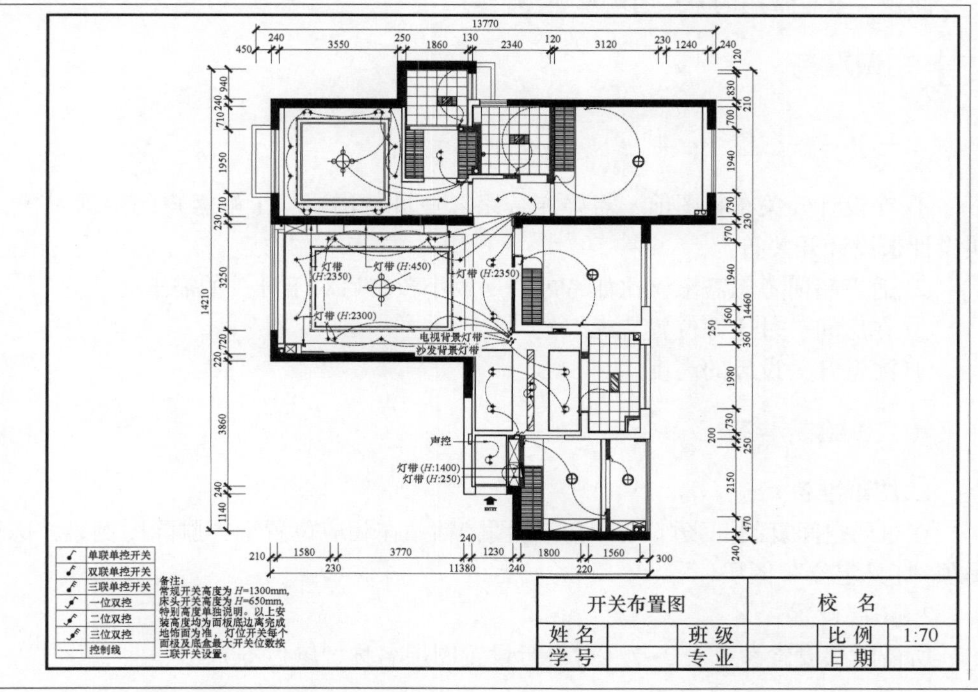
</td></tr>
<tr><td>1. 根据顶棚布置图布置开关
2. 开关设计方便使用
3. 尽量减少浪费</td></tr>
</table>

岗位技能	1. 能够根据顶棚布置图，完成开关布置图 2. 开关布置要满足客户的需求 3. 开关布置图绘制要符合规范 4. 要具备丰富的生活经验、以人为本、精益求精的设计精神
工作任务要求	任务要求：明确任务书要求，绘制本项目的开关布置图 工作任务： 一、玄关开关布置设计与绘制 二、餐厅开关布置设计与绘制 三、客厅开关布置设计与绘制 四、主卧开关布置设计与绘制 五、其他空间开关布置设计与绘制
工作标准	1. “1+X 室内设计”职业技能等级标准 2. 《房屋建筑制图统一标准》(GB/T 50001—2017) 3. 《建筑制图标准》(GB/T 50104—2010)

知识导入

问题：家里常用的开关有哪些类型？

知识准备

（一）开关布置图绘制注意点

① 在设计开关布置图前，需要充分跟客户进行沟通，了解客户的生活习惯，根据照明设计来设计开关布置。

② 适当超前考虑需求，比如考虑书房改小孩房后对于开关的需求。

③ 在房间、过道等位置考虑双控。

④ 注意开关设计的高度。

（二）绘制准备

1. 图纸准备

在布局空间复制一张灯具尺寸定位图，粘贴在相应位置上，删除图例表，冻结“5-5 吊顶-灯具定位”图层。

2. 图层设置

所需图层设置参考表 3-7（可自行设置图层名称、颜色等）。

表 3-7　图层设置内容

图层名称	颜色	线型	线宽
6-1 电器-开关控制线路	红	Continuous	默认

把“6-1 电器-开关控制线路”图层置为当前图层，在该图层绘制开关布置，控制线路一般采用虚线表示。

一、玄关开关布置设计与绘制

本项目玄关顶棚灯光设计采用射灯、声控，所以在绘制时需要用文字表明控制方式。门口鞋柜内设计有灯带，所以需要灯光控制（各人可有不同设计），此处只需要用一个单联单控的开关。

绘制步骤：

选择一个单联单控开关模型，放在要安装开关的墙面位置，用虚线将开关和灯具连接起来，如图 3-98 所示。

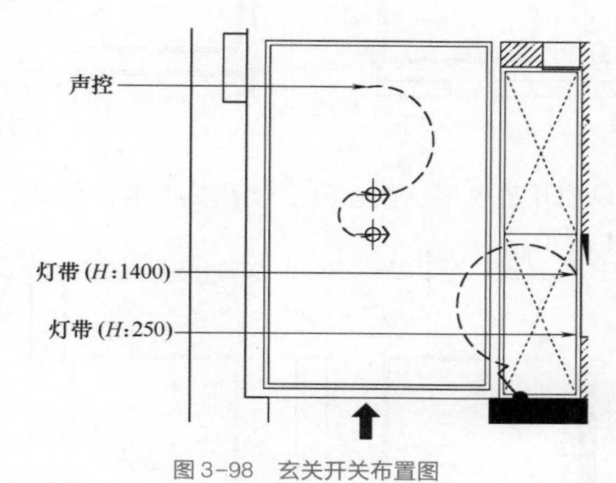

图 3-98　玄关开关布置图

二、餐厅开关布置设计与绘制

（一）餐厅灯光设计

餐厅的照明主要包括餐桌正上方的照明和旁边过道的照明。

（二）餐厅灯光控制

餐厅两侧吊顶上的射灯在设计时采用了双控开关，双控开关是指一个开关同时带有常开、常闭两个触点，两个不同的双控开关能够同时控制一个灯或某一个电器；餐桌正上方的筒灯用另一个单联单控开关控制。

1. 双控绘制方法

① 在室内开关控制图中，灯的两端连接开关，如图 3-99 所示。

② 灯具串联后，两个开关之间有一根连接线，如图 3-100 所示。

2. 绘制步骤

① 选择一个单联双控开关模型，放在要安装开关的墙面位置，用虚线将开关和灯具

连接起来，控制线尽量不交叉，如图 3-99 和图 3-100 所示。

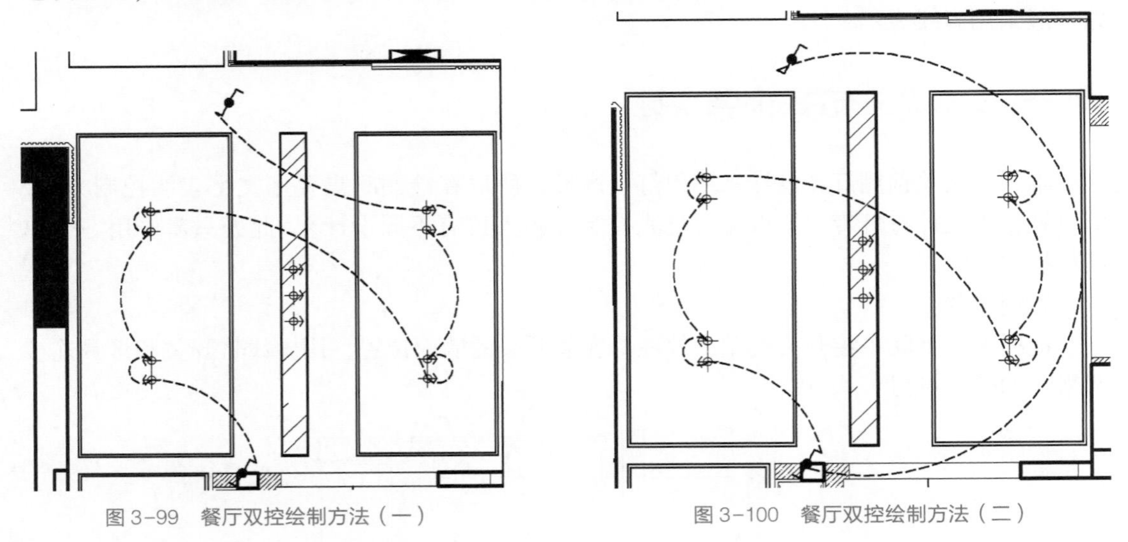

图 3-99 餐厅双控绘制方法（一）

图 3-100 餐厅双控绘制方法（二）

② 选择一个单联单控开关模型，放在要安装开关的墙面位置，用虚线将开关和灯具连接起来，如图 3-101 所示。

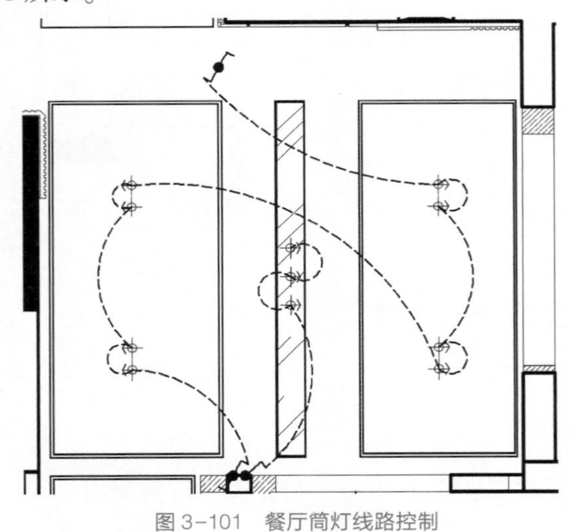

图 3-101 餐厅筒灯线路控制

三、客厅开关布置设计与绘制

（一）客厅灯光设计

① 吊顶上有吊灯且作为主灯。

② 客厅上方四周有射灯。

③ 客厅上方灯带设计。

④ 走廊设有射灯。

⑤ 通往卧室门口有设筒灯。

⑥ 沙发背景立面和电视背景立面上设有灯带，与客厅四周射灯使用三联单控开关。

（二）客厅灯光控制

① 吊顶上有吊灯且作为主灯，与客厅上方两组筒灯使用三联双控开关。

② 客厅上方四周有射灯，筒灯错开分两组控制以减少浪费，与吊灯使用三联双控开关。

③ 客厅上方灯带设计，与沙发背景立面和电视背景立面灯带使用三联单控开关。

④ 走廊设有射灯，使用单联双控开关。

⑤ 通往卧室门口有设筒灯，使用单联单控开关。

（三）绘制步骤

① 根据灯光控制，如图 3-102 所示的红框 2 内，需要一个三联单控开关、一个三联双控开关和一个单联双控开关，放置在靠餐厅的墙面上。

② 如图 3-102 所示的红框 1 内，需要一个三联双控开关、一个单联双控开关和一个单联单控开关，放置在通往小孩房一的走廊墙面上。

客厅开关布置图在绘制时会比较杂，应尽量避免图线交叉。如有交叉，可以用（小圆弧）区别，如图 3-102 所示。

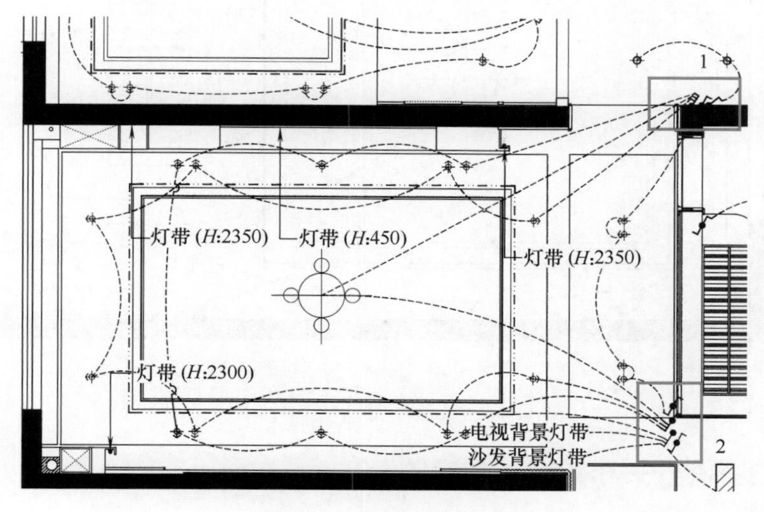

图 3-102　客厅开关布置图

四、主卧开关布置设计与绘制

（一）主卧灯光设计

① 房间中间顶棚上设有吊灯。

② 吊顶四周设有灯带。

③ 吊顶四周设有射灯。

④ 进门口吊顶上方设有射灯。

⑤ 更衣室内部设有射灯。

（二）主卧灯光控制

① 主灯吊灯采用了双控设计。

② 主卧灯带采用了单控设计。

③ 吊顶四周的射灯采用了双控设计。

④ 以上三个设计采用三联双控开关，分别布置在如图 3-103 所示的红框 1 和红框 2 的位置。

⑤ 更衣室射灯采用单联单控开关，布置在如图 3-103 所示的红框 2 的位置，效果如图 3-103 所示。

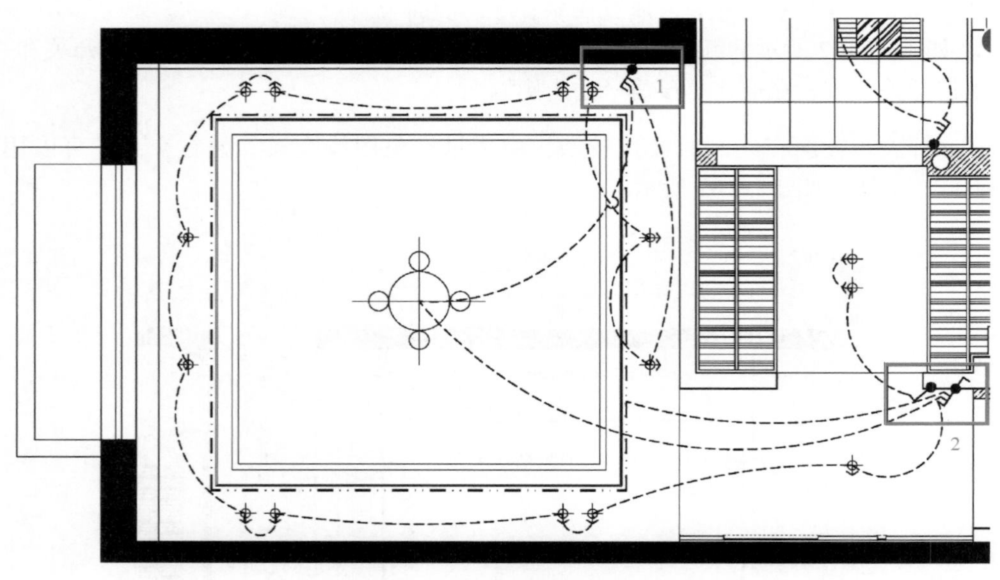

图 3-103　主卧开关布置图

五、其他空间开关布置设计与绘制

其他空间的灯具设计较为简单，因此开关布置也相对简单，可依据前面的方法完成。

最后，在布局空间图框左下角放置开关图例，最终效果如图 3-104 所示。

阶段性整理图纸：

由于在布局空间绘图，会造成前面的图纸有后面图纸的内容，我们要及时对前面图纸的图层进行冻结（“LAYFRZ” 命令）。在布局空间绘图，本身就是图层的叠加，所以要注意进入到相应视口进行图层冻结。

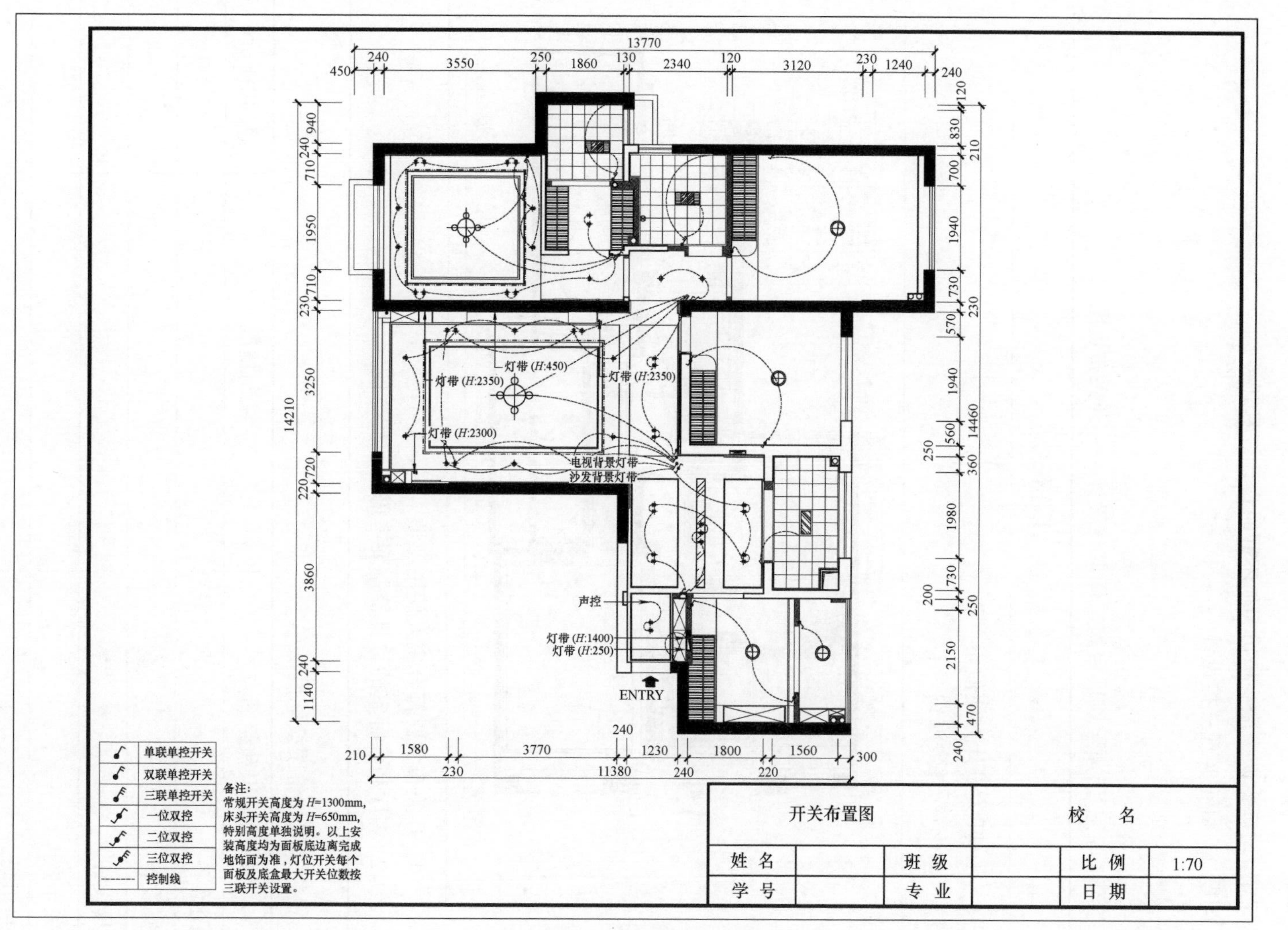

图 3-104　排版完的开关布置图

问题1：卧室两个床头柜边为何不同时设计灯具开关？

问题2：可否实现三控设计？

☞ 实训项目：云顶至尊项目施工图深化设计——开关布置图

工作任务	
客户需求	1. 开关设计方便使用 2. 不要过多浪费
任务书要求	1. 开关布置要符合主人使用习惯 2. 客厅和各卧室的灯具控制要考虑其使用方便性

☞ 相关知识和绘图技能确认单

相关知识和绘图点	绘制情况	自我评价
绘图准备		
图层设置		
灯具设计		
开关布置		
绘制步骤		
图纸排版		

☞ 绘图计划制定工作单

1. 绘制方案

简单描述绘制过程及需要注意的细节：

2. 绘图涉及的 AutoCAD 快捷键

移动	M	直线	L

☞ 绘图计划实施工作单

主要绘制内容	实施情况（附图纸）	完成时间（min）

☞ 图纸绘制记录与评分

绘制项目	内容	评分标准	记录	评分
绘图准备（20分）	图纸准备、图层设置	布局空间图纸准备，冻结图层，图层设置符合规范		
绘制步骤（80分）	开关布置点位	设置合理		
	控制线绘制	绘图规范		
	图纸排版	是否美观、完整、规范		

☞ 提交与改进工作单

改进要点记录		
作品提交	绘制的图纸	展示（附图纸）

任务七
插座布置图绘制

工作任务导入

<table>
<tr><th colspan="2">工作任务</th></tr>
<tr><td>客户需求</td><td>插座设计要保证后期使用方便，但又不造成浪费</td></tr>
<tr><td>任务书要求</td><td>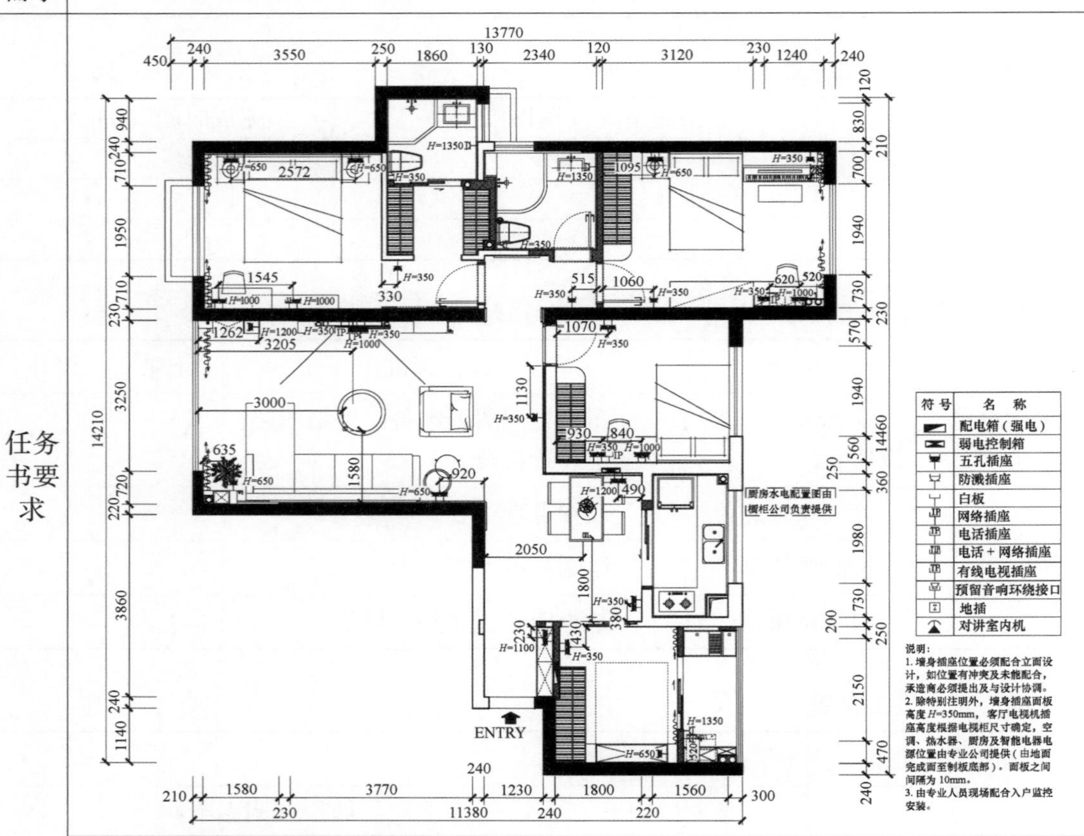

1. 插座布置应满足日常生活习惯
2. 插座布置要有一定的前瞻性
3. 插座布置图应满足施工要求</td></tr>
<tr><td>岗位技能</td><td>1. 具有插座布置能力
2. 插座布置图绘制要符合施工图规范
3. 具备熟练的绘图能力、积累丰富的生活经验，要有一定的设计创意
4. 要秉承以人为本、绿色环保的设计精神</td></tr>
</table>

工作任务要求	任务要求：明确任务书要求，对本项目进行插座布置 工作任务： 一、玄关插座布置图设计方法和绘制步骤 二、餐厅插座布置图设计方法和绘制步骤 三、客厅插座布置图设计方法和绘制步骤 四、卧室插座布置图设计方法和绘制步骤 五、书房插座布置图设计方法和绘制步骤 六、厨房插座布置图设计方法和绘制步骤 七、阳台插座布置图设计方法和绘制步骤 八、卫生间插座布置图设计方法和绘制步骤
工作标准	1. “1+X 室内设计”职业技能等级标准 2.《房屋建筑制图统一标准》(GB/T 50001—2017) 3.《建筑制图标准》(GB/T 50104—2010)

知识导入

问题 1：插座布置以什么为依据？

问题 2：插座高度依据什么确定？

知识准备

在家装设计中，水电的设计是一个关键的环节，如果在水电阶段，忽略了对水电的设计，将会对后期的使用造成很大的影响。插座布置是电路设计中的重要部分，在设计时要以客户的生活习惯为基准，让其使用更方便。同时，随着家庭小电器的发展，在设计时，我们还要有一定的前瞻性，确保以后电器的增加对其使用不会产生太大的影响。

一、玄关插座布置图设计方法和绘制步骤

（一）绘图准备

1. 图层设置

所需图层设置参考表 3-8（可自行设置图层名称、颜色等）。

表 3-8　图层设置内容

图层名称	颜色	线型	线宽
6-2 电器-插座-强弱电	红	Continuous	默认

2. 布局空间复制平面布置图

在布局空间复制一张平面布置图，粘贴在相应位置上，修改图名为“插座布置图”。删除布局空间不需要的文字信息，在视口中将家具颜色改为统一的灰色（8 号色）以突出插座设计，效果如图 3-105 所示。

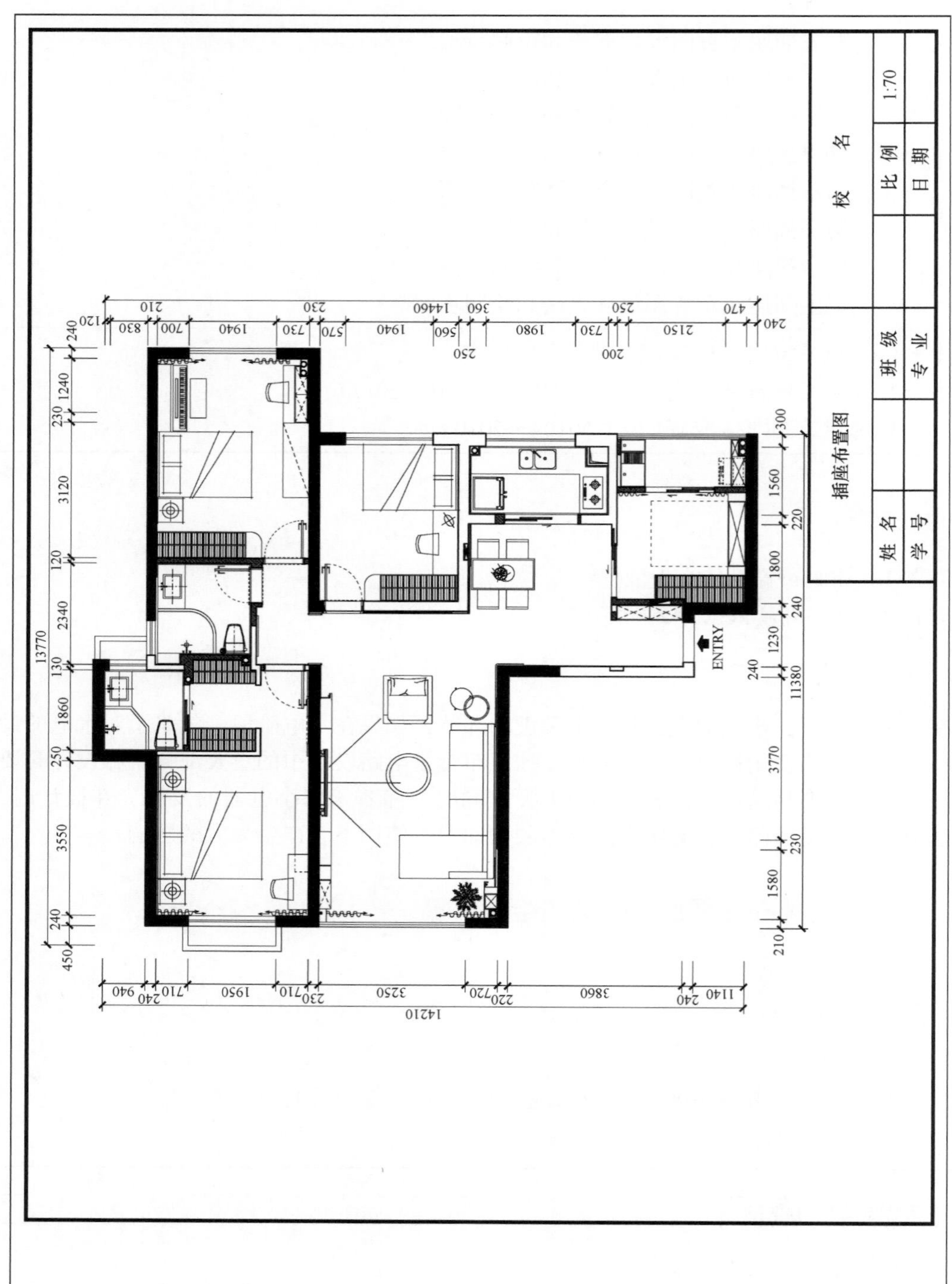

图 3-105　绘制插座布置图的准备图纸

（二）玄关插座设计建议

① 手机临时充电插座，离地约 110cm。

② 玄关下方的小夜灯、烘鞋器等插座，离地约 30cm。

（三）本项目玄关插座设计及绘制

① 本项目玄关设计两个五孔备用插座，高度离地 1.1m，离左侧墙 230mm。

② 将“6-2 电器-插座-强弱电”图层置为当前图层，从模型库中复制两个五孔插座模型，粘贴在相应位置上，标注高度和离墙位置，效果如图 3-106 所示。

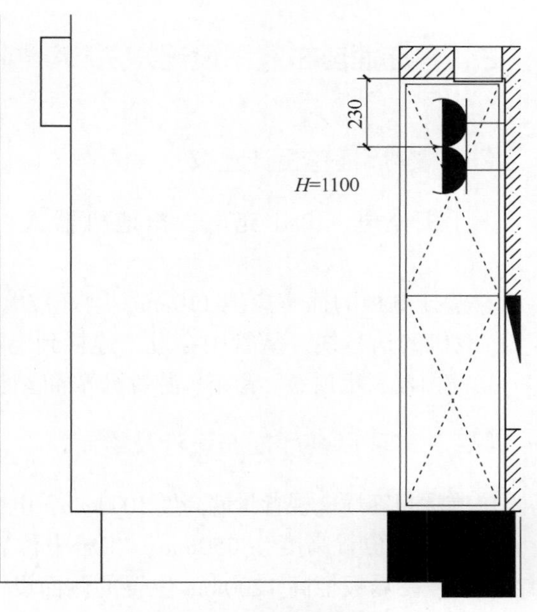

图 3-106　玄关插座布置图

二、餐厅插座布置图设计方法和绘制步骤

（一）餐厅插座设计建议

① 预留热水壶、咖啡机等插座，离地约 120cm，要高于餐边柜，以便于使用。

② 电磁炉插座离地约 100cm，在餐桌上方吃火锅时不至于离得太远；或者设计地插墙角设备用插座。

（二）本项目餐厅插座设计及绘制

① 本项目餐厅插座设计：在距地面 1200mm 高、距厨房墙壁 490mm 的位置放置两个五孔插座；在餐桌下方设计一个地面插座；在书房与厨房相邻的门的位置设计两个五孔备用插座，高度离地 350mm，离墙 380mm。

② 在“6-2 电器-插座-强弱电”图层，从模型库中复制两个五孔插座模型和一个地面插座模型，粘贴在相应位置上，标注高度和离墙位置，效果如图 3-107 所示。

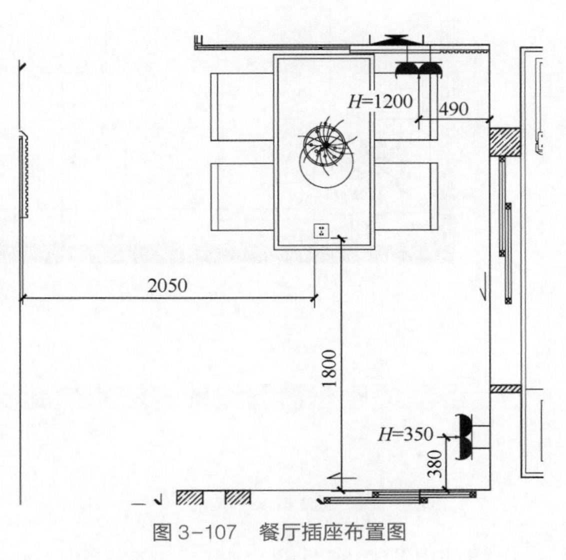

图 3-107　餐厅插座布置图

三、客厅插座布置图设计方法和绘制步骤

（一）客厅插座设计建议

① 手机充电、iPad 充电、扫地机器人、空气净化器、落地灯、台灯等插座，离地 30cm。

② 壁挂电视的插座离地 110cm，刚好被电视遮挡，电视背后预埋 50 管，机顶盒、音箱、游戏机的信号线，从管中穿过，连接到电视背后。

③ 路由器、机顶盒、音箱、游戏机等插座+网络端口，离地约 40cm，藏在电视柜下方。

（二）本项目客厅插座设计及绘制

① 本项目客厅电视背景墙高度 1000mm，电视后面设置一个五孔插座，供电视机使用。

② 电视柜位置高度为 350mm，在居中位置设置三个五孔插座，同时各设一个电话、网络插座；在隔板柜高 1200mm 位置的侧面设一个五孔备用插座。

③ 沙发背景墙上，在左侧距墙 635mm 位置设置一个高 650mm 的五孔插座；在右侧距墙 920mm、高 650mm 处设置两个五孔插座。

④ 在过道的墙上设置一个高 350mm 的备用插座。

⑤ 在“6-2 电器-插座-强弱电”图层绘图，效果如图 3-108 所示。

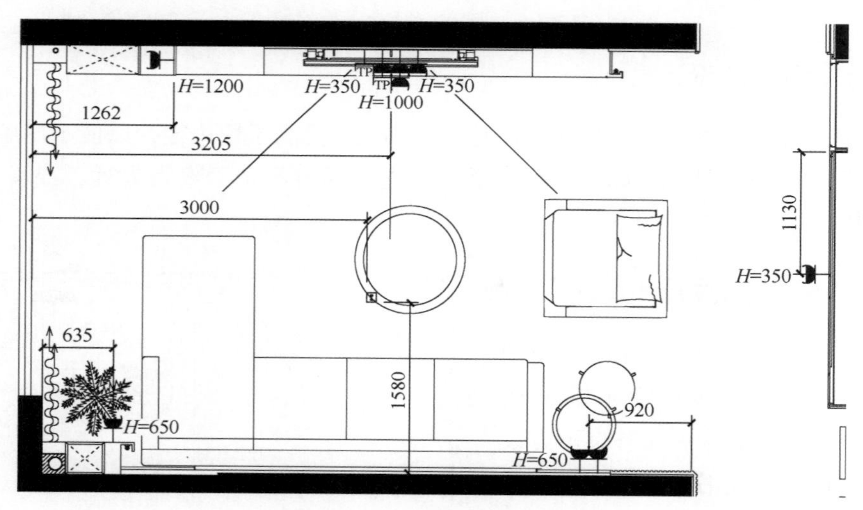

图 3-108 客厅插座布置图

四、卧室插座布置图设计方法和绘制步骤

（一）卧室插座设计建议

① 壁挂电视插座及网络端口，离地约 1100mm，刚好被电视挡住。

② 手机充电、台灯等插座以及床头灯开关，离地约 600mm，高于床头柜 100mm。可以选择带 USB 的五孔插座，方便给手机充电。

（二）本项目主卧插座设计及绘制

① 在两侧床头柜位置距地面 650mm 处各设两个五孔插座。

② 在书桌上方 1000mm 高、距墙边 295mm 位置设两个五孔插座。

③ 电视机背面位置，在距地面高 1000mm、距墙角 1840mm 位置设置一个五孔插座和一个电视插座。

④ 其他卧室的插座设计可依据功能进行布置。

⑤ 在“6-2 电器-插座-强弱电”图层绘图，效果如图 3-109（主卧插座布置图）、图 3-110（小孩房一插座布置图）和图 3-111（小孩房二插座布置图）所示。

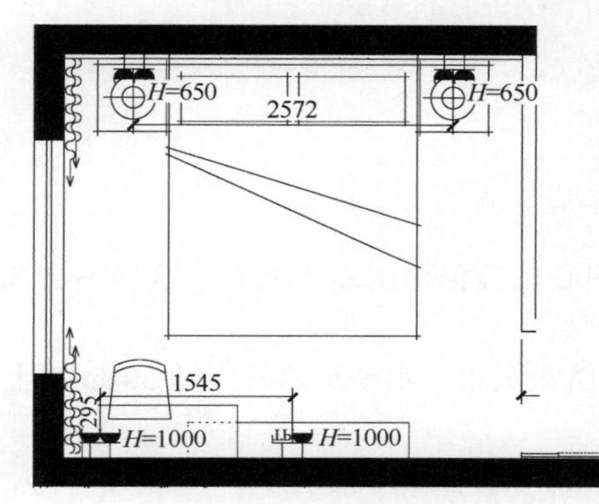

图 3-109　主卧插座布置图

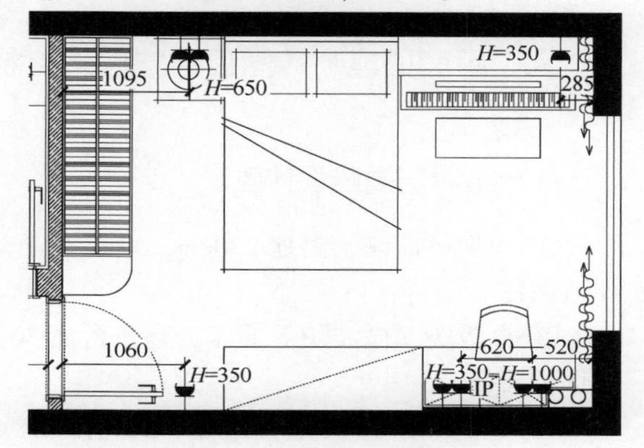

图 3-110　小孩房一插座布置图

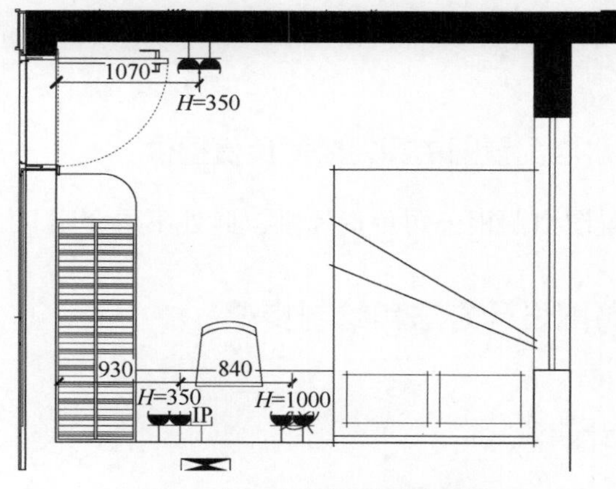

图 3-111　小孩房二插座布置图

五、书房插座布置图设计方法和绘制步骤

（一）书房插座设计建议

① 电脑主机、显示器等插座，离地 300mm，位于书桌下方。

② 手机充电、笔记本、台灯等插座，离地约 1000mm。

（二）本项目书房插座设计及绘制

① 在距门口 430mm、高度 350mm 的位置设置两个五孔插座。

② 在床头位置高度 650mm 的位置设置一个五孔插座。

③ 在“6-2 电器-插座-强弱电”图层绘图，效果如图 3-112 所示。

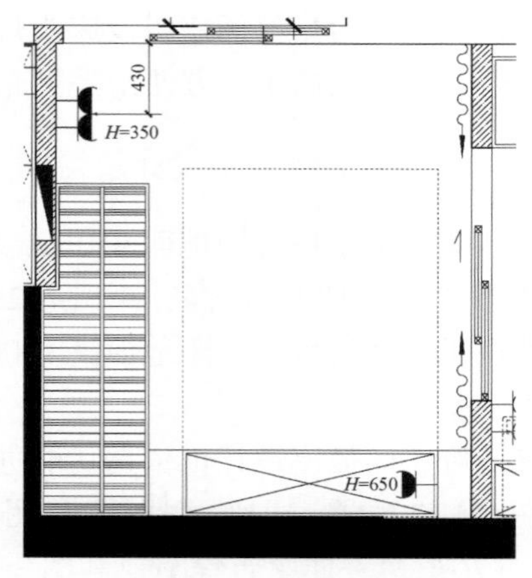

图 3-112　书房插座布置图

六、厨房插座布置图设计方法和绘制步骤

（一）厨房插座设计建议

① 油烟机插座，离地 220cm，设置在油烟机中心位置稍稍偏左或偏右，这样不会被烟道挡住。

② 电饭煲、微波炉等插座，高于台面 30cm 以防止溅水；水平距离燃气灶 30cm 以上以保证安全。

③ 净水器、小厨宝、垃圾处理器等插座，离地 50cm，位于水槽下方。

④ 洗碗机、消毒柜、集成灶等插座，离地 50cm。

⑤ 蒸箱和烤箱上下叠放时，通常蒸箱在上，插座离地 130cm；烤箱在下，插座离地 50cm。

（二）本项目厨房水电配置图由橱柜公司负责提供

本项目厨房水电配置图由橱柜公司负责提供，此处不再介绍。

七、阳台插座布置图设计方法和绘制步骤

（一）阳台插座设计建议

① 洗衣机、烘干机等插座，离地 130cm。

② 吸尘器插座，离地 30cm。

③ 电动晾衣架开关，离地 130cm。

（二）本项目阳台插座设计及绘制

① 在靠墙 520mm、高度 1350mm 处设置两个五孔防水插座。

② 在“6-2 电器-插座-强弱电”图层绘图，效果如图 3-113 所示。

八、卫生间插座布置图设计方法和绘制步骤

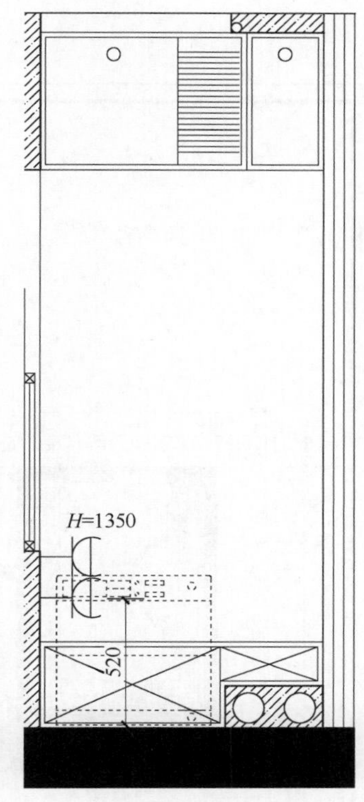

图 3-113 阳台插座布置图

（一）卫生间插座设计建议

① 卫生间用防水插座。

② 电热水器插座，离地 200cm，不被热水器遮挡，远离淋浴区。本项目热水器隐藏到吊顶里。

③ 智能马桶、电热毛巾架等插座离地 50cm，靠近马桶一侧，远离淋浴区。

④ 吹风机、电动剃须刀、电动牙刷等插座，最好距离洗手盆台面 30cm，如果台面上方有镜柜，插座可以直接做进镜柜里面。

（二）本项目卫生间插座设计及绘制

① 卫生间用防水插座，在智能马桶旁边设离地高 350mm 的防水插座。

② 主卫窗边设离地 1350mm 的防水插座，以便吹风机使用。

③ 在“6-2 电器-插座-强弱电”图层绘图，效果如图 3-114 所示。

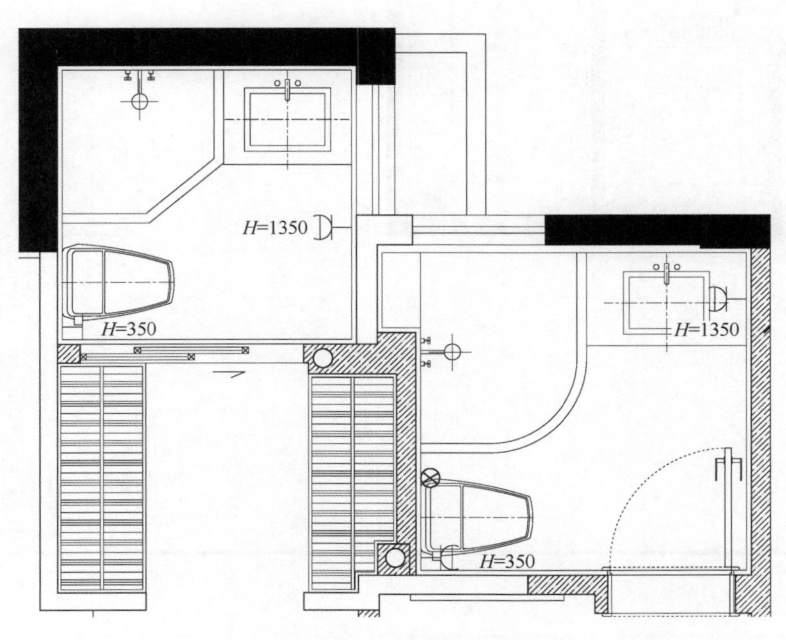

图 3-114 卫生间插座布置图

整套图纸插座布置完成后，在布局空间放置插座图例，最终效果如图 3-115 所示。

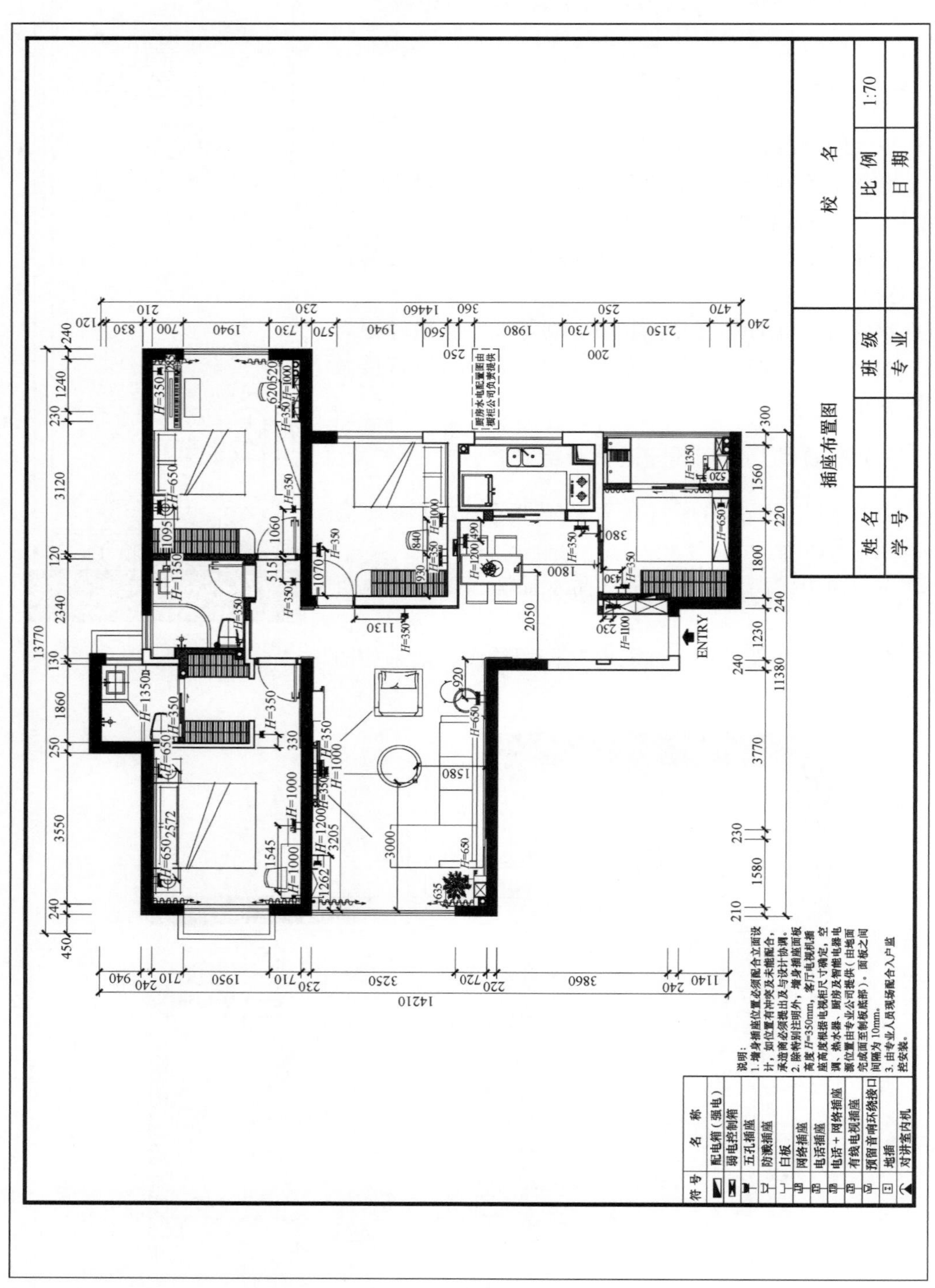
插座布置图
校名
姓名
学号
班级
专业
比例
1:70
日期
ENTRY
符号
名称
配电箱（强电）
弱电控制箱
五孔插座
防溅插座
白板
网络插座
电话插座
电话＋网络插座
有线电视插座
预留音响环绕接口
地插
对讲室内机

图 3-115　插座布置图

思考

问题：哪些地方的插座设计要考虑带开关？

拓展

☞　实训项目：云顶至尊项目施工图深化设计——插座布置图

工作任务	
客户需求	插座设计需要实用、方便但不浪费
任务书要求	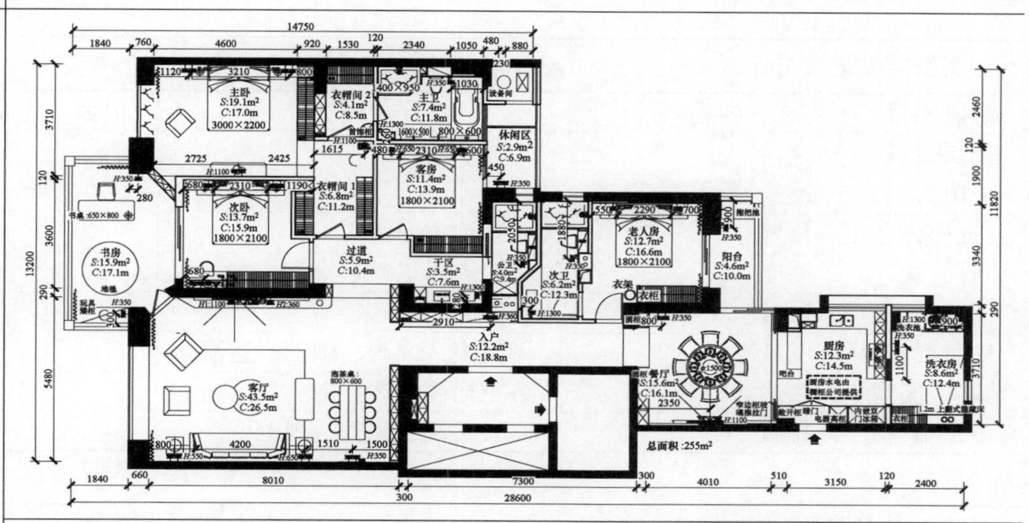 1. 根据功能需求进行插座布置，要有一定的前瞻性但不造成浪费 2. 图纸表达清晰、准确，注意尺寸定位，特别是高度定位

☞　相关知识和绘图技能确认单

相关知识和绘图点	绘制情况	自我评价
图层设置		
插座设计		
图纸表达		
图纸排版		

☞　绘图计划制定工作单

1. 绘制方案

简单描述绘制过程及需要注意的细节：

____

____

____

2. 绘图涉及的 AutoCAD 快捷键

复制	C	直线	L

☞ 绘图计划实施工作单

主要绘制内容	实施情况（附图纸）	完成时间（min）

☞ 图纸绘制记录与评分

绘制项目	内容	评分标准	记录	评分
图层设置（10 分）	图层设置	图层命名是否清晰、规范		
插座设计合理（60 分）	位置	合理、方便使用		
	高度	符合人体工程学		
	数量	合理		
图纸表达清晰、美观（30 分）	图纸准备	图纸表达准确、图例表达清晰		
	表达清晰	各类插座表达清晰		
	排版	是否美观、完整、规范		

☞ 提交与改进工作单

改进要点记录		
作品提交	绘制的图纸	展示（附图纸）

任务八

水路布置图绘制

工作任务导入

工作任务	
客户需求	除了洗衣机以外，所有地方都需要热水

任务书要求	1. 满足客户需求，设计时注意热水排布 2. 图纸表达清晰准确
岗位技能	1. 冷热水分布根据任务书和客户要求进行设计 2. 冷热水管分布要符合规范 3. 积累丰富的生活经验，从主人翁的角度出发，创造更便捷的生活方式 4. 要秉承以人为本的设计精神
工作任务要求	任务要求：明确任务书要求，绘制水路布置图 工作任务： 一、水路设计原则 二、水路布置图绘制步骤
工作标准	1. “1+X 室内设计”职业技能等级标准 2. 《房屋建筑制图统一标准》(GB/T 50001—2017) 3. 《建筑制图标准》(GB/T 50104—2010)

知识导入

问题1：水管一般走天花板还是地面？

问题2：如何检查漏水？

一、水路设计原则

水路设计原则如下：

① 为了便于检修，水路应尽量走天花板。

② 所有线路应遵循最短原则，应横平竖直，减少弯路，禁止斜道。

③ 承重墙尽量不开槽，可绕道，墙壁横向开槽长度不得超过500mm（超过500mm会破坏墙体的抗震能力），可从天花板或地面绕道走线。

④ 排水管、地漏及马桶等的废、污排水性质和位置不得随意改变。

⑤ 冷热水管不能同槽，间距不小于15cm，上下平行时上热下冷，左右平行时左热右冷（按出水方向，因为大部分人习惯使用右手，且一般凉水用得多）。

⑥ 水路、电路和燃气、暖气管道、煤气管平行间距应大于30cm。

⑦ 水路管道和电路管道同时走天花板或地面时，水路必须在电路之下，防止漏水漏电。

二、水路布置图绘制步骤

1. 图层设置

所需图层设置参考表3-9（可自行设置图层名称、颜色等）。

表3-9　图层设置内容

图层名称	颜色	线型	线宽
6-3给排直饮水线路	蓝	Continuous	默认

2. 布局空间绘图

(1) 复制图纸

在布局空间复制一张平面家具定位图，修改图名为“水路布置图”，如图3-116所示。

(2) 冻结图层

双击进入视口，将“2-3平面家具尺寸”图层冻结（“LAYFRZ”命令），如图3-117所示。

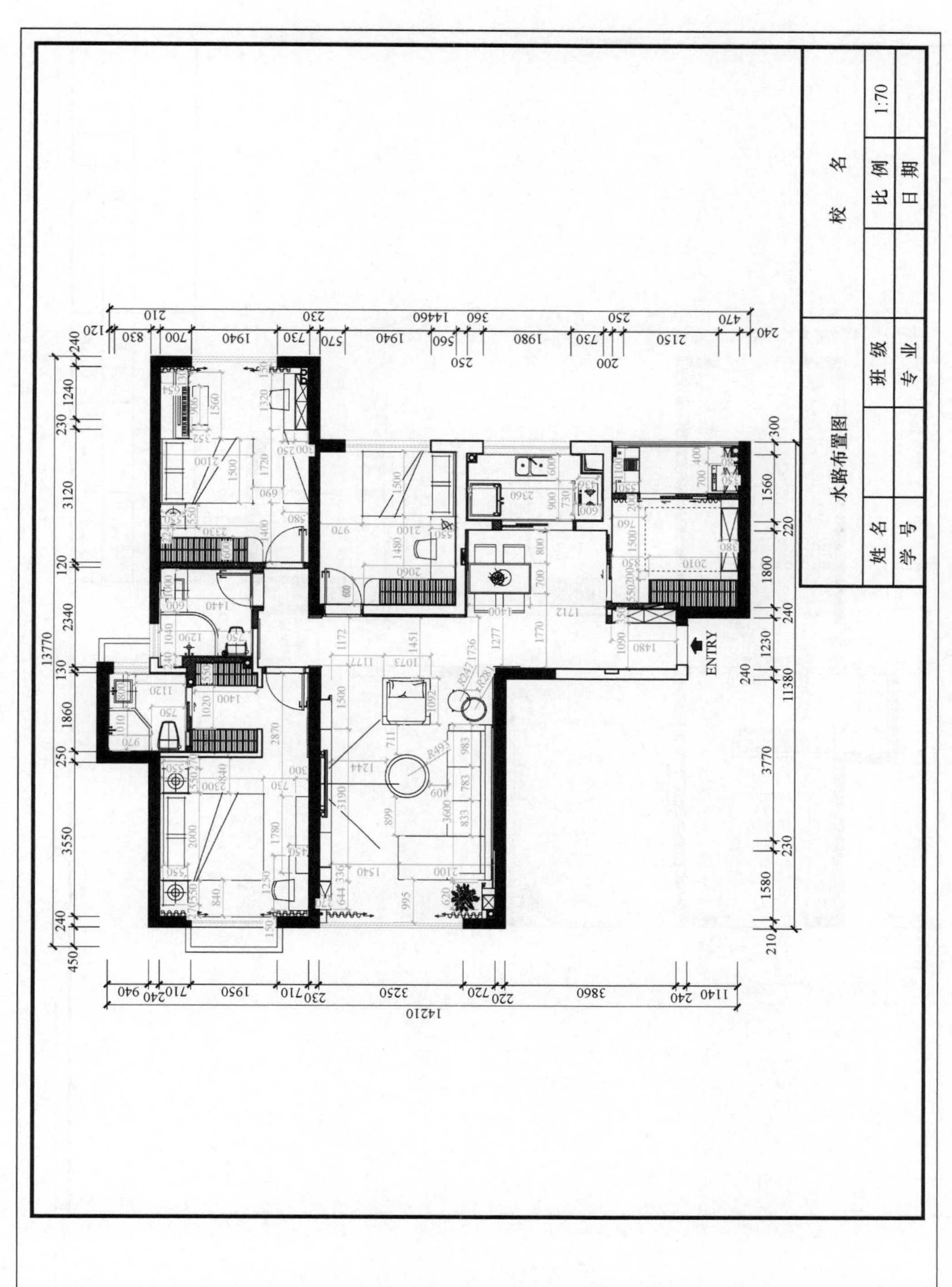

图 3-116　水路布置图准备图纸（一）

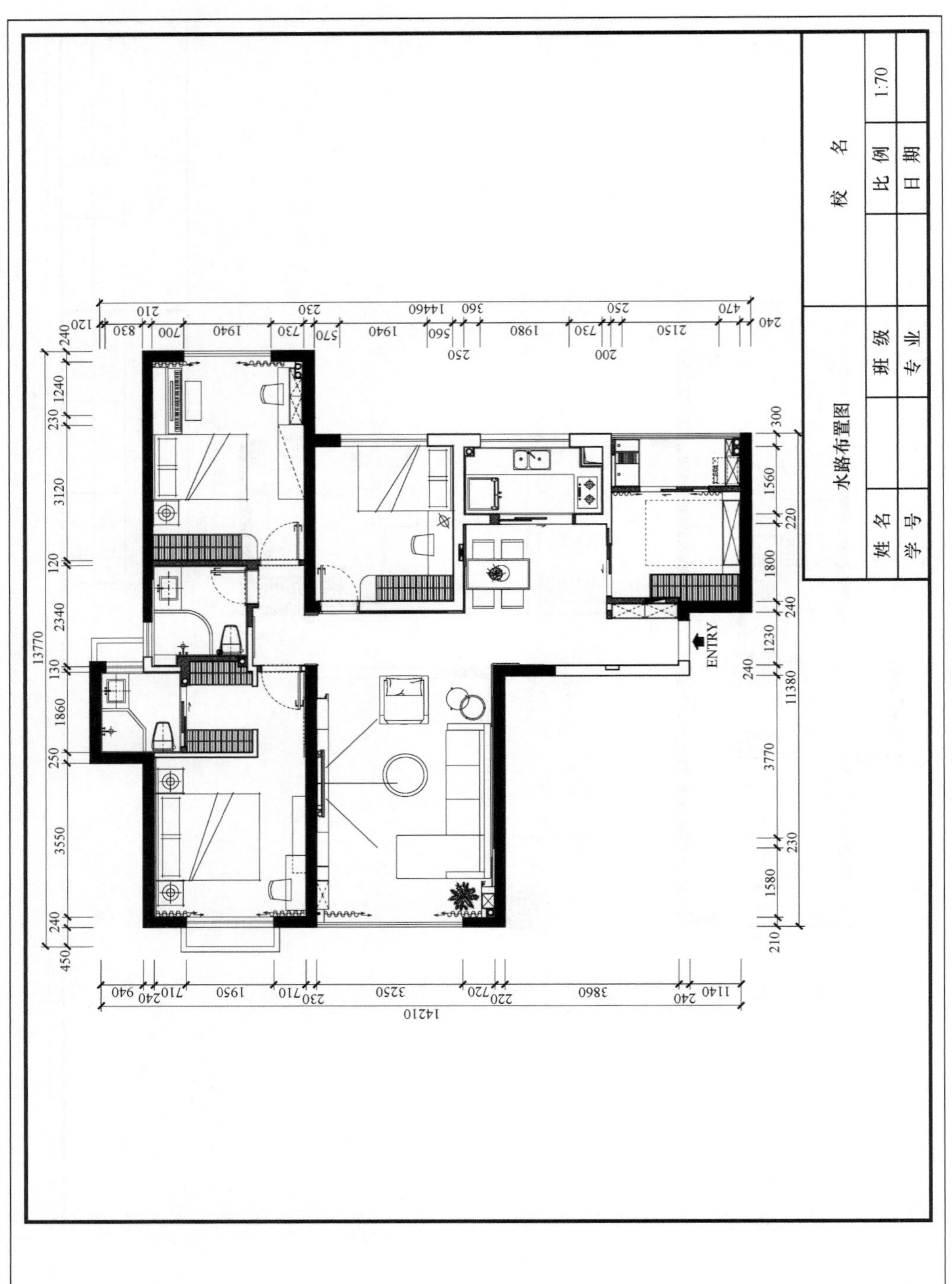

图3-117　水路布置图准备图纸（二）

（3）绘制水路布置图

双击进入模型空间，在“6-3 给排直饮水线路”图层用“多段线”命令绘制水路连接图。图中粗虚线表示冷水管，粗实线表示热水管，冷水管从进水口接入，根据设计需要连接到各处（马桶、洗脸台、淋浴区、浴缸、洗菜池、洗衣池、洗衣机、拖把池等地方），需要热水的地方接入热水管，热水管写明热水出处即可。效果如图 3-118 所示。

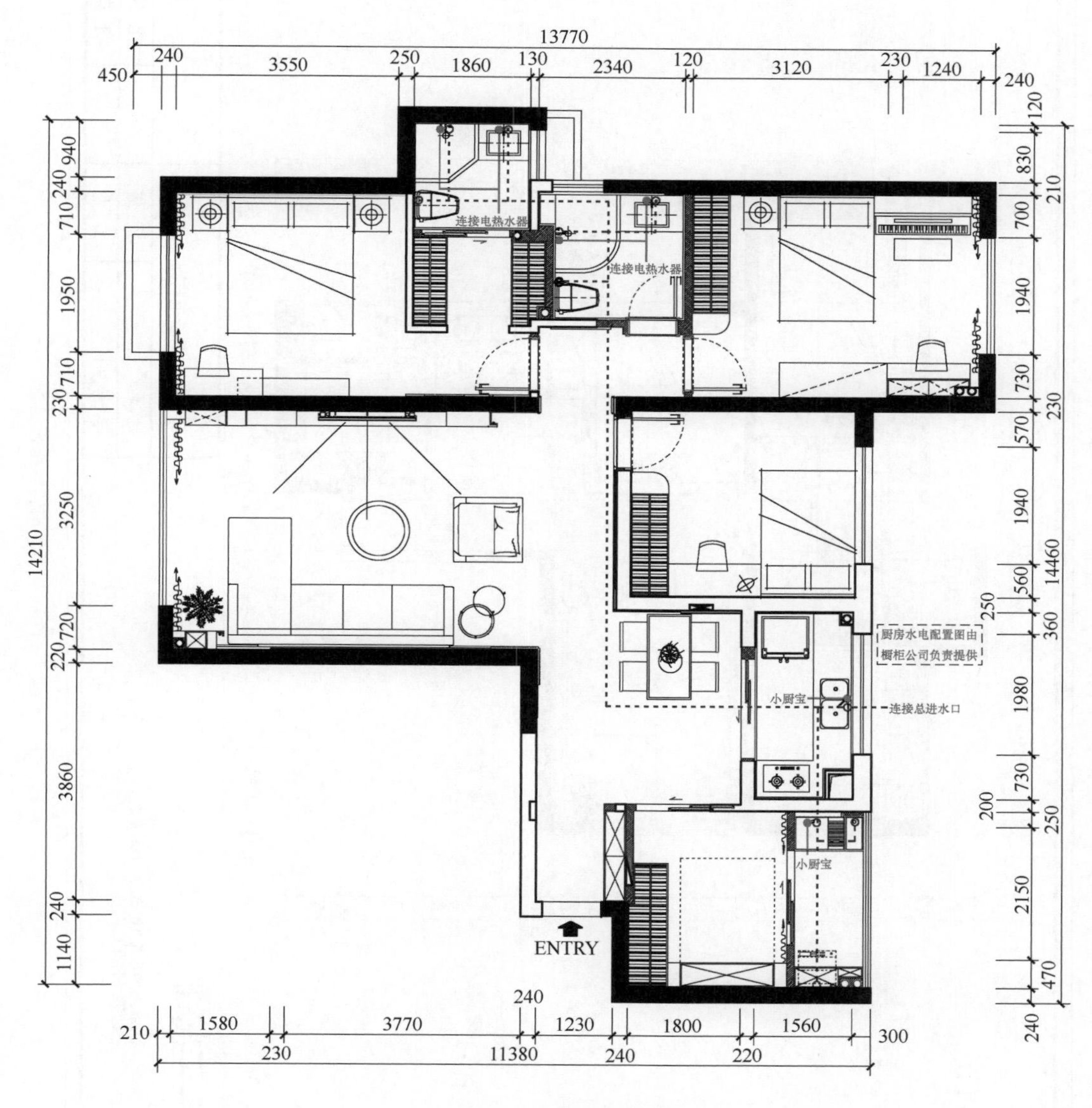

图 3-118　水路布置图绘制

（4）绘制原则

冷热水管绘制时主要按上热下冷、左热右冷原则。

（5）图纸排版

在图框左下侧放图例，效果如图 3-119 所示。

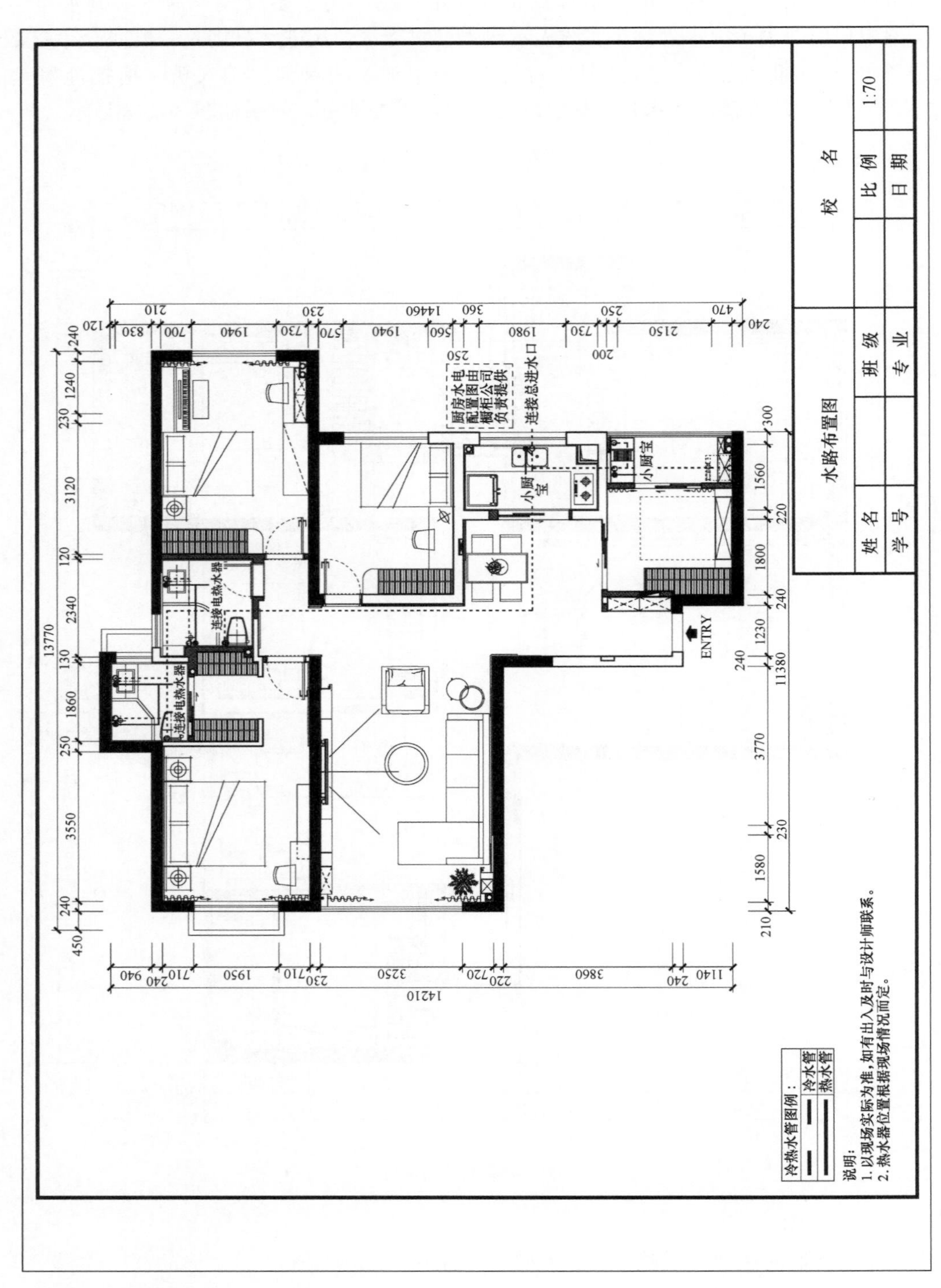

图 3-119　排版完成的水路布置图

思考

问题：水路走吊顶有哪些优势？

拓展

☞ 实训项目：云顶至尊项目施工图深化设计——水路布置图

<table>
<tr><th colspan="2">工作任务</th></tr>
<tr><td>客户需求</td><td>除电器外，全屋热水</td></tr>
<tr><td rowspan="2">任务书要求</td><td>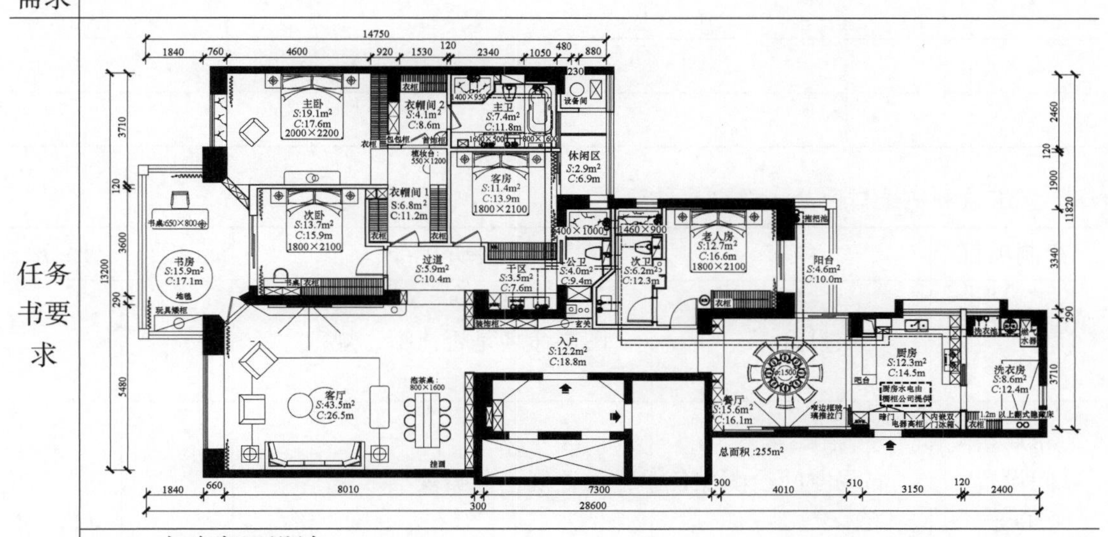
</td></tr>
<tr><td>1. 水路布置设计
2. 图纸表达准确</td></tr>
</table>

☞ 相关知识和绘图技能确认单

相关知识和绘图点	绘制情况	自我评价
图层设置		
水路布置		
绘图		

☞ 绘图计划制定工作单

1. 绘制方案

简单描述绘制过程及需要注意的细节：

2. 绘图涉及的 AutoCAD 快捷键

多段线	PL	直线	L

☞ 绘图计划实施工作单

主要绘制内容	实施情况（附图纸）	完成时间（min）

☞ 图纸绘制记录与评分

绘制项目	内容	评分标准	记录	评分
图层设置（10 分）	图层设置	图层命名是否清晰、规范		
布局空间设置（30 分）	布局空间绘图准备	设置规范、美观		
绘制步骤（60 分）	确定冷热水点位	绘图准确		
	水管连接绘制	绘图准确		
	注明热水来源	绘图准确		
	图纸排版	是否美观、完整、规范		

☞ 提交与改进工作单

改进要点记录		
作品提交	绘制的图纸	展示（附图纸）

任务九
立面索引图绘制

工作任务导入

工作任务	
任务书要求	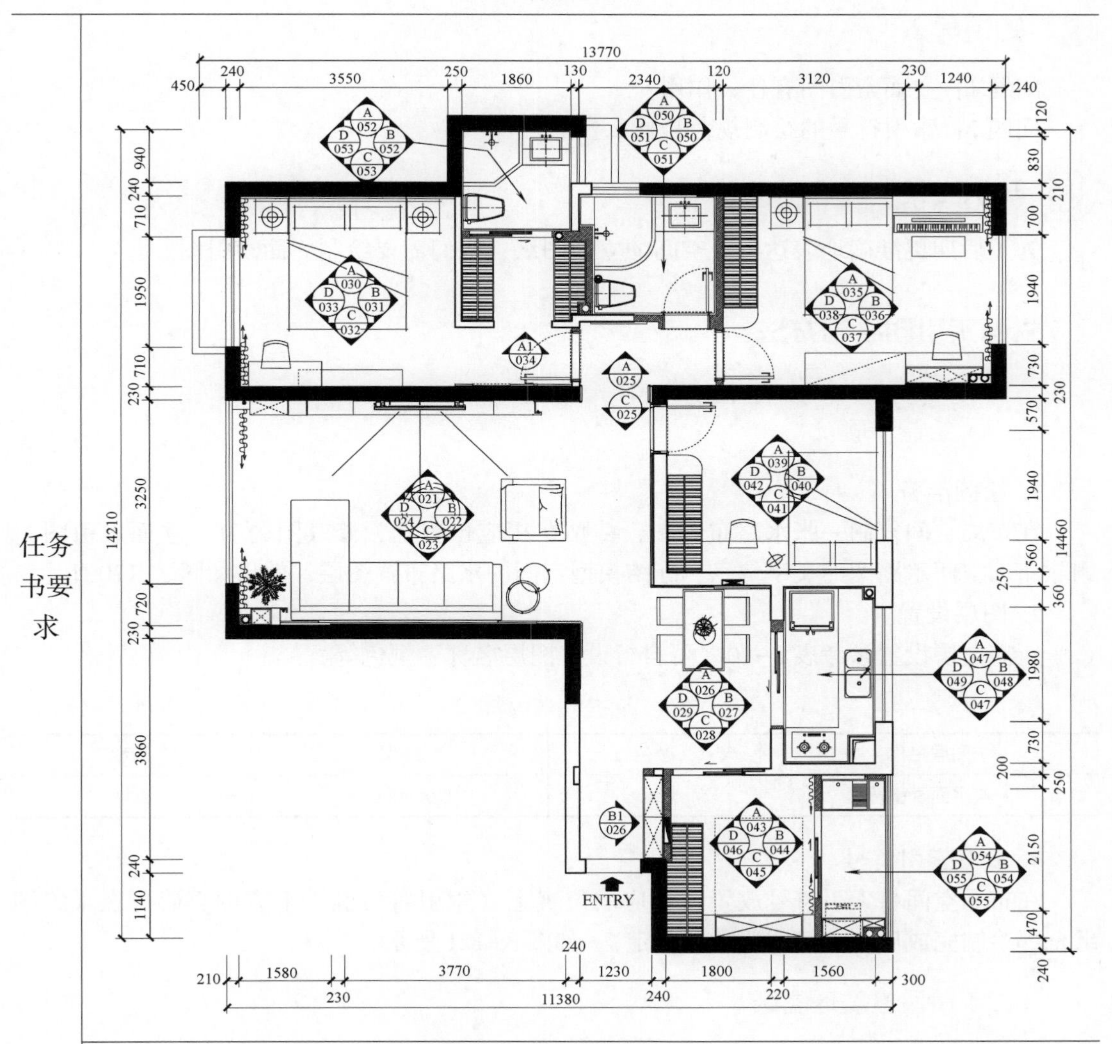 1. 绘制立面索引图 2. 图纸表达准确

岗位技能	1. 具备熟练的软件操作技能 2. 熟练掌握国标规范 3. 具备精益求精、遵纪守法、团结协作的精神
工作任务要求	任务要求：明确任务书要求，绘制立面索引图 工作任务： 立面索引图绘制方法
工作标准	1. “1+X 室内设计”职业技能等级标准 2. 《房屋建筑制图统一标准》(GB/T 50001—2017) 3. 《建筑制图标准》(GB/T 50104—2010)

知识导入

问题 1：立面索引图有什么作用？

问题 2：索引符号的绘制规范是什么？

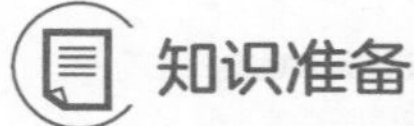

知识准备

为了后期更准确地表达各个空间的立面图纸，我们需要绘制立面索引图。

立面索引图绘制方法

（一）绘制步骤

1. 绘图准备

在布局空间复制一张水路布置图，粘贴在相应位置上，修改图名为“立面索引图”。删除布局空间水路图的文字信息，冻结模型空间的水路布置图层，效果如图 3-120 所示。

2. 图层设置

所需图层设置参考表 3-10（可自行设置图层名称、颜色等）。

表 3-10　图层设置内容

图层名称	颜色	线型	线宽
2-4 平面索引符号	红	Continuous	默认

3. 放置索引符号

在布局空间将索引符号放置在相应的位置上（索引符号圆圈下方的页码可在最终图纸全部绘制完成后，绘编图册时再确定），如图 3-121 所示。

（二）阶段性整理图纸

图纸绘制到这个阶段，在布局空间内，可以看到每张图纸有很多重合的地方，这是因为后面绘制的图层没有被冻结。我们要整理检查前面所画的图纸中出现的这种情况，使用“LAYFRZ”命令把不需要显示的图层在该视口中冻结。

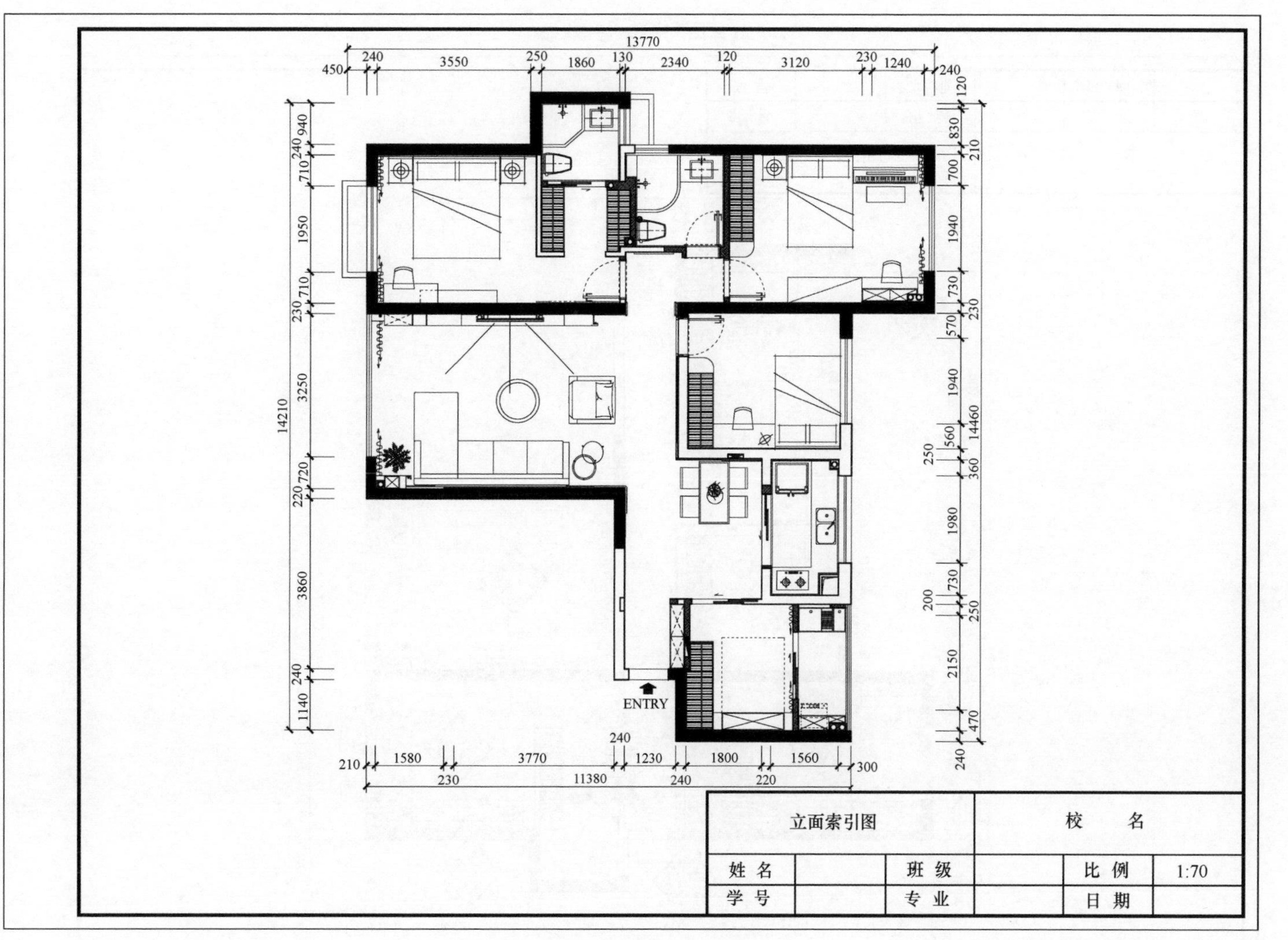

图 3-120　立面索引图的准备图纸

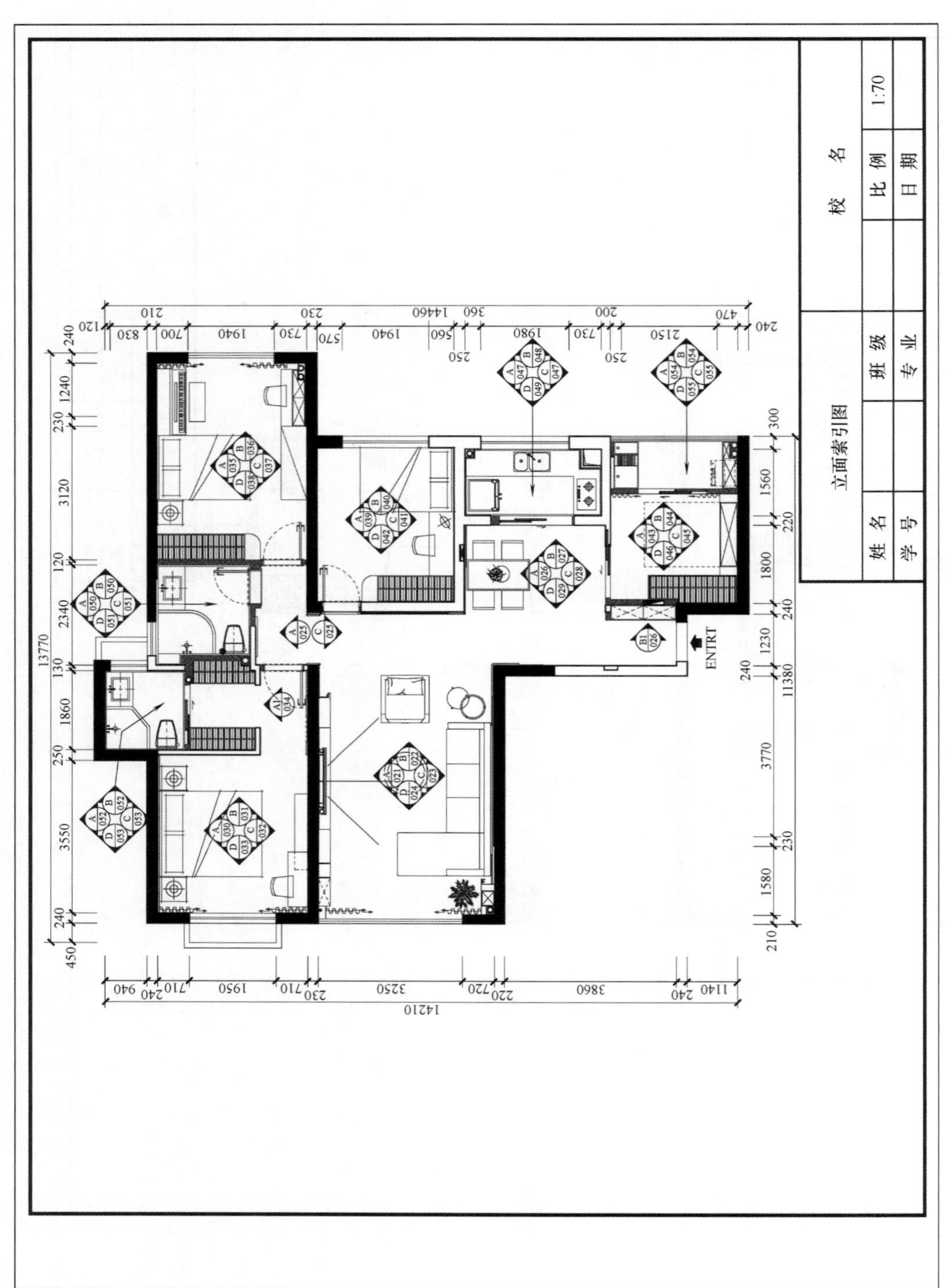

图 3-121 立面索引图

思考

问题：立面索引图的图名编制有哪些方法？

拓展

☞ 实训项目：云顶至尊项目施工图深化设计——立面索引图

工作任务	
任务书要求	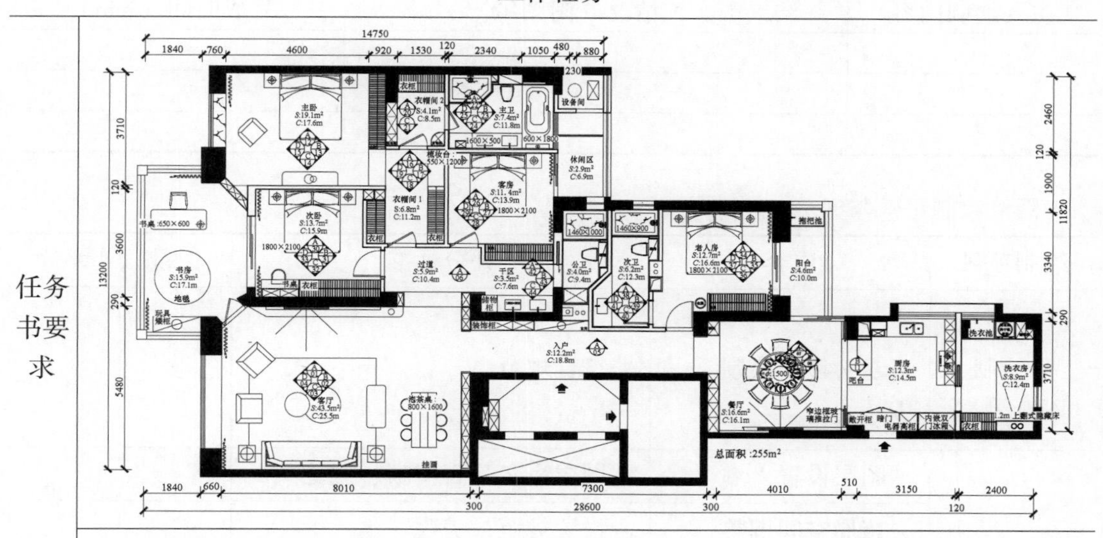
	1. 绘制立面索引图 2. 图纸表现清晰、准确

☞ 相关知识和绘图技能确认单

相关知识和绘图点	绘制情况	自我评价
复制图纸		
布局空间调整图纸		
带索引的内视符号绘制		
图名编制		
页码编制		

☞ 绘图计划制定工作单

1. 绘制方案

简单描述绘制过程及需要注意的细节：

____

____

____

2. 绘图涉及的 AutoCAD 快捷键

移动	M	直线	L

☞ 绘图计划实施工作单

主要绘制内容	实施情况（附图纸）	完成时间（min）

☞ 图纸绘制记录与评分

绘制项目	内容	评分标准	记录	评分
索引符号绘制（40 分）	索引符号绘制	符合规范		
绘制步骤（60 分）	图层设置	图层命名是否清晰、规范		
	布局空间调整	设置规范、美观		
	绘制内视符号	是否准确		
	绘制立面索引图	是否准确		
	图纸排版	是否准确、完整、规范		

☞ 提交与改进工作单

改进要点记录		
作品提交	绘制的图纸	展示（附图纸）

任务十
立面图绘制

工作任务导入

<table>
<tr><th colspan="2">工作任务</th></tr>
<tr><td>客户需求</td><td>1. 客厅墙面设计要有创意、简洁大方富有细节、风格要现代
2. 卧室床背景立面用硬包材料，同时要富有细节
3. 由于入户门口就可见到餐厅，所以餐厅背景要简洁大方，要有细节表现</td></tr>
<tr><td rowspan="2">任务书要求</td><td>  </td></tr>
<tr><td>1. 结合实景图进行立面设计及绘制
2. 立面材料标注清晰，造型表现准确、美观
3. 注意交通流线
4. 考虑通风、采光</td></tr>
<tr><td>岗位技能</td><td>1. 能够根据设计师设计的平面图和效果图，完成四个立面图的绘制
2. 立面绘制造型要准确，材料和尺寸标注要清晰
3. 吊顶的结构表现要准确
4. 具备良好的审美能力、精益求精的态度和富有创意的设计精神</td></tr>
<tr><td>工作任务要求</td><td>任务要求：明确任务书要求，绘制四个立面图
工作任务：
一、客厅 A 立面图
二、客厅 C 立面图
三、餐厅 A 立面图
四、主卧 A 立面图</td></tr>
<tr><td>工作标准</td><td>1. “1+X 室内设计”职业技能等级标准
2. 《房屋建筑制图统一标准》(GB/T 50001—2017)
3. 《建筑制图标准》(GB/T 50104—2010)</td></tr>
</table>

问题 1：常见的立面使用材料有哪些？

问题 2：瓷砖和大理石的区别有哪些？

知识准备

建筑装饰立面图主要是展示室内空间围合界面内构成的内容，即绘制的是内剖视立面图，它依据立面图正投影法进行绘制。室内立面图绘制内容包括可见的室内轮廓线、线脚、里面的装饰材料和装饰构造、门窗、构配件、固定家具、灯具及需要表达的非固定家具、灯具、装饰构件等。同时，立面图中还需要表达必要的尺寸及标高，顶棚轮廓线需要根据具体情况表达吊顶及结构。

（一）立面图绘制要求

1. 室内立面图绘制内容

顶棚有吊顶时须画出吊顶、叠级、灯槽等剖切轮廓线，墙面与吊顶的收口形式，可见灯具投影图线，墙面装饰造型及陈设，门窗造型及分格，墙面灯具、暖气罩等装饰内容。

2. 室内立面图标注内容

立面图外一般应标注一至两道竖向及水平向尺寸，并标注楼地面、顶棚等装饰标高；图内一般应标注主要装饰造型的尺寸。应标注立面上的灯饰、电源插座、通信和电视信号插孔、空调控制器、开关、按钮、消火栓等位置及定位尺寸，并标明材料种类、型号、编号、施工做法等。此外，还应标注索引符号、编号、图纸名称和制图比例。

3. 室内立面图其他注意内容

附着在墙上的固定家具及造型须绘制表达；非固定物如可移动的家具、艺术品、陈设品及小件家具等一般不需要绘制。对于需要特殊和详细表达的部位，可单独绘制其局部立面大样并标明其索引位置。所绘制的设计内容及形式应与方案设计图相符。

（二）绘图准备

① 新建一个 DWG 文档，命名为立面图。所需图层设置参考表 3-11（可自行设置图层名称、颜色等）。

表 3-11　　图层设置内容

图层名称	颜色	线型	线宽
1-1 建筑-墙体	白	Continuous	默认
1-2 建筑填充	8	Continuous	默认
2-1 立面-完成面	45	Continuous	默认
2-2 立面-装饰细线	75	Continuous	默认
2-3 立面-填充	8	Continuous	默认
2-4 立面-电器	52	Continuous	默认
3-1 立面-标注	41	Continuous	默认
3-2 立面-文字	绿	Continuous	默认
3-3 立面-灯具	红	Continuous	默认

② 准备一张平面布置图，将其粘贴为块，然后使用"XC"命令对该块进行裁剪［XC，按 Enter 键→选择对象，按 Enter 键→N 键，按 Enter 键，矩形（R）→框选所需的平面部分］。以客厅电视背景立面为例，效果如图 3-122 所示。

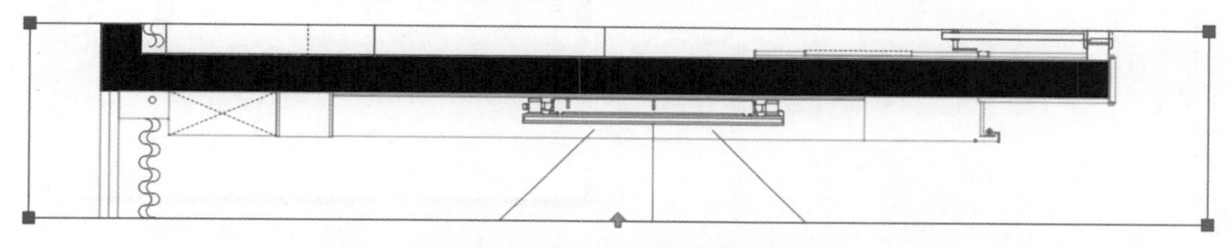

图 3-122　绘制立面图的平面参照图纸

在图 3-122 中，可以通过调整四个角点来调整自己所需要的位置和大小。将此图作为绘制立面图的平面参照，准备工作就此完成。

一、客厅 A 立面图

结合立面索引图可知，客厅 A 立面图即客厅电视背景立面图。通过观察如图 3-123 至图 3-125 所示的效果图和实景图，确定客厅 A 立面的造型。

图 3-123　客厅 A 立面效果图和实景图（一）

图 3-124　客厅 A 立面效果图和实景图（二）

图 3-125　客厅 A 立面效果图和实景图（三）

（一）绘制立面墙体结构图

① 将"1-1 建筑-墙体"图层置为当前图层。使用"XL"构造线命令确定建筑墙体的长、宽及净高尺寸，效果如图 3-126 所示。

② 绘制建筑结构。对构造线进行修剪，整理出楼板厚度（12cm）、窗洞尺寸、梁高和宽度等，填充出梁、楼板、墙体，效果如图 3-127 所示。

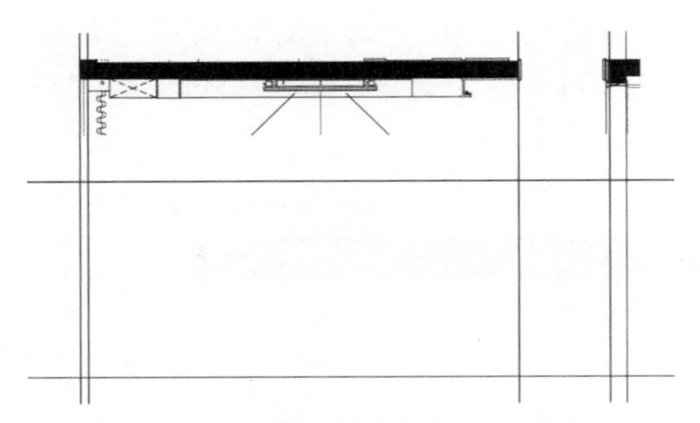

图 3-126　客厅 A 立面长、宽及净高

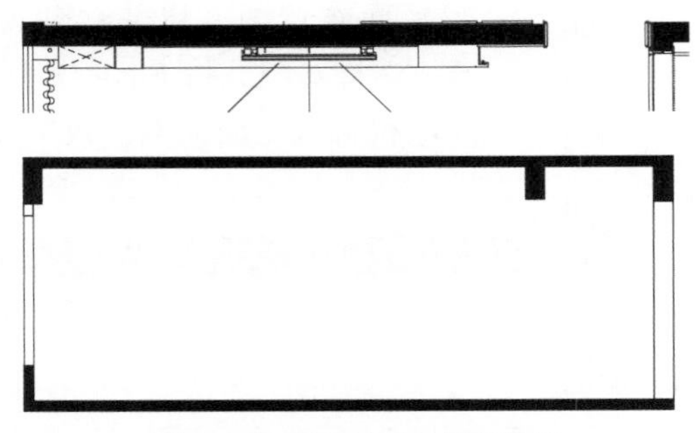

图 3-127　客厅 A 立面建筑结构

（二）绘制完成面

1. 门洞完成面

本项目门洞主要是过道位置的门洞，绘制方法如下：

① 把平面图中门套线截面对应到立面图中作为参考（如果在平面图阶段未绘制门套线截面，则应根据效果图绘制立面造型，后面再进行平面图的完善），效果如图 3-128 所示。

② 定尺寸。用“XL”构造线命令把门套线的完成面标出来，如图 3-129 所示。在高度上要结合如图 3-130 所示的效果图，应与吊顶下方平齐，通过如图 3-131 所示的吊顶图可知此处标高为“-0.420”，即表示原顶吊下来 420mm 的高度，定位出门套上方完成面的高度，宽度与垂直方向一致。

③ 整理修剪完毕，过道门洞完成面效果如图 3-132 所示。

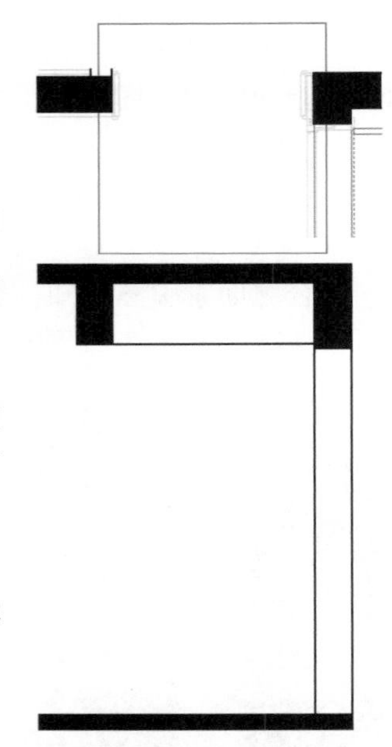

图 3-128　门套线立面

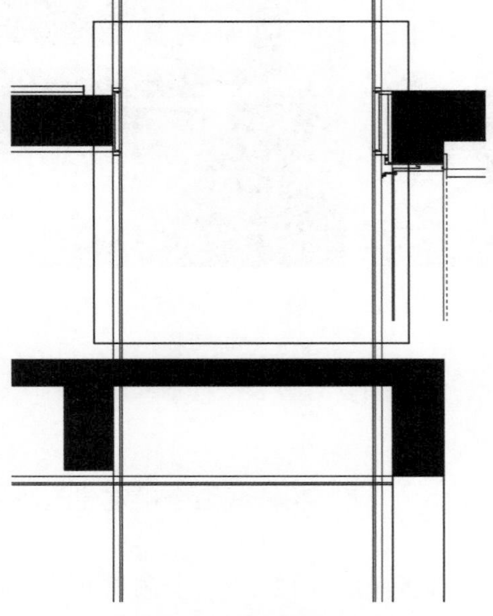

图 3-129　门套线完成面定位

图 3-130　门套线对照图

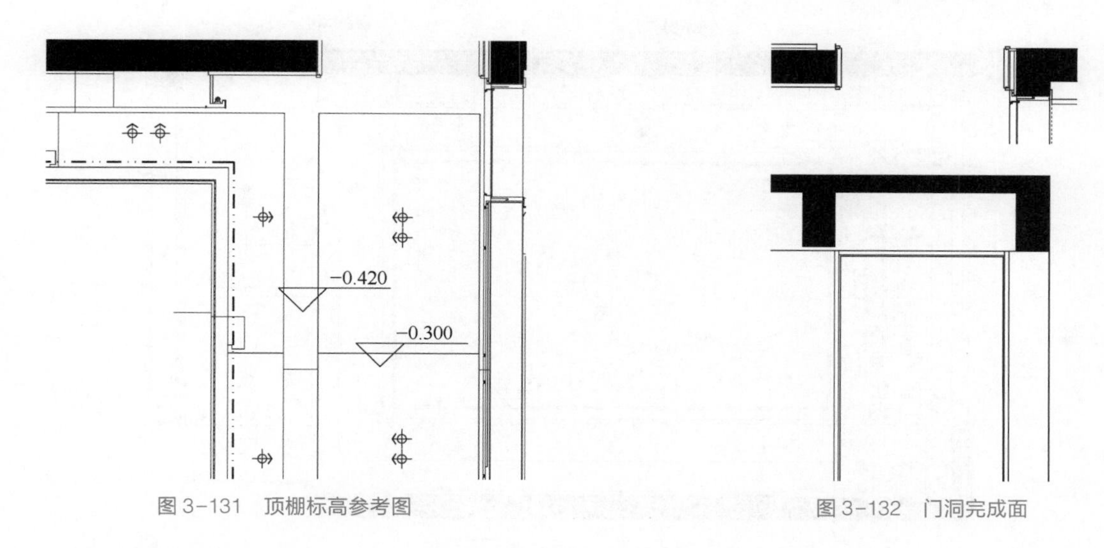

图 3-131　顶棚标高参考图　　　　图 3-132　门洞完成面

2. 地面完成面

本项目客厅地面主要是铺贴瓷砖，按常规施工经验，大约需要 50mm 的高度来完成瓷砖铺设，所以从原楼板向上偏移出 50mm 就是地面完成面高度，效果如图 3-133 所示。

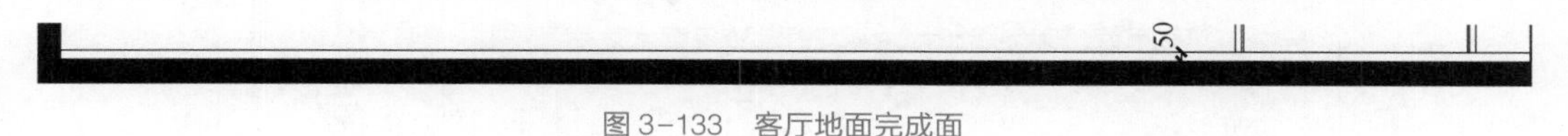

图 3-133　客厅地面完成面

3. 顶棚完成面

顶棚完成面可以利用顶棚布置图中绘制的结构线进行定位。

① 复制结构线到立面图中，先放置在任意位置，如图 3-134 所示。

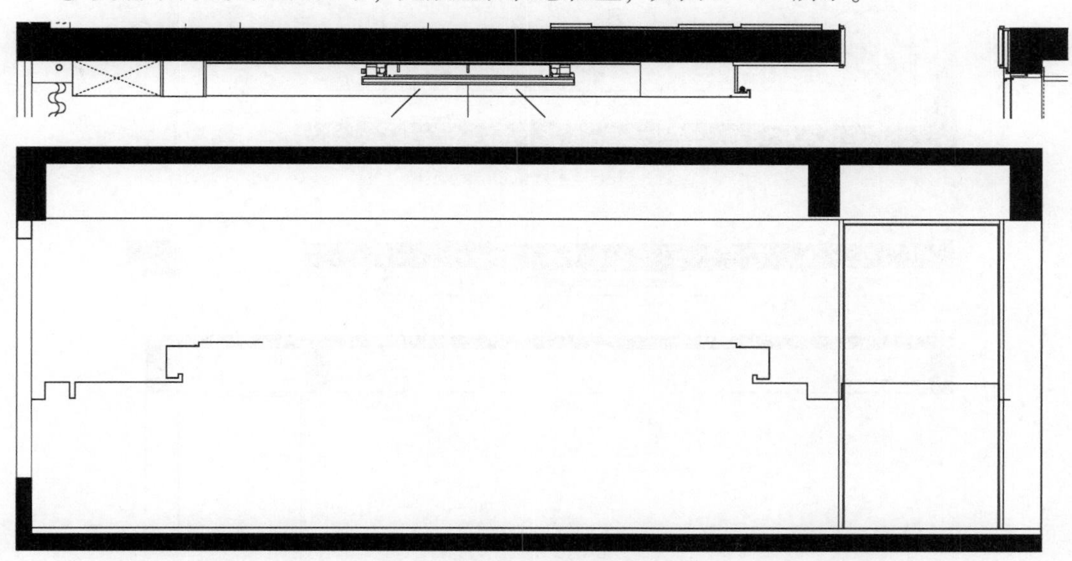

图 3-134　客厅顶棚完成面

② 查看顶棚尺寸定位图，如图 3-135 和图 3-136 所示。查看此处吊顶的标高和尺寸定位，根据尺寸调整吊顶完成面的位置，调整完位置的完成面效果如图 3-137 所示。

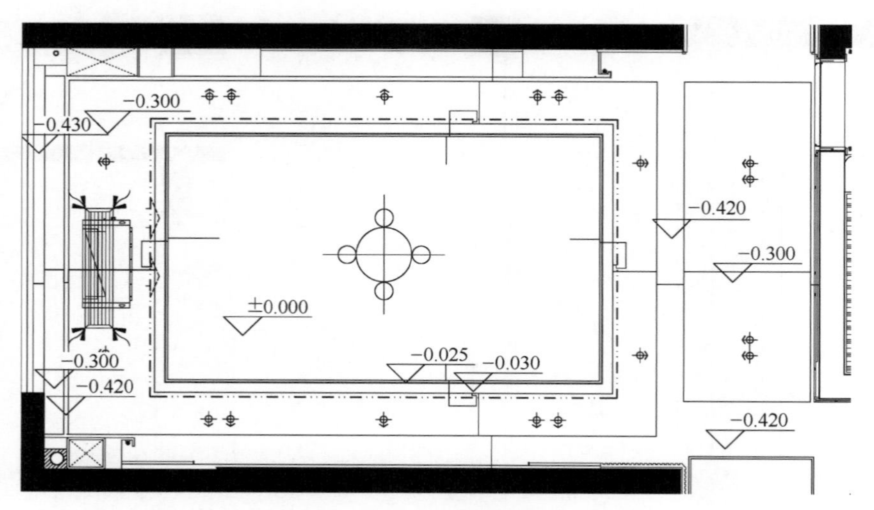

图 3-135 客厅顶棚标高定位

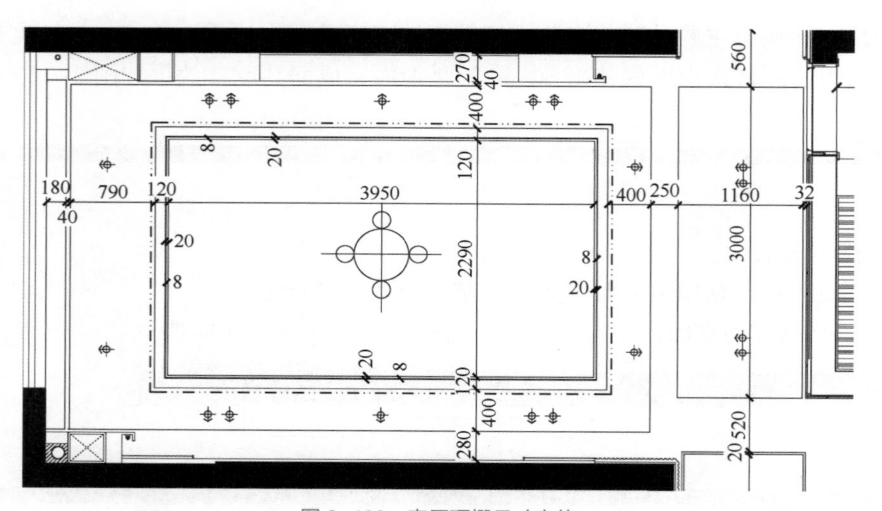

图 3-136 客厅顶棚尺寸定位

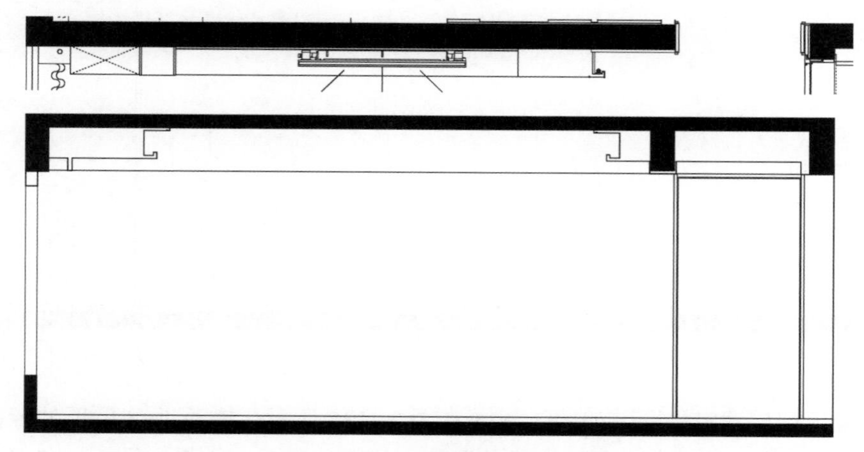

图 3-137 客厅顶棚完成面绘制

（三）绘制背景造型

通过实景图和效果图可以看出，本面墙的立面造型比较复杂，由饰面板、石材、金属线条、灰镜等构成。我们先把立面图分成五块造型来看，这五块造型的比例和尺寸根据效果图和设计师的设计进行绘制（每个人都可以不一样）。由于本项目平面图绘制时已经比较详细地定了立面造型，所以在尺寸上也可参考平面图。为了方便介绍每个造型的绘制方法，我们对立面造型进行分块处理，效果如图 3-138 所示。

图 3-138　客厅 A 立面效果参考图区域划分

1. 造型分区

对客厅 A 立面进行造型分区，效果如图 3-139 所示，图中数字分别对应效果图的五个位置，各分区尺寸自定。

（1）“1”位置柜体绘制

通过效果图可知这个位置设计的是一个通体柜子，有两扇柜门，柜顶挨着标高 -0. 420 的位置。绘制时用虚线表示柜门，柜底注意留有踢脚线，效果如图 3-140 所示。

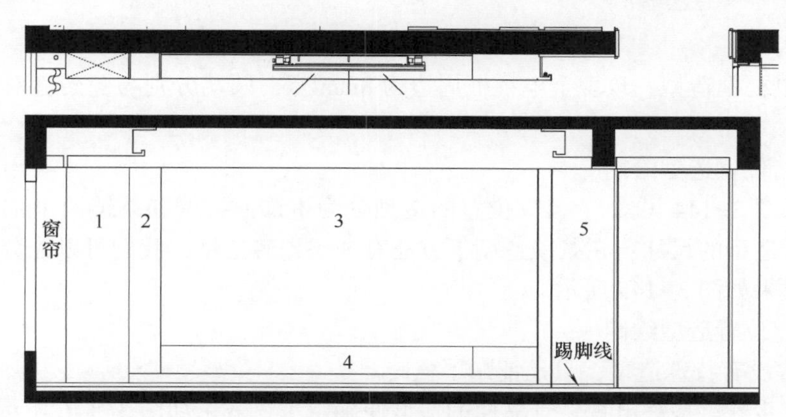

图 3-139　客厅 A 立面造型分区

（2）“2”位置隔板柜绘制

隔板柜外围是一圈 8mm 宽深色木饰面框，隔板厚度为 18mm，注意各格子设计高度，效果如图 3-141 所示。

（3）“3”位置背景绘制

① 确定电视机位置。建议客户挂 55 寸电视机，尺寸约为 1200mm×700mm，旁边需要留有空间（大小自定），以备后期安装和维修等，电视机中心距离地面高度 1000mm 左右。通过测量，右侧金属条边缘到左侧隔板柜边缘距离为 4008mm，将其分成五份（尺寸各人可有区别），效果如图 3-142 所示。

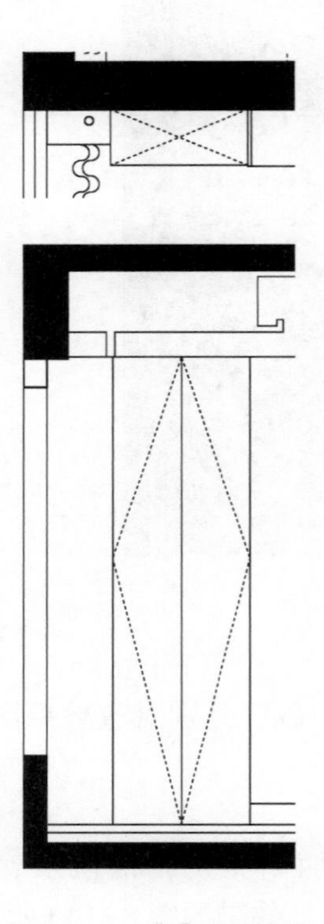

图 3-140 “1”位置造型

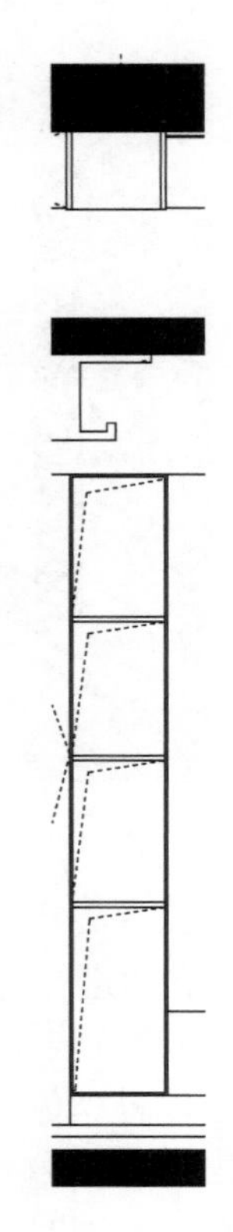

图 3-141 “2”位置造型

② 绘制电视框造型。玫瑰金电视框周边为 8mm 宽，两端分别与瓷砖缝对齐，效果如图 3-143 所示。

（4）“4”位置造型绘制

通过效果图 3-144 可知，“4”位置的造型分为木饰面拉槽和茶镜两个主要材料，我们先定出两个造型的尺寸；在茶镜造型下方还有一条瓷砖造型，我们可以先分割造型，再调整高度，效果如图 3-145 所示。

（5）“5”位置造型绘制

“5”位置没有特殊造型，只是铺贴了瓷砖。

通过以上步骤，最终电视背景立面的造型便确定了，效果如图 3-146 所示。

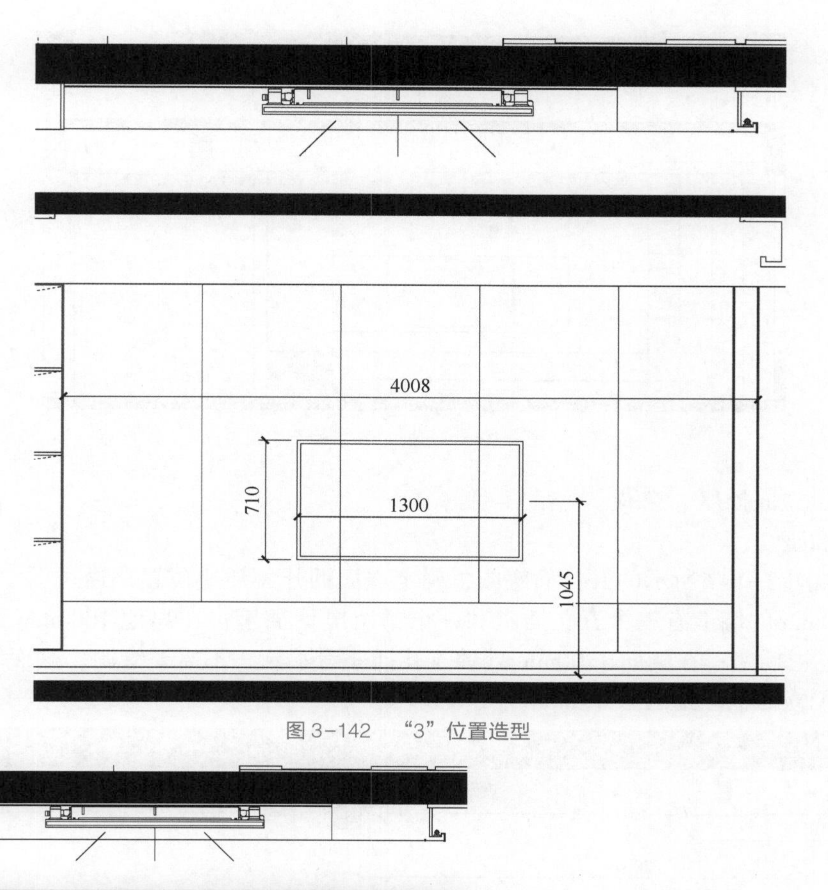

图 3-142　“3”位置造型

图 3-143　电视框造型绘制

图 3-144　“4”位置效果

图 3-145　“4”位置造型

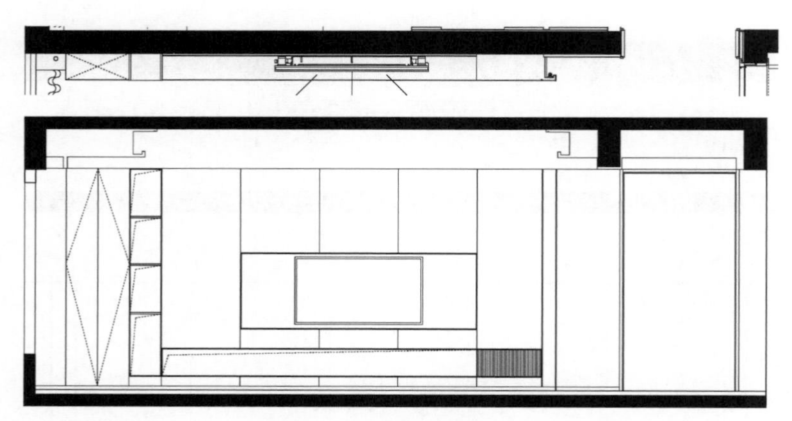

图 3-146　电视背景立面造型

2. 定位立面插座、空调、灯带等

（1）插座

查看如图 3-147 所示的开关插座图，确定立面的开关插座位置。通过图 3-147 可知，在离地 350mm 的墙上有三个五孔插座和一个预留电话插座；在离地 1000mm 的地方有五孔插座和电视插座；在侧面 1200mm 处的五孔插座看不到，不需要绘制。这面墙上没有开关。客厅 A 立面插座造型效果如图 3-148 所示。

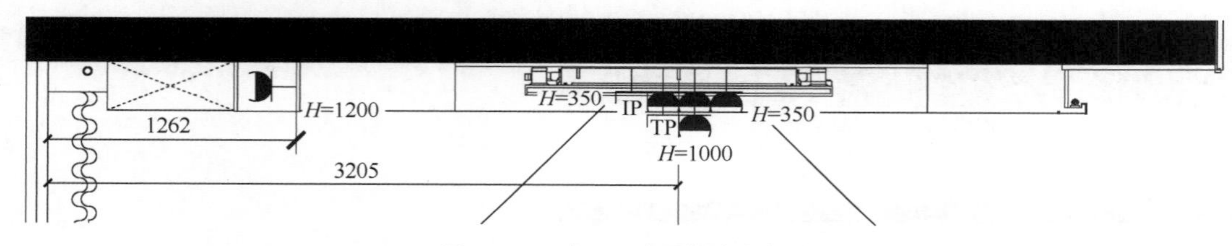

图 3-147　客厅 A 立面插座参考图

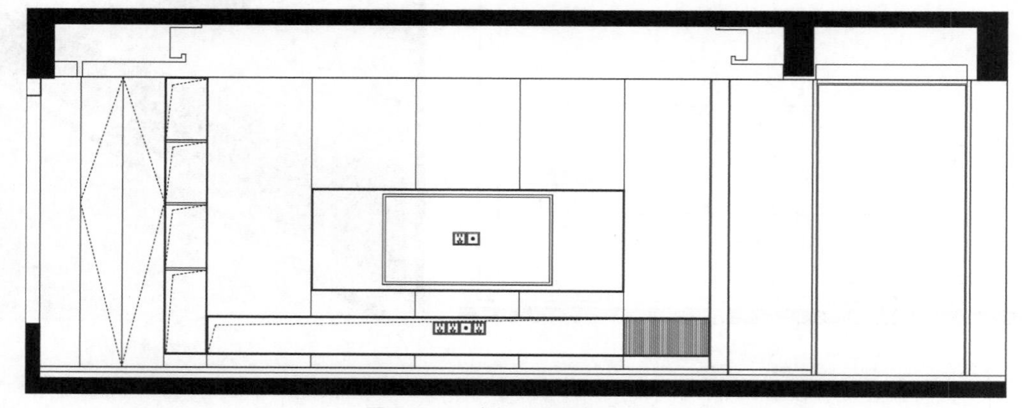

图 3-148　客厅 A 立面插座造型

（2）空调

标注空调出风和回风位置，效果如图 3-149 所示。

（3）灯带

标注立面设计灯带的地方，效果如图 3-150 所示。

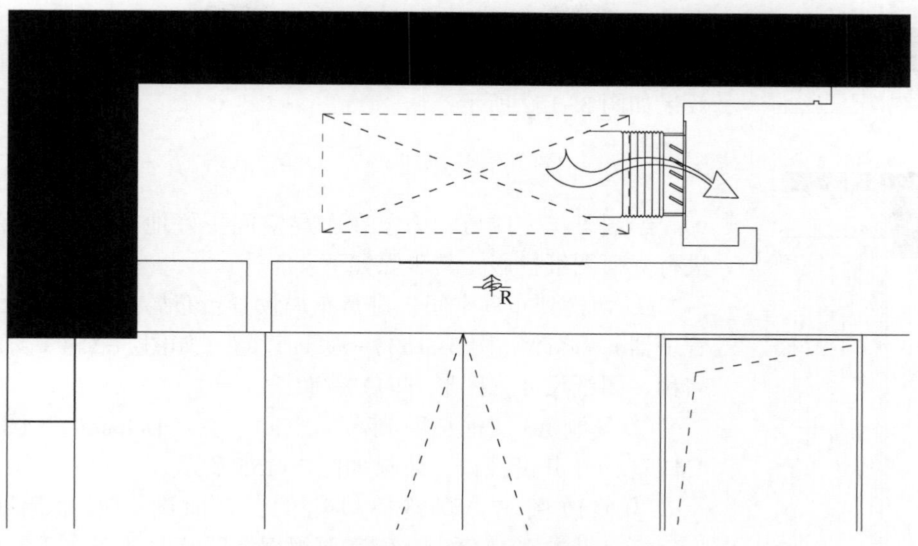

图 3-149　空调出风和回风造型

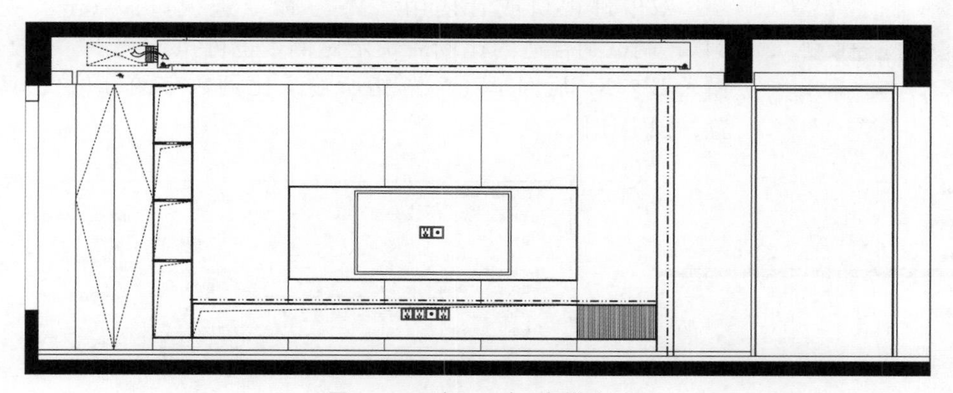

图 3-150　客厅 A 立面灯带造型

3. 填充墙面

填充墙面材质图案，效果如图 3-151 所示。

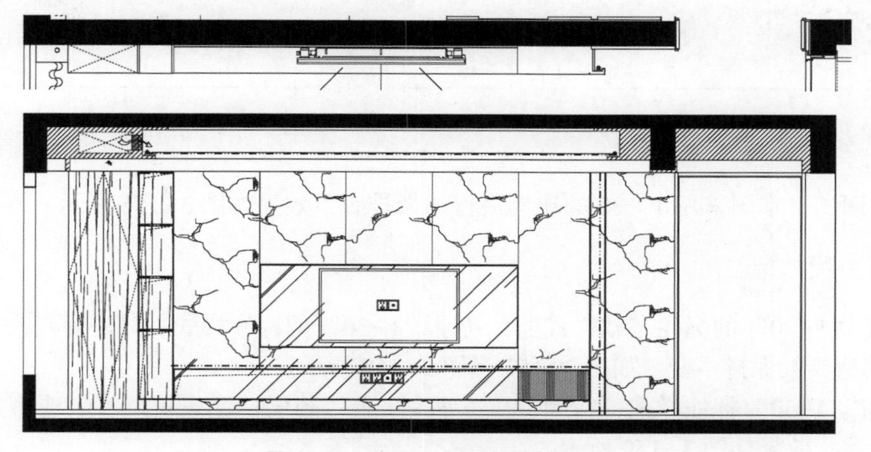

图 3-151　客厅 A 立面墙面材质表现

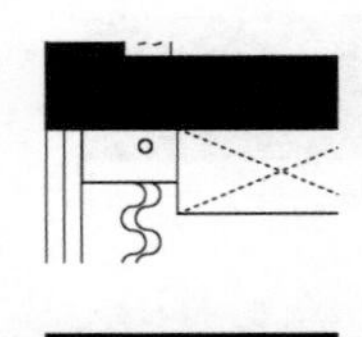

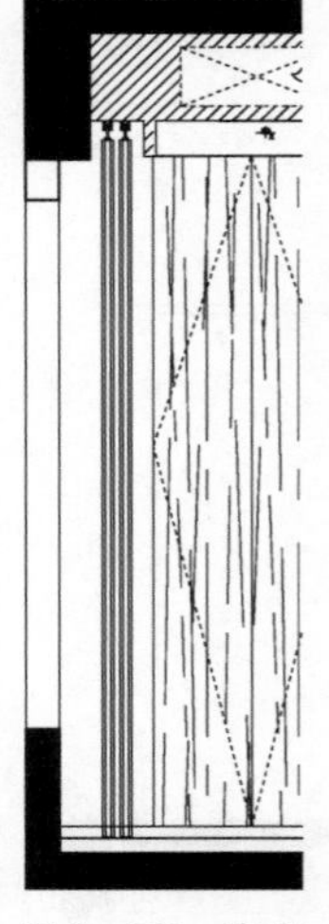

图 3-152 窗帘

4. 放置立面窗帘

放置立面窗帘，调整窗帘高度，窗帘高度一般以垂地为准，效果如图 3-152 所示。

（四）立面图纸排版

绘图工作完成后，为了在布局空间更好地标注其他信息，要进行立面图纸排版，其步骤如下：

① 切换到布局空间，进行布局设置：布局→右键（页面设置管理器）→修改（图 3-153）→页面设置（如图 3-154 所示，设置名称、图纸尺寸、图形方向）→确定。

② 复制 A3 图框粘贴到布局空间，在“Defpoints”图层使用“MV”命令开设视口，效果如图 3-155 所示。

③ 修改图名，调整视口比例。立面图一般采用 1 ∶ 30、1 ∶ 40、1 ∶ 50 的比例，我们需要根据实际情况选择合适的比例。

双击进视口或者使用“MS”命令进视口，点击“视口比例”，调试到合适的比例后锁定比例。也可执行“Z”缩放命令，输入 1/? XP 后回车（“?”指所输入比例数字的分母），调整位置，锁定比例。

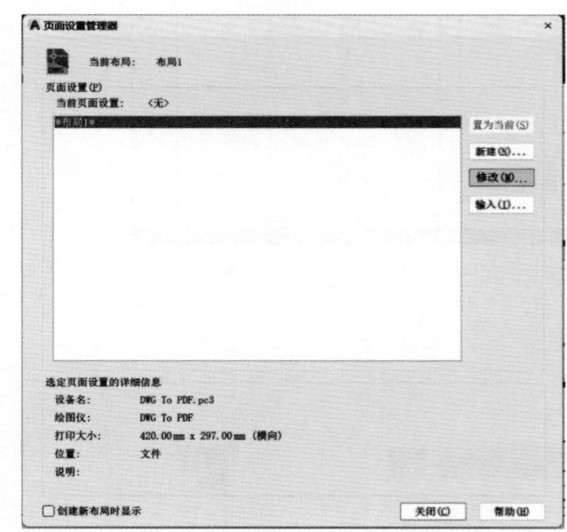

图 3-153 页面设置管理器

图 3-154 页面设置

经过调试，本图采用 1 ∶ 30 的比例进行图纸排版，效果如图 3-156 所示。

（五）尺寸标注

① 在“1-70”的标注基础样式上，新建“1-30”的标注样式。只需要修改全局比例为 30，其他参数保持不变，如图 3-157 和图 3-158 所示。

② 用“1-30”标注样式，在“3-1 立面-标注”图层标注建筑尺寸、造型尺寸及开关点位尺寸，效果如图 3-159 所示。

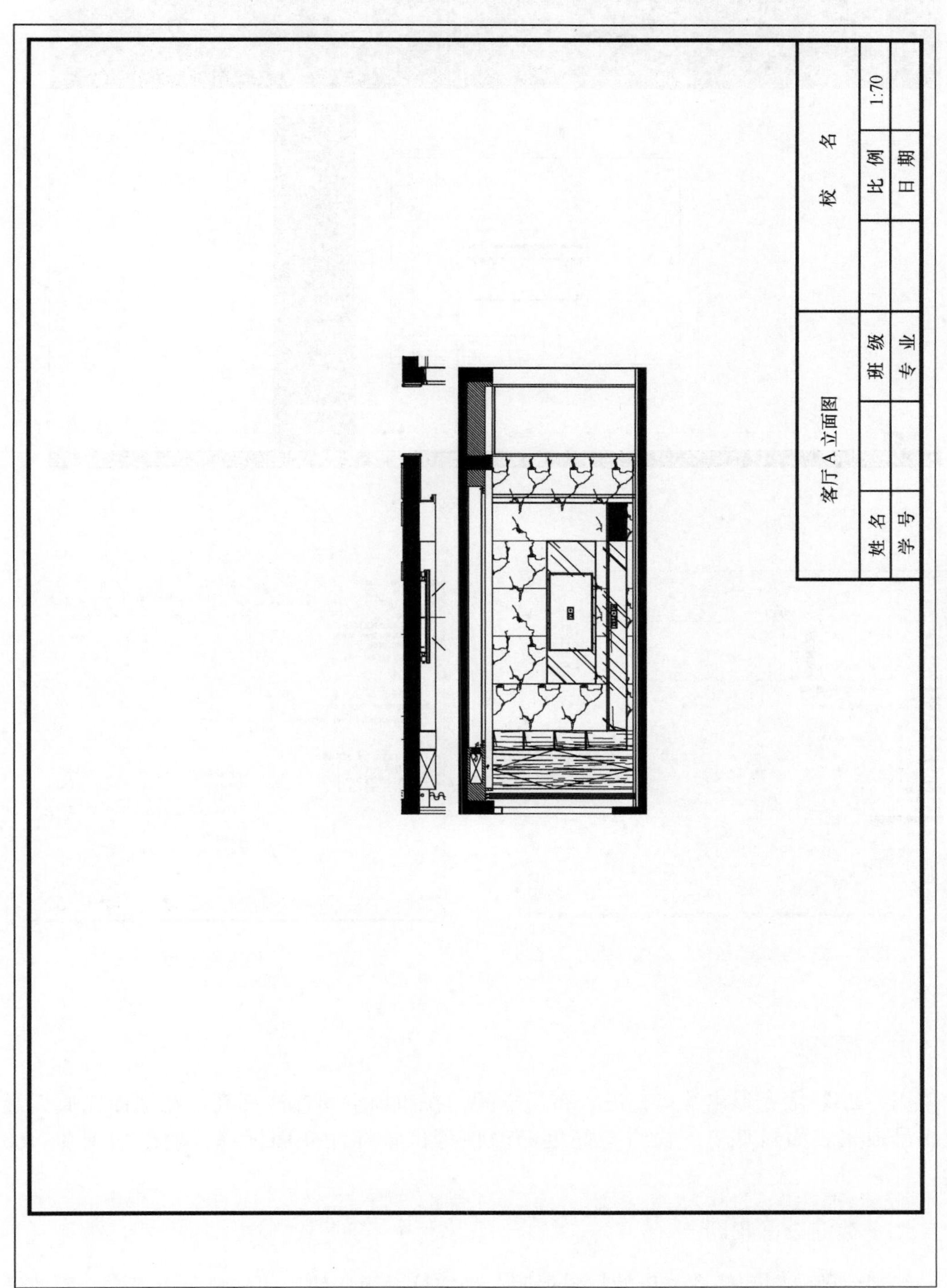

图 3-155　开设视口

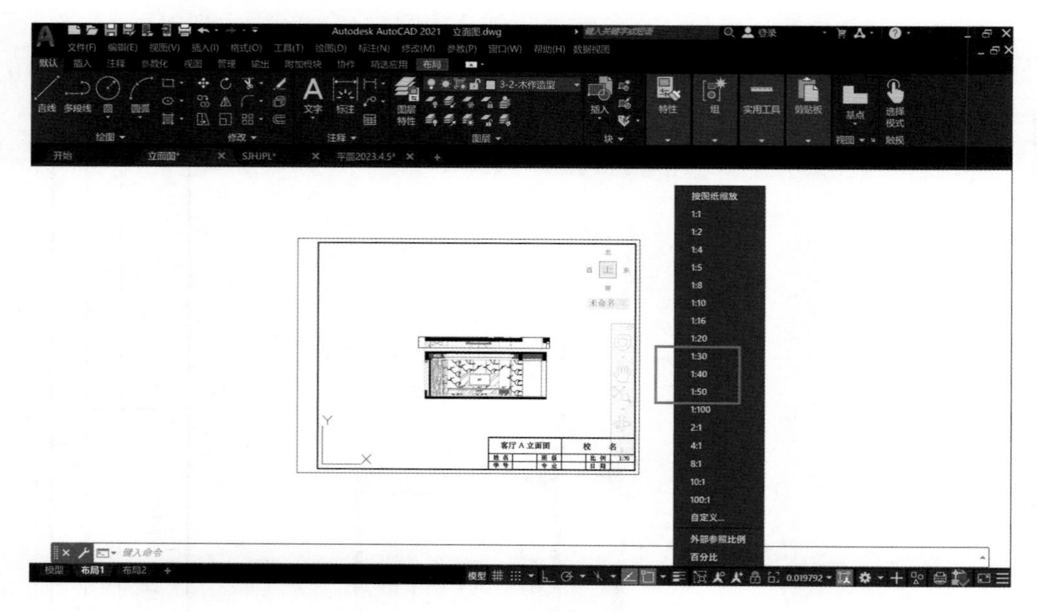

图 3-156 比例调整

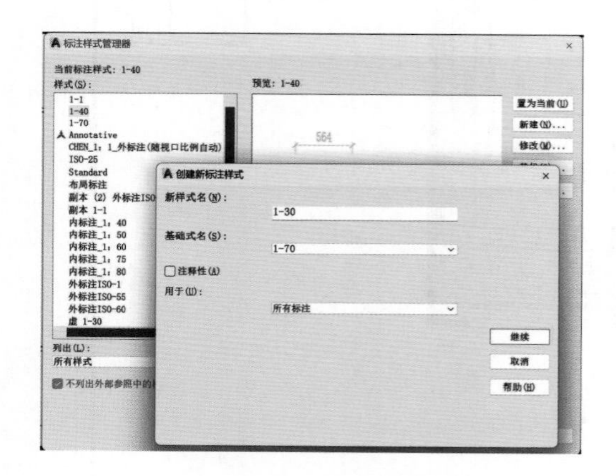

图 3-157 新建“1-30”标注样式

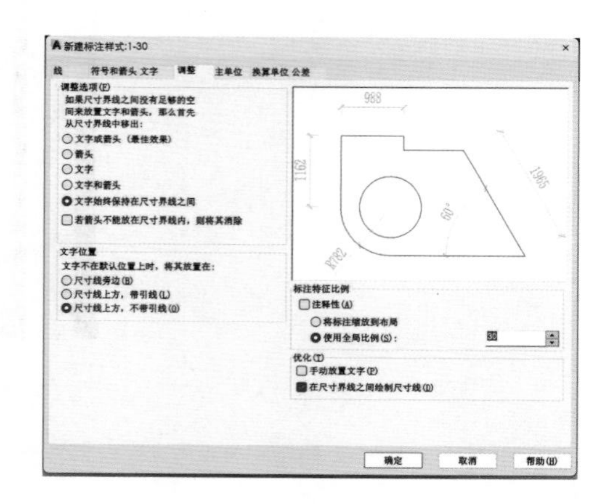

图 3-158 使用全局比例修改

（六）标高

使用“PS”命令退出视口，进入布局空间，在布局空间标注标高。在地面完成面最低点、吊顶完成面最低点、窗帘盒高度和原顶等位置标注立面标高，效果如图 3-160 所示。

（七）标注立面材料

仔细观察效果图和任务书里的材料说明，确定该立面所使用的材料。由于本立面的设计细节多，材料种类也多，所以在标注的时候需要注意不要漏标。客厅 A 立面材料标注效果如图 3-161 所示。

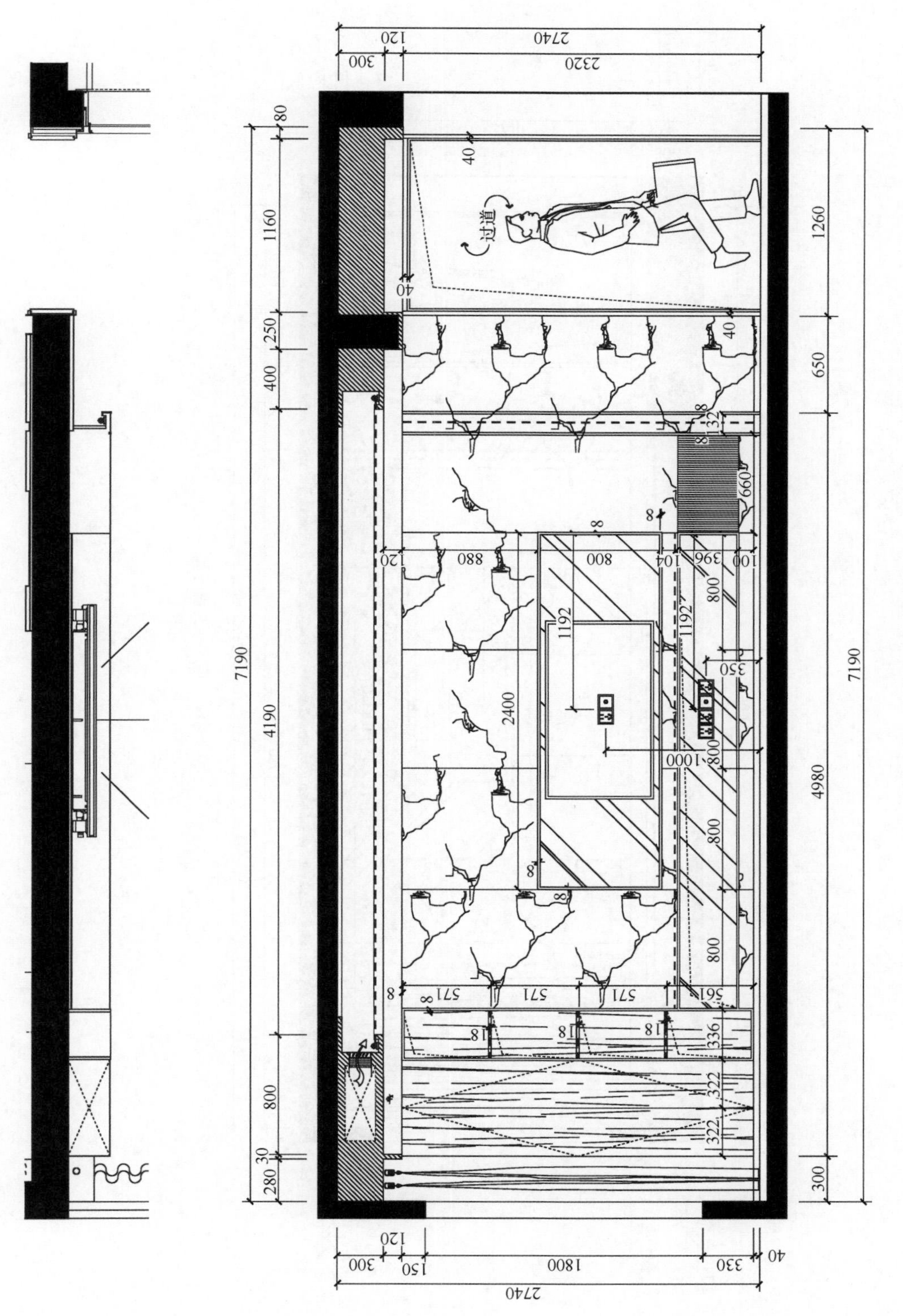

图 3-159　客厅 A 立面尺寸标注

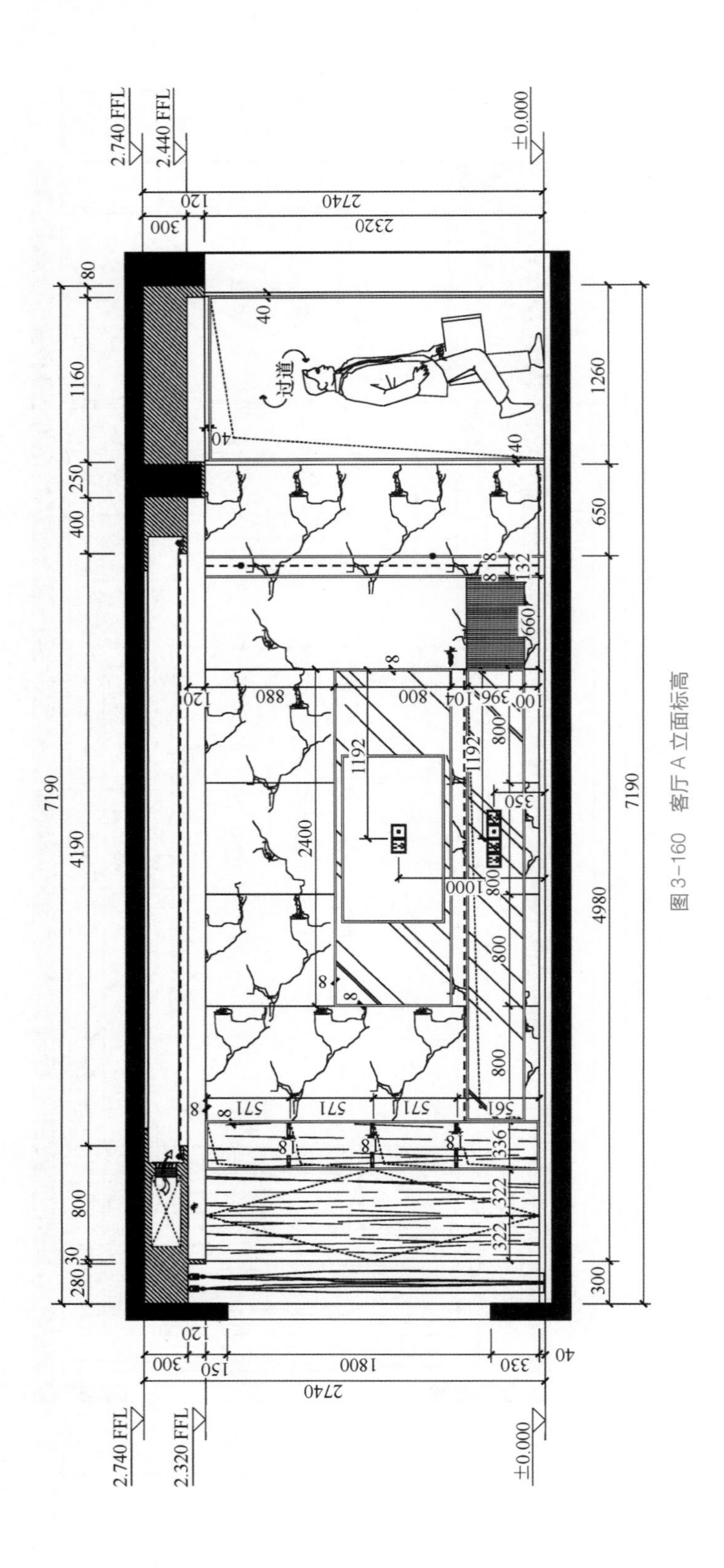

图 3-160 客厅 A 立面标高

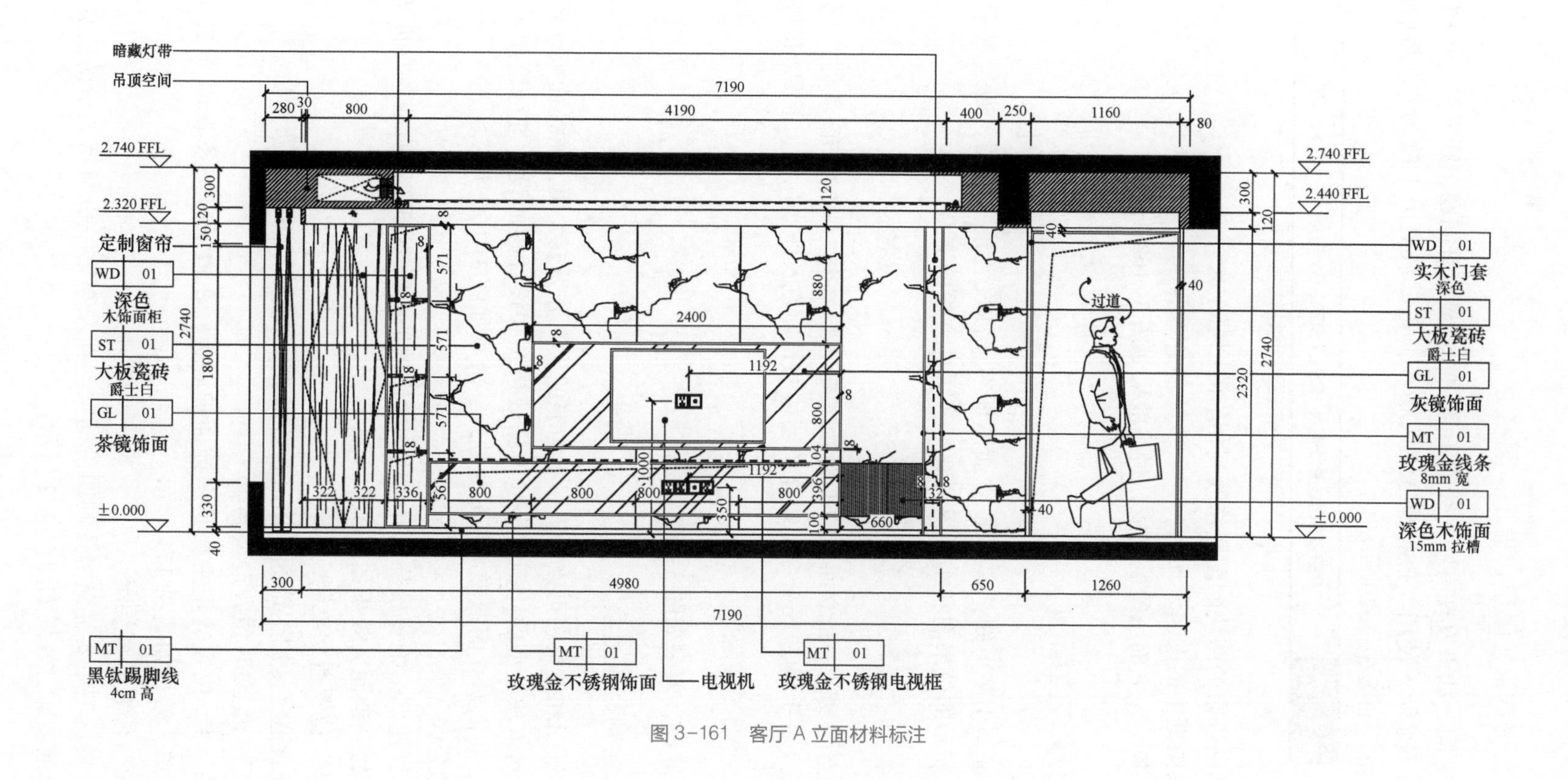

图 3-161　客厅 A 立面材料标注

（八）图形调整（图层、显示、图名）

在布局空间，如果发现有些虚线看不到，或者显示有问题，则需要进行图形调整。

① 虚线不显示：使用“PSLTSCALE”命令，将默认值由 1 改为 0，然后使用“RE”命令进行刷新，如图 3-162 所示。

PSLTSCALE 输入 PSLTSCALE 的新值 <1>: 0

图 3-162 虚线不显示问题处理方法

② 将粘贴进来的图块的图层修改到相应的图层中去。

③ 修改图框中的图名、比例。

至此，客厅 A 立面图绘制完成，最终效果如图 3-163 所示。

二、客厅 C 立面图

结合立面索引图可知，客厅 C 立面图即客厅沙发背景立面图。通过观察如图 3-164 和图 3-165 所示的效果图和实景图，确定客厅 C 立面的造型。

（一）绘制立面墙体结构图——确定建筑墙体和楼板

在模型空间复制一张立面图的平面参照图，然后将“1-1 建筑-墙体”图层置为当前图层。使用“XL”构造线命令确定建筑墙体的长、宽及净高尺寸，效果如图 3-166 所示。

（二）绘制完成面

绘制完成面，效果如图 3-167 所示。

（三）绘制背景造型

通过实景图和效果图可以看出，本面墙的立面分为五大块，由饰面板、瓷砖、金属线条等构成。这五块造型的比例和尺寸根据效果图和设计师的设计进行绘制（每个人都可以不一样）。我们对立面造型进行分块处理，效果如图 3-168 所示。

1. 造型分区

先估算好比例，把背景分成五大块。木作的地方需要预留踢脚线，高度为 40mm，瓷砖的位置可做到地面，效果如图 3-169 所示。

（1）“1”位置造型绘制

“1”位置造型是用木饰面拉槽进行装饰的，效果如图 3-170 所示。

（2）“5”和“3”位置造型绘制

“5”和“3”位置造型主要是木饰面护墙板，在边缘有一条 8mm 的钛金线条收边，造型比较简单，效果如图 3-171 所示。

（3）“2”位置造型绘制

“2”位置造型主要是瓷砖分割四份铺贴，在左起第一份与第二份的交界处嵌了一条玫瑰金不锈钢装饰，效果如图 3-172 所示。

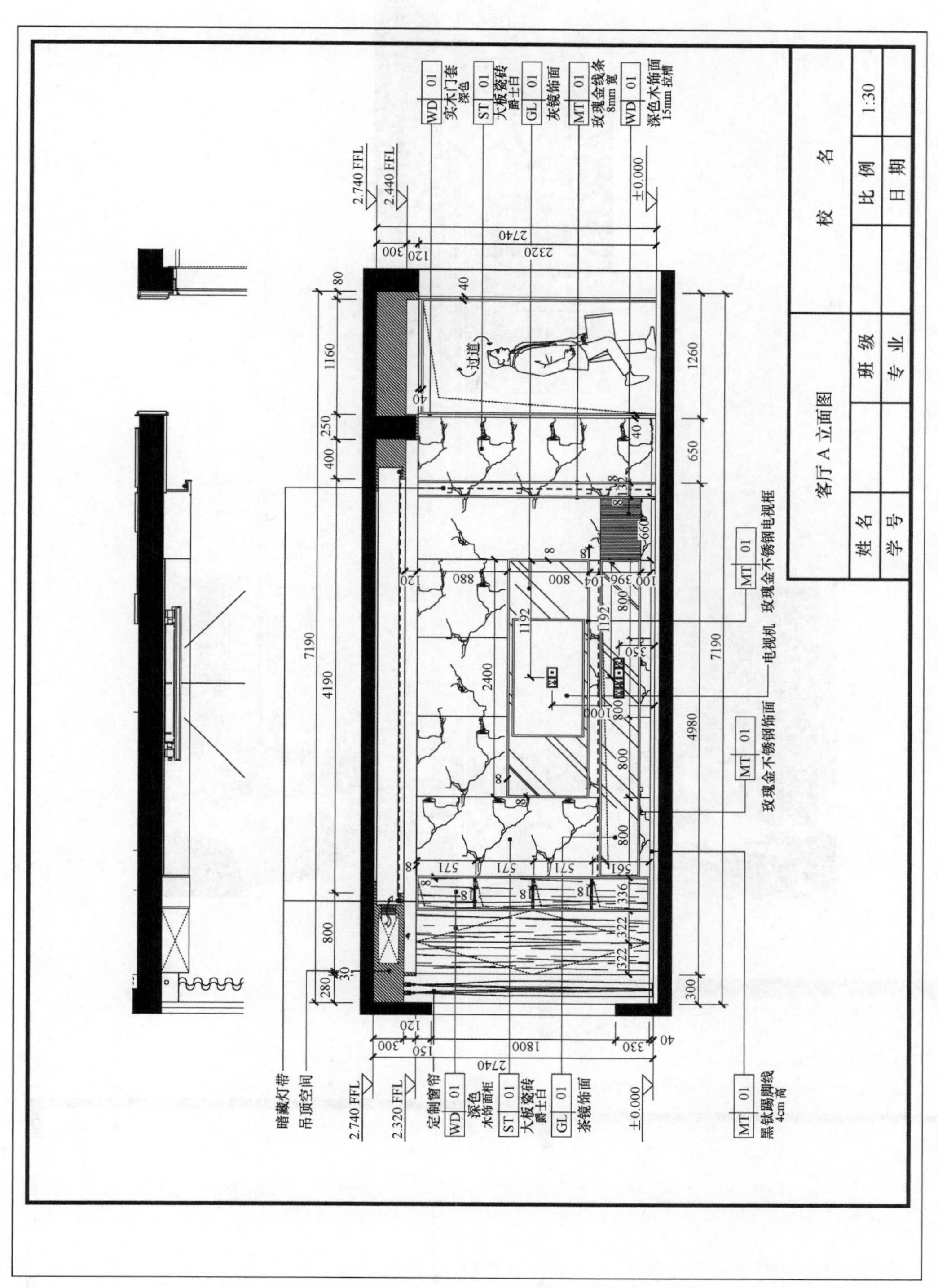

图 3-163　客厅A立面图

图 3-164　客厅 C 立面效果图和实景图（一）

图 3-165　客厅 C 立面效果图和实景图（二）

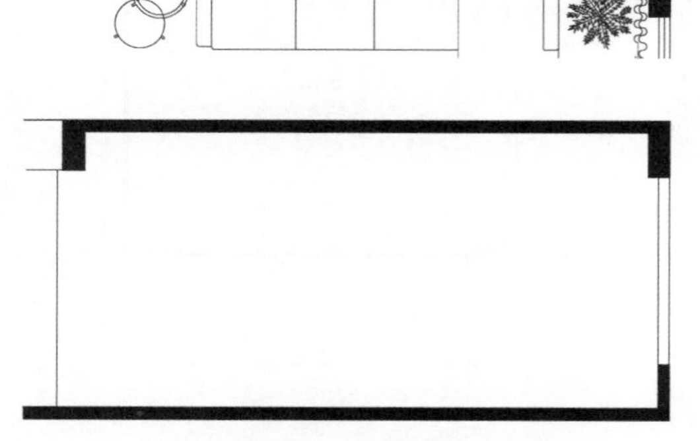

图 3-166　客厅 C 立面墙体和楼板

图 3-167　客厅 C 立面完成面

图 3-168　客厅 C 立面效果参考图区域划分

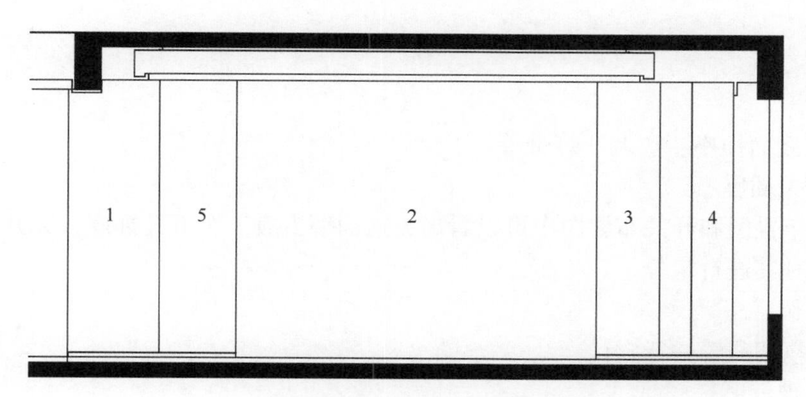

图 3-169　客厅 C 立面造型分区

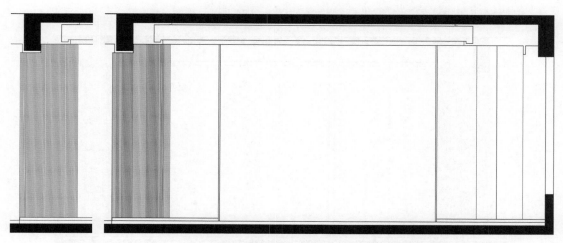

图 3-170　"1"位置造型

图 3-171　"5"和"3"位置造型

（4）"4"位置造型绘制

"4"位置造型有立面灯带、装饰柜和填平的管道。绘制时应注意尺寸比例要美观，效果如图 3-173 所示。

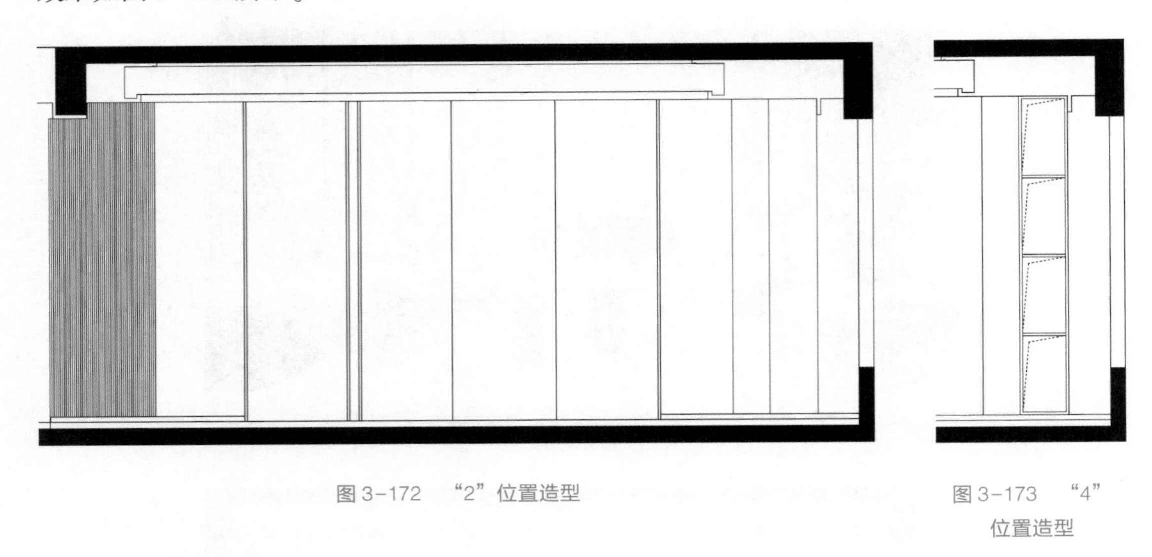

图 3-172 "2"位置造型

图 3-173 "4"位置造型

2. 定位立面插座、空调、灯带等

（1）开关插座

从插座布置图和开关布置图中可以看出，这面墙上有三个五孔插座，无开关面板，我们在立面上对其进行定位。

（2）空调

对中央空调位置进行定位。

（3）灯带

对立面灯带进行定位。

定位立面插座、空调、灯带后，效果如图 3-174 所示。

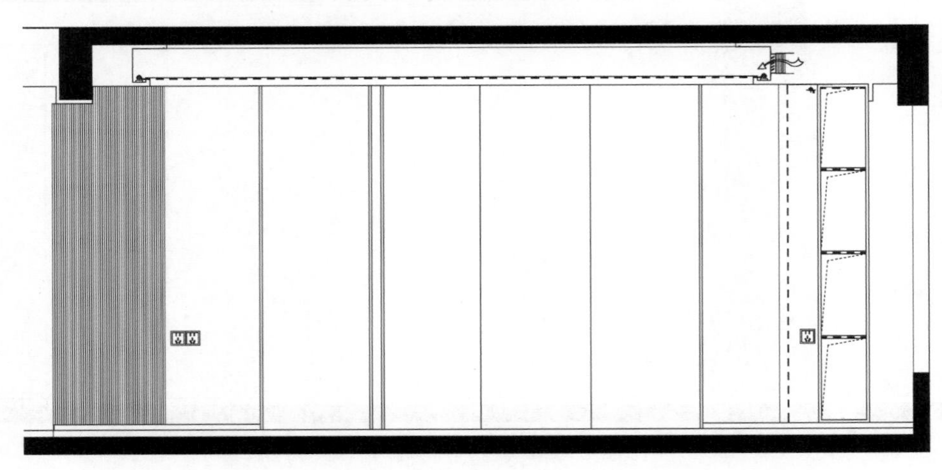

图 3-174 客厅 C 立面插座、空调、灯带定位

3. 填充墙面

填充墙面材质图案，效果如图 3-175 所示。

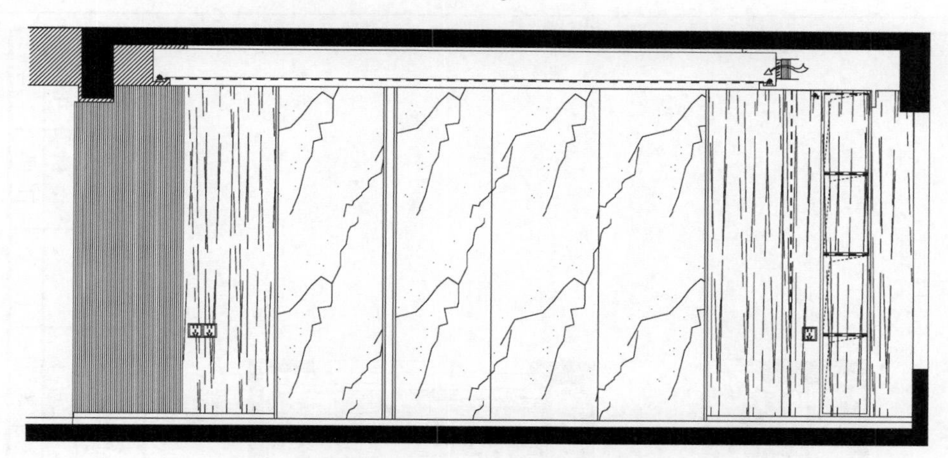

图 3-175　客厅 C 立面墙面材质表现

4. 放置立面窗帘

放置立面窗帘，调整窗帘高度，窗帘高度一般以垂地为准。

（四）立面图纸排版

切换到布局空间，复制 A3 图框粘贴到布局空间，在“Defpoints”图层使用“MV”命令开设视口，然后修改图名，调整视口比例，效果如图 3-176 所示。

（五）尺寸标注

用“1-30”标注样式，在“3-1 立面-标注”图层标注建筑尺寸、造型尺寸及开关点位尺寸。

（六）标高

使用“PS”命令退出视口，进入布局空间，在布局空间标注标高。在地面完成面最低点、吊顶完成面最低点、窗帘盒高度和原顶等位置标注立面标高。

（七）标注立面材料

立面材料的标注与客厅 A 立面材料的标注方法相同。

（八）图形调整（图层、显示、图名、折断线）

进行图形调整，最终效果如图 3-177 所示。

三、餐厅 A 立面图

通过观察如图 3-178 所示的效果图和实景图，可知餐厅 A 立面造型相对简单。该立面主要分成两大块，一块是护墙板加黑钛线条造型，另一块是深色木饰面造型。

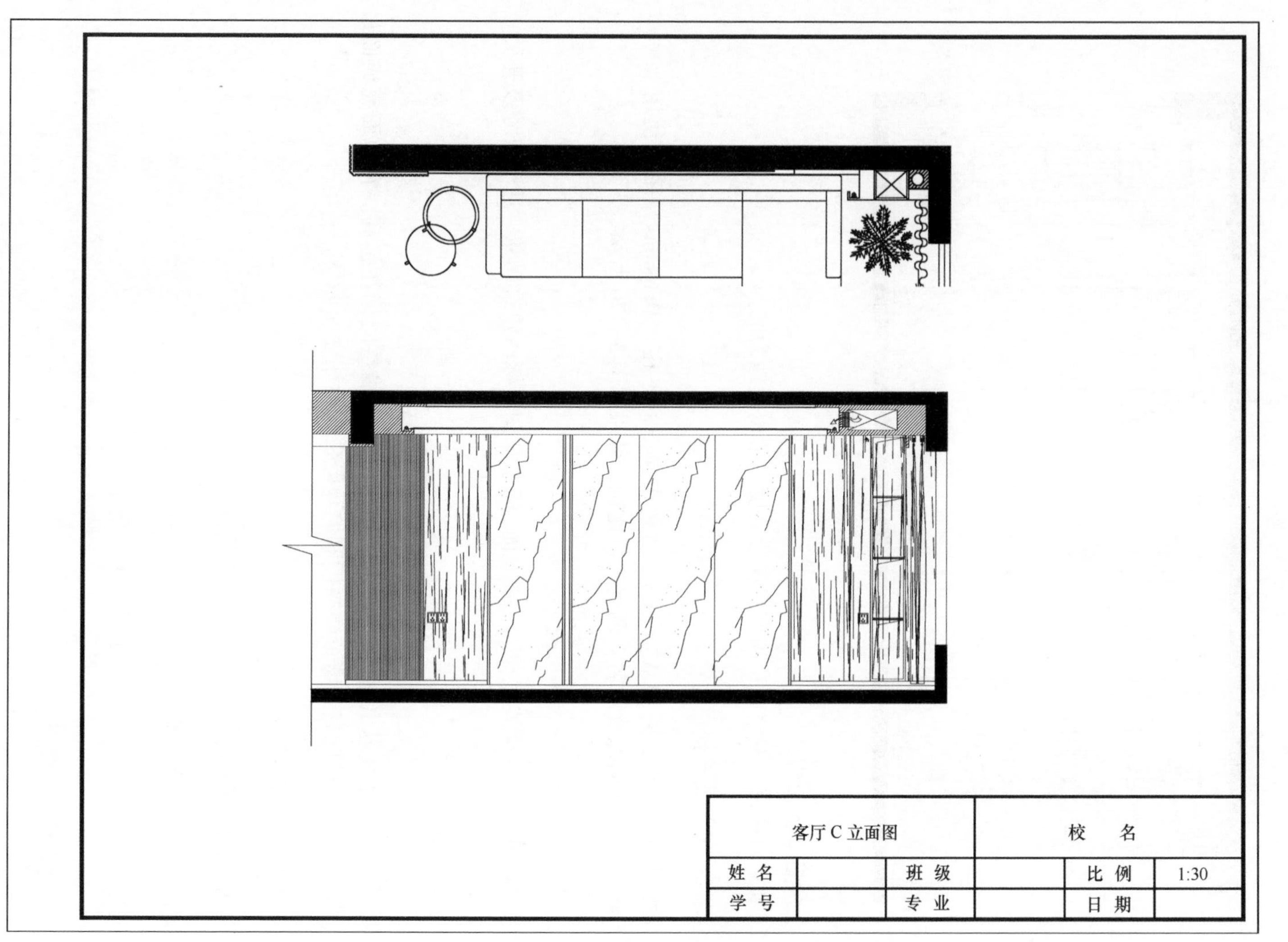

客厅C立面图
校 名
姓 名
班 级
比 例
1:30
学 号
专 业
日 期

图 3-176 客厅 C 立面图纸排版

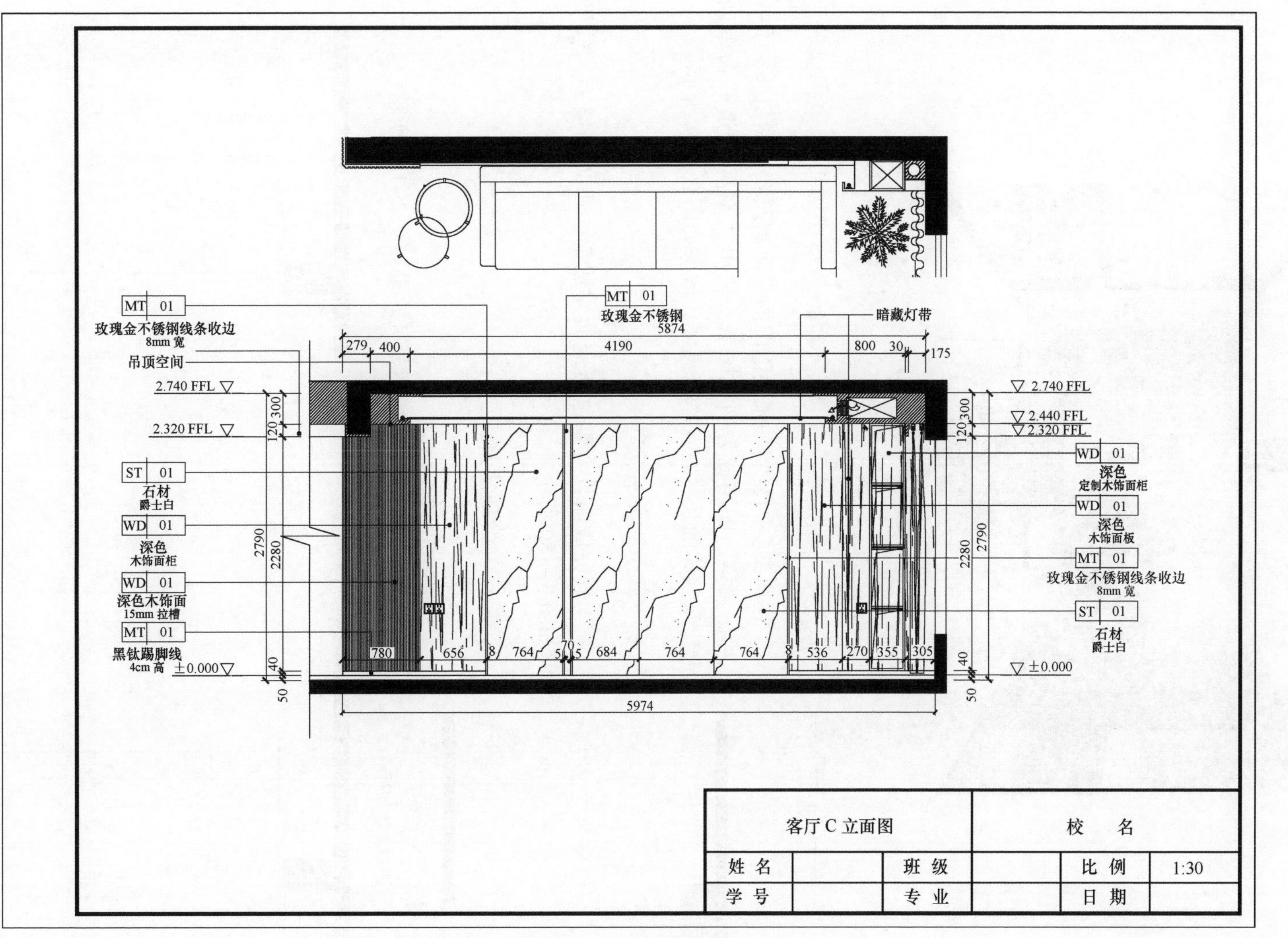

图3-177　客厅C立面图

图 3-178　餐厅 A 立面分区效果图

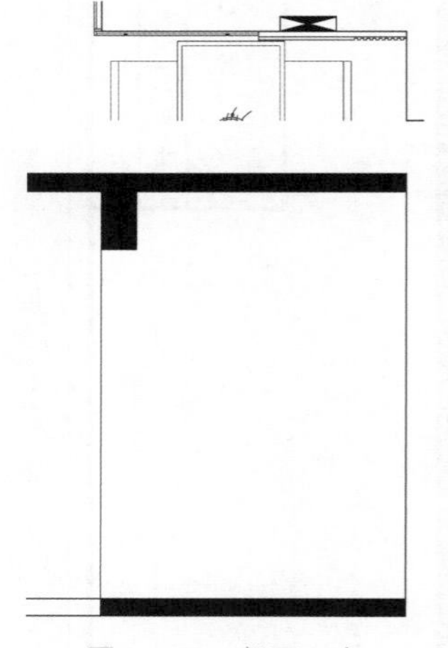

图 3-179　餐厅 A 立面墙体和楼板

（一）绘制立面墙体结构图——确定建筑墙体和楼板

在模型空间复制一张立面图的平面参照图，然后将“1-1 建筑-墙体”图层置为当前图层。使用“XL”构造线命令确定建筑墙体的长、宽及净高尺寸，效果如图 3-179 所示。

（二）绘制完成面

绘制完成面，主要包括地面完成面、吊顶和墙面，效果图如图 3-180 所示。

（三）绘制背景造型

1. 造型分区

对餐厅 A 立面进行造型分区效果如图 3-181 所示。

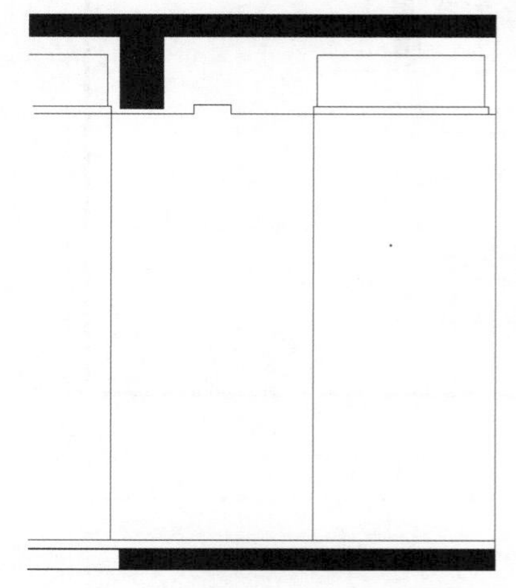

图 3-180　餐厅 A 立面完成面

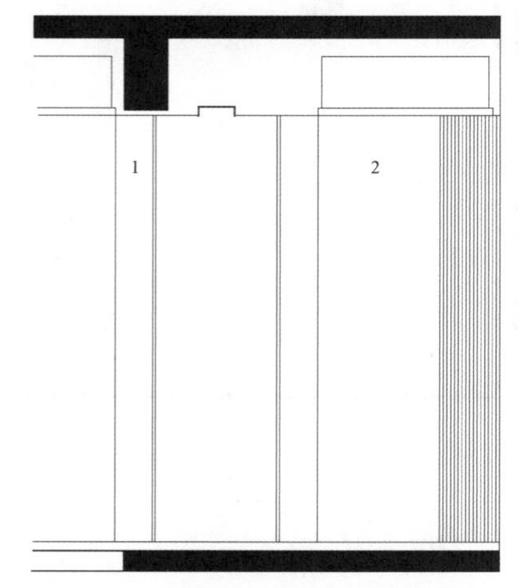

图 3-181　餐厅 A 立面造型分区及绘制

（1）“1”位置造型绘制

“1”位置造型比较简单，为护墙板造型上有两条黑钛线条装饰，如图 3-181 中“1”所示。

（2）“2”位置造型绘制

“2”位置造型有一段平面木饰面板和一段拉槽的饰面板，如图 3-181 中“2”所示。

2. 定位立面插座、空调等

（1）插座

从插座布置图和开关布置图中可以看出，这面墙上的开关和插座设计，在距离右侧墙边 490mm、高 1200mm 的位置有两个五孔插座，无开关设计。

（2）空调

对空调位置进行定位。

定位立面插座、空调后，效果如图 3-182 所示。

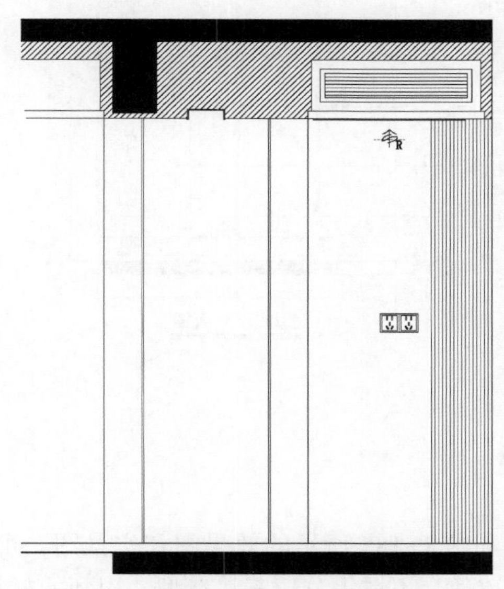

图 3-182　餐厅 A 立面插座、空调定位

3. 填充墙面

填充墙面材质图案。

（四）立面图纸排版

这张图宽度比较小，所以排版时可以考虑和其他图纸放在一起。

（五）尺寸标注

用“1-30”标注样式，在“3-1 立面-标注”图层标注建筑尺寸、造型尺寸及开关点位尺寸。

（六）标高

使用“PS”命令退出视口，进入布局空间，在布局空间标注标高。

（七）标注立面材料

立面材料的标注与客厅 A 立面材料的标注方法相同。

（八）图形调整（图层、显示、图名）

进行图形调整，最终效果如图 3-183 所示。

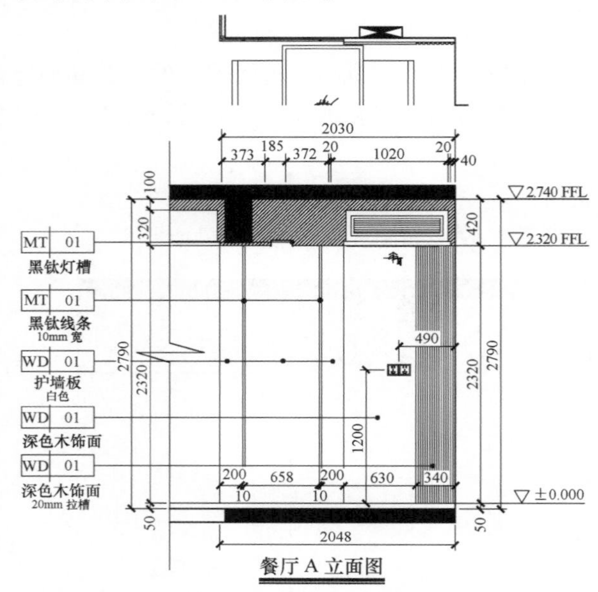

图 3-183 餐厅 A 立面图

四、主卧 A 立面图

通过观察如图 3-184 和图 3-185 所示的效果图和实景图，可知主卧 A 立面造型相对简单。该立面主要由两条玫瑰金不锈钢分成三块造型，用到的材料主要是灰蓝色硬包和玫瑰金不锈钢。

图 3-184 主卧 A 立面效果图和实景图（一）

图 3-185 主卧 A 立面效果图和实景图（二）

（一）绘制立面墙体结构图——确定建筑墙体和楼板

在模型空间复制一张平面参照图，然后将“1-1 建筑-墙体”图层置为当前图层。使用“XL”构造线命令确定建筑墙体的长、宽及净高尺寸，效果如图 3-186 所示。

（二）绘制完成面

绘制完成面，主要包括地面完成面、吊顶和墙面，效果图如图 3-187 所示。

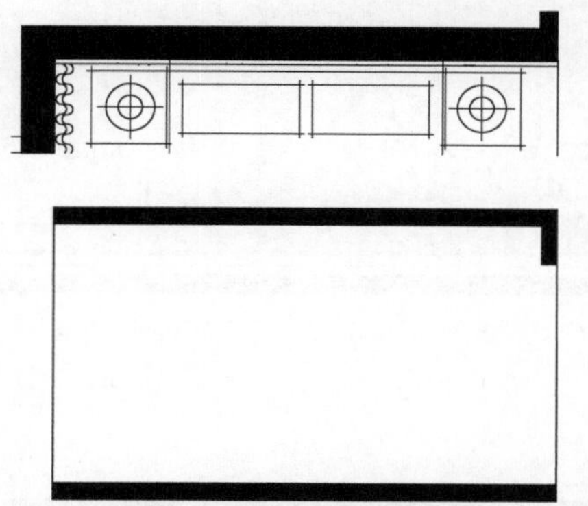

图 3-186　主卧 A 立面墙体和楼板

图 3-187　主卧 A 立面完成面

（三）绘制背景造型

通过平面家具定位图，我们可以看出主卧的床是 2000mm 宽，结合效果图和实景图可知两条不锈钢装饰条之间的距离是大于 2000mm 的，否则装饰条就不会超过床两侧。

1. 造型绘制

① 顺着窗帘盒位置画一条垂线，把立面造型的中心定在除窗帘盒宽度以外的地方，这样会更好看，造型会更居中，具体尺寸可自行定位。

② 中间的硬包被分成宽度不一的五块，效果如图 3-188 所示。

③ 右侧不锈钢装饰造型与左侧不一致，我们对右侧进行修改，效果如图 3-189 所示。

④ 绘制踢脚线，效果如图 3-190 所示。

2. 定位立面开关插座、灯带等

（1）开关插座

从插座布置图和开关布置图中可以看出，这面墙上的开关和插座设计，在距离右侧墙边 554mm、高 650mm 的位置有两个五孔插座和一个三控开关。立面开关插座效果如图 3-191 所示。

（2）灯带

对立面灯带进行定位，效果如图 3-192 所示。

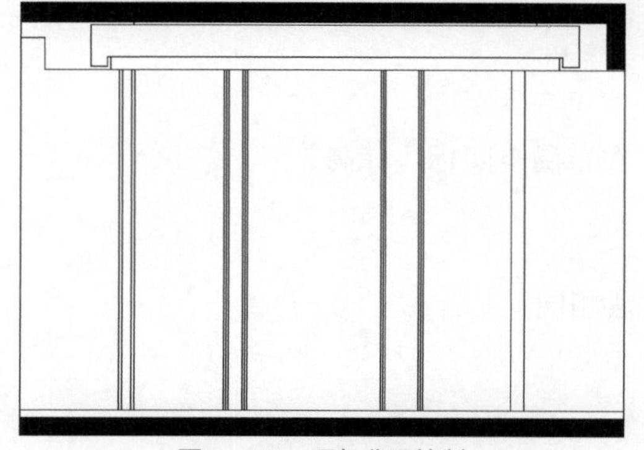

图 3-188　硬包分区绘制

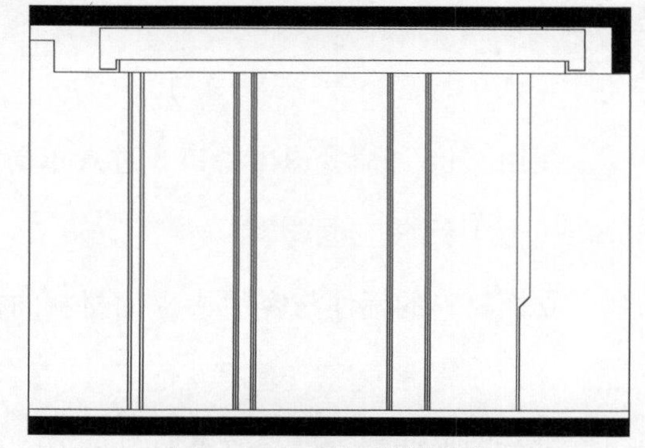

图 3-189　右侧不锈钢造型

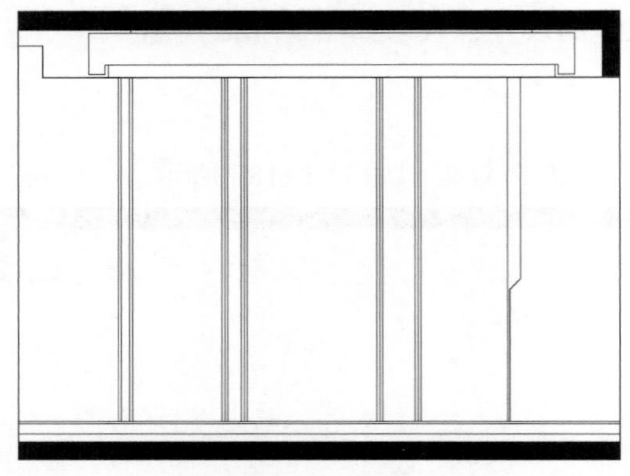
图 3-190　踢脚线绘制

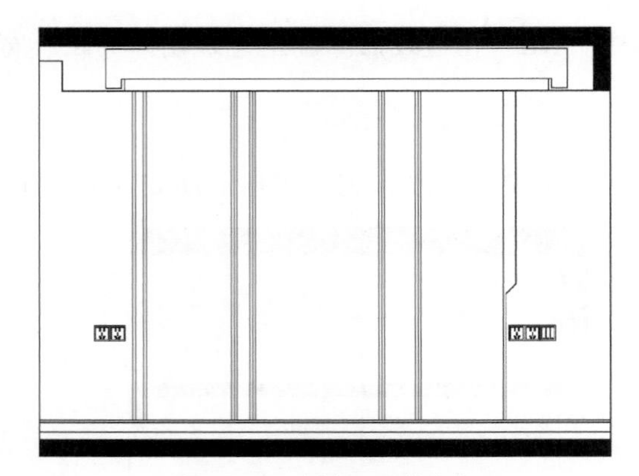
图 3-191　插座、开关定位

3. 填充墙面

填充墙面材质图案，效果如图 3-193 所示。

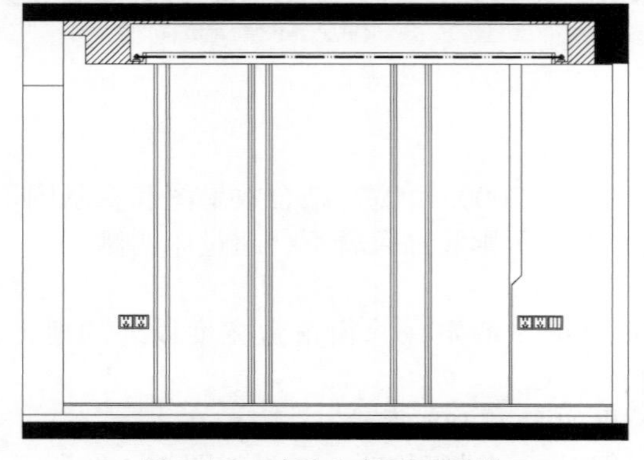
图 3-192　主卧 A 立面灯带定位

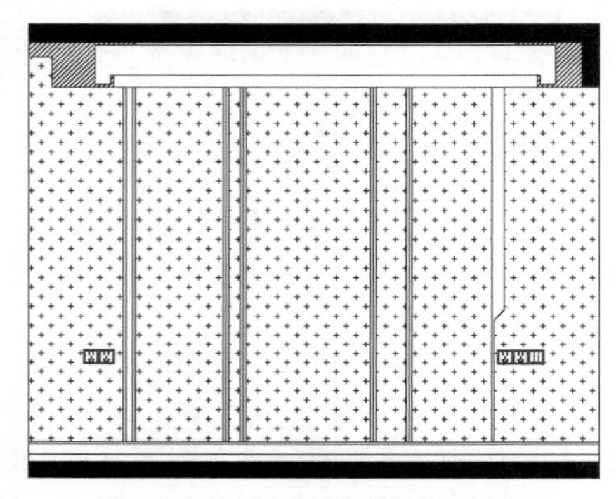
图 3-193　主卧 A 立面墙面材质表现

（四）立面图纸排版

这张图纸宽度比较小，所以排版时与餐厅 A 立面图放在了一起。

（五）尺寸标注

用“1-30”标注样式，在“3-1 立面-标注”图层标注建筑尺寸、造型尺寸及开关点位尺寸。

（六）标高

使用“PS”命令退出视口，进入布局空间，在布局空间标注标高。

（七）标注立面材料

立面材料的标注与客厅 A 立面材料的标注方法相同。

（八）图形调整（图层、显示、图名）

进行图形调整，最终效果如图 3-194 所示。

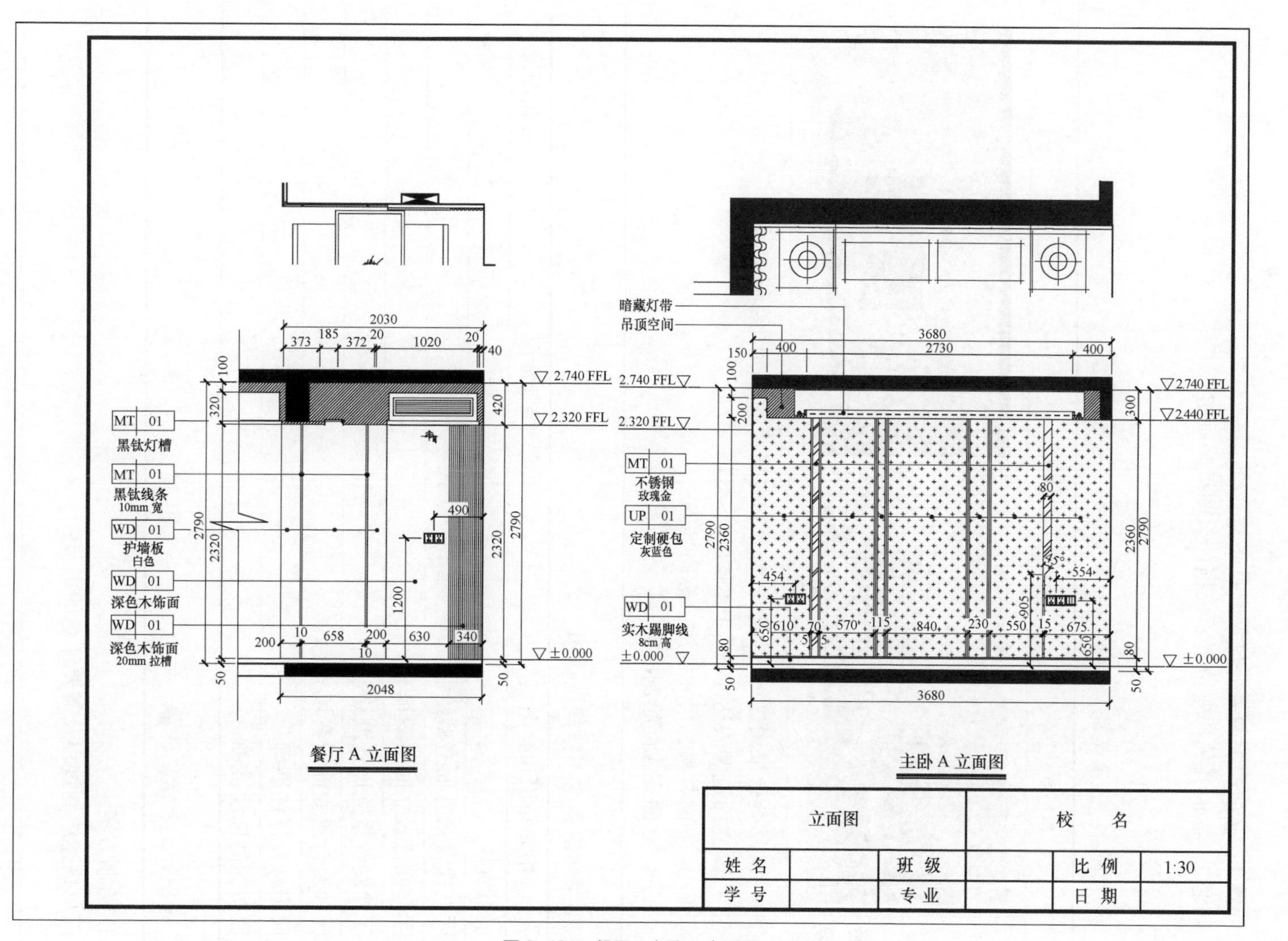

图 3-194　餐厅、主卧 A 立面图

思考

问题1：立面图绘制需要放置家具吗？

问题2：立面开关插座位置要根据什么图纸来确定？

拓展

☞ 实训项目：云顶至尊项目施工图深化设计——立面图

<table>
<tr><th colspan="2">工作任务</th></tr>
<tr><td rowspan="2">任务书要求</td><td> </td></tr>
<tr><td>1. 结合效果图进行客厅沙发背景和电视背景立面图绘制
2. 立面造型表达准确，比例协调、美观
3. 立面材料、尺寸标注、标高准确
4. 立面完成面绘制准确</td></tr>
</table>

☞ 相关知识和绘图技能确认单

相关知识和绘图点	绘制情况	自我评价
图层设置		
客厅电视背景立面造型绘制		
客厅电视背景立面图案填充		
客厅沙发背景立面造型绘制		
客厅沙发背景立面图案填充		
立面图材料标注准确		
立面图标高标注准确		

☞ 绘图计划制定工作单

1. 绘制方案

简单描述绘制过程及需要注意的细节：

____

____

____

2. 绘图涉及的 AutoCAD 快捷键

移动	M	直线	L

☞ 绘图计划实施工作单

主要绘制内容	实施情况（附图纸）	完成时间（min）

☞ 图纸绘制记录与评分

绘制项目	内容	评分标准	记录	评分
绘图准备（10 分）	参考图纸准备 图层设置	图层命名是否清晰、规范		
客厅电视背景立面（40 分）	造型绘制	准确、规范、完整		
	其他标注	准确、规范、完整		
客厅沙发背景立面（40 分）	造型绘制	准确、规范、完整		
	其他标注	准确、规范、完整		
出图（10 分）	图纸排版	是否美观、完整、规范		

☞ 提交与改进工作单

改进要点记录		
作品提交	绘制的图纸	展示（附图纸）

任务十一
剖面图和详图

工作任务导入

工作任务	
任务书要求	1  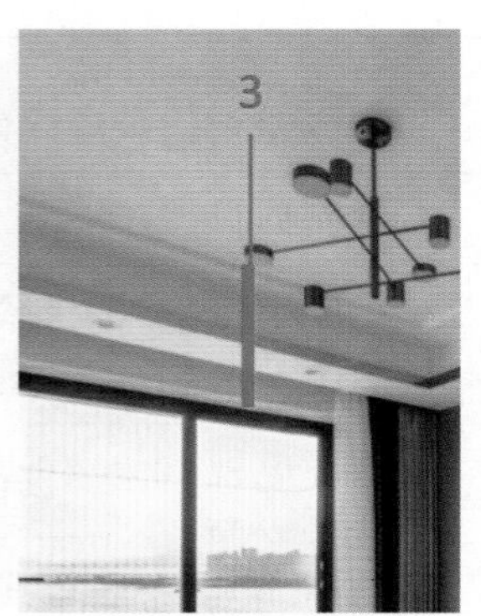
	1. 结合效果图、立面图等绘制以上三个剖面 2. 施工工艺表达准确 3. 结构表达清晰
岗位技能	1. 了解施工工艺 2. 了解装饰材料的特性 3. 具备吃苦耐劳、谦虚谨慎、精益求精的设计精神
工作任务要求	任务要求：明确任务书要求，绘制三个剖面 工作任务： 一、客厅沙发背景剖面图（编号 1） 二、客厅明装窗帘盒带风口剖面图（编号 2） 三、主卧暗装窗帘盒剖面图（编号 3）
工作标准	1. “1+X 室内设计”职业技能等级标准 2. 《房屋建筑制图统一标准》(GB/T 50001—2017) 3. 《建筑制图标准》(GB/T 50104—2010)

知识导入

问题1：常见的窗帘盒做法有哪些？

问题2：明装窗帘盒和暗装窗帘盒的区别是什么？

知识准备

（一）剖面图

剖面图是假想用一个剖切平面将物体剖开，移去介于观察者和剖切平面之间的部分，对于剩余的部分向投影面所作的正投影图。

（二）详图

对建筑的细部或构配件，用较大的比例将其形状、大小、材料和做法，按正投影图的画法，详细地表示出来的图样，称为建筑详图，简称详图。

（三）图层设置

所需图层设置参考表3-12（可自行设置图层名称、颜色等）。

表3-12　图层设置内容

图层名称	颜色	线型	线宽
6-1-1 建筑-剖面	41	Continuous	默认

一、客厅沙发背景剖面图（编号1）

（一）剖切符号绘制

在客厅立面图中画出剖切符号，圆圈上部数字为图纸编号，下部数字为详图所在的图纸的页码。因为本项目图纸还未全部完成，所以可先不进行编号修改，等图纸完成后再改，如图3-195所示。

（二）确定造型关系

观察实景图中该面墙的墙面造型，如图3-196所示，这五块造型是有前后关系的，所以在定平面时应注意前后的尺寸。我们可根据立面图确定这五块造型的宽度和进深尺寸。

（三）剖面图绘制方法和步骤

① 复制砌墙图中该面墙体的部分，如图3-197所示。

② 复制一张客厅沙发背景立面图（客厅C立面图），可以删除图上不必要的信息，如材料填充等。用已绘制完成的立面图和图3-196进行对应，用构造线命令定位造型宽度尺寸和进深尺寸，效果如图3-198所示。

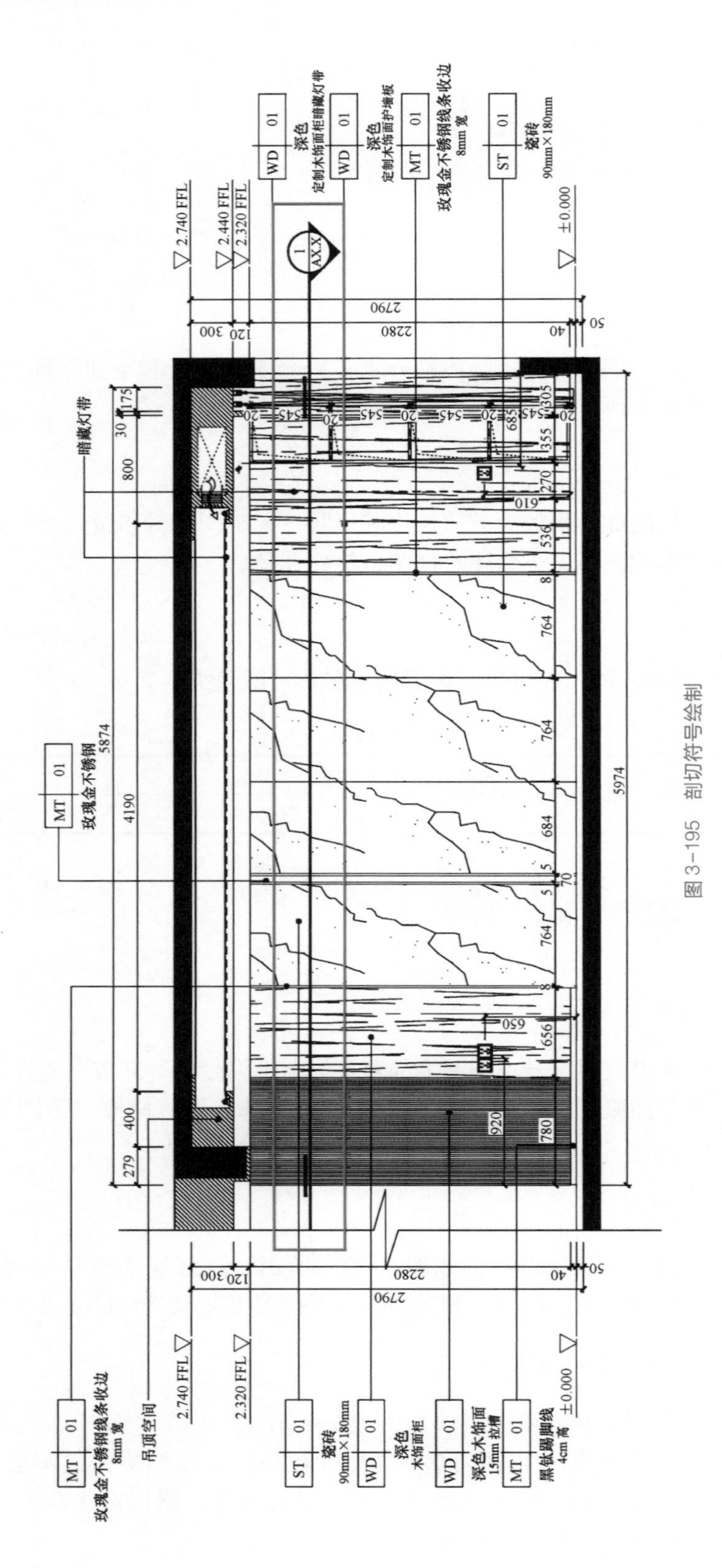

图 3-195 剖切符号绘制

图 3-196 墙面造型分区

图 3-197 墙体准备

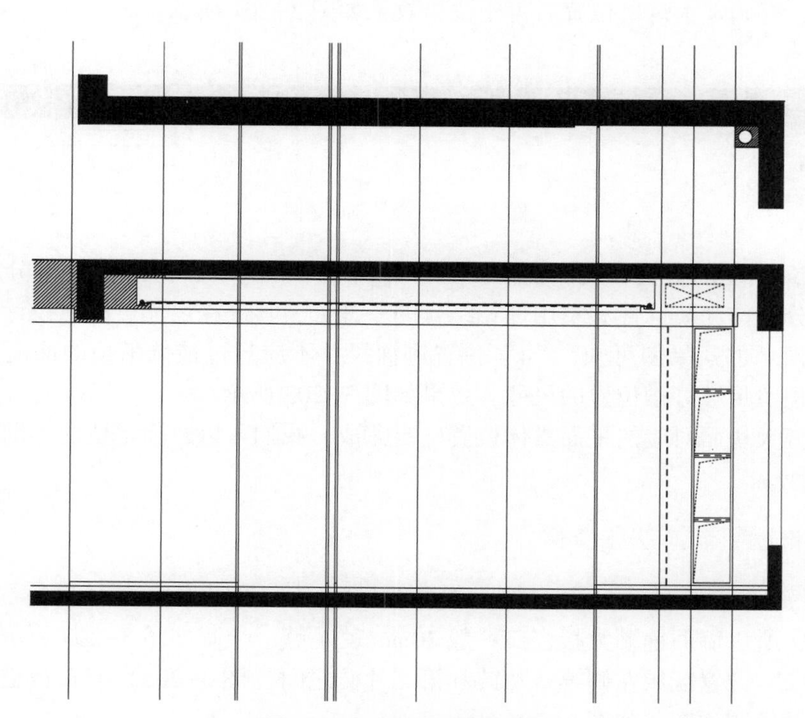

图 3-198 立面造型尺寸定位

③ 确定大板瓷砖造型尺寸（图 3-196 所示“2”位置部分）。我们可以先把平面和立面内的造型尺寸进行对应，然后确定所需的进深尺寸。可从最贴近墙面的大板瓷砖开始确定，墙面铺贴瓷砖的厚度需要 30mm 左右，所以我们先定为 30mm，左右宽度根据图 3-198 造型来定，效果如图 3-199 所示。

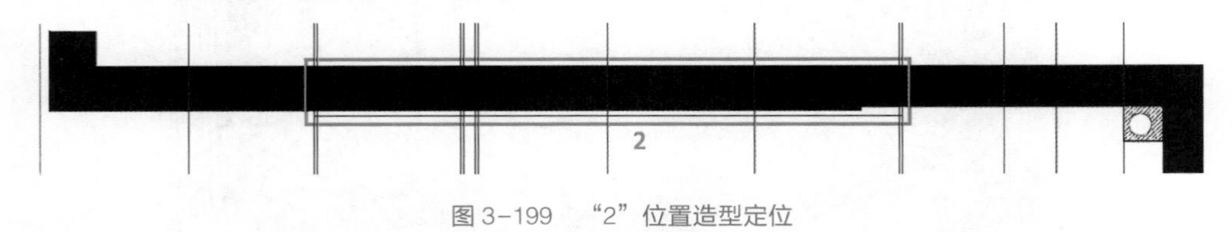

图 3-199 “2”位置造型定位

④ 确定左侧木饰面板的造型进深尺寸（图 3-196 所示“1”“5”位置部分）。一般情况下，此类饰面板上墙可以直接先在墙上打基层板，再把饰面板用专用胶贴上去，需要大约 50mm～60mm 的进深尺寸，效果如图 3-200 所示。

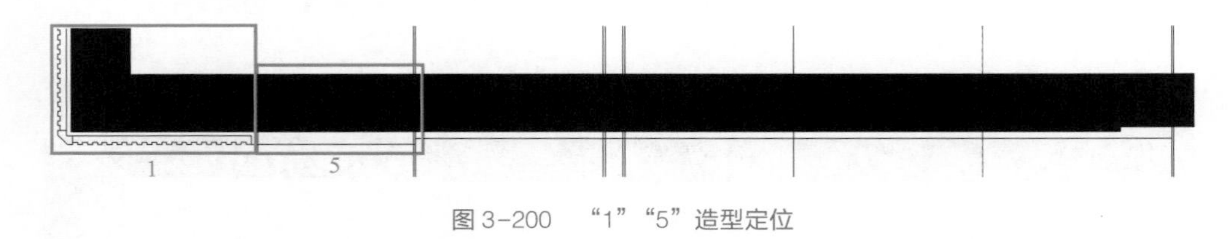

图 3-200 “1”“5”造型定位

⑤ 确定右侧饰面板位置（图 3-196 所示“3”位置部分）。右侧饰面板进深和左侧一样，无须再进行确定，只需要确定左右的宽度即可。右侧宽度因为有一段在灯带里，可适当画长一些，等确定了灯槽位置后再定位，效果如图 3-201 所示。

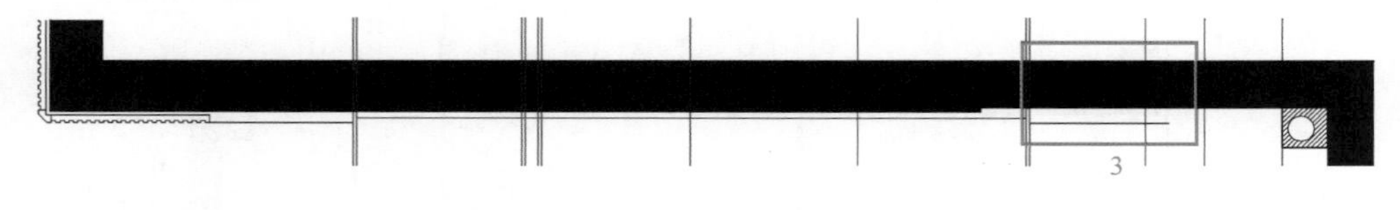

图 3-201 “3”剖面造型

⑥ 确定最右侧的灯槽和装饰柜（图 3-196 所示“4”位置部分）。此部分应该是进深最大的一部分，作为装饰性和实用性相结合的一部分，其进深尺寸可以由设计师决定。通过图 3-202 所示的效果图可知，“4”位置进深尺寸不应超过最低吊顶的深度。具体尺寸可自定，应预留足够灯槽位置的尺寸，效果如图 3-203 所示。

至此，五大块面对应的平面具体位置确定完成。我们可以删除定位的辅助构造线，如图 3-204 所示。

（四）详图绘制方法和步骤

① 大板瓷砖（图 3-196 所示“2”位置部分）。大板瓷砖厚度不大于 6mm，背后要留有挂件尺寸，所以墙面铺贴大板瓷砖一般 30mm 就足够，绘制如图 3-205 所示。

② 在“2”位置区域左侧第一片砖和第二片砖之间（图 3-206）有玫瑰金不锈钢装饰条。此处需要绘制详图，如图 3-207 所示。

图 3-202　“4”位置造型效果图

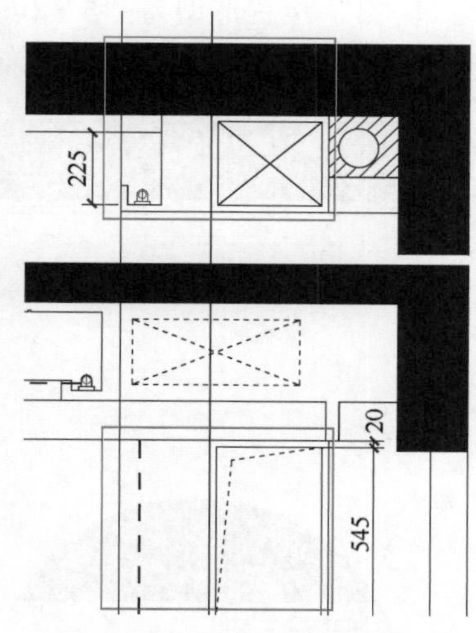

图 3-203　“4”位置造型定位

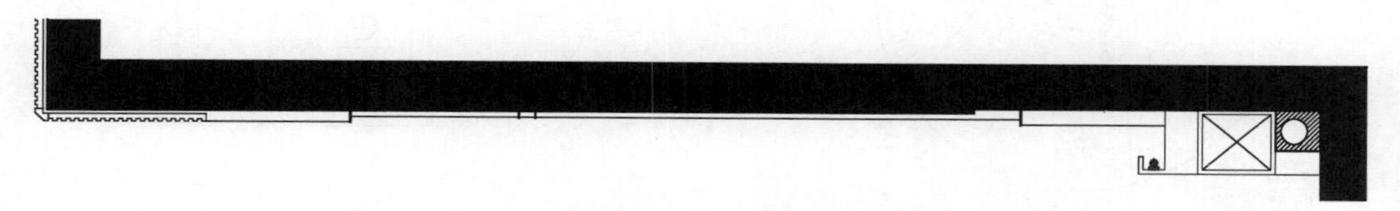

图 3-204　客厅沙发背景剖面

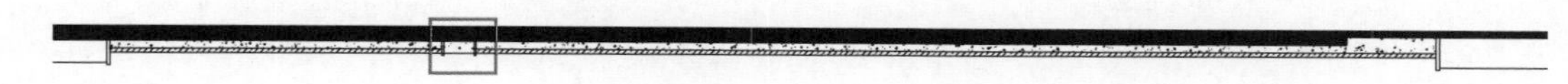

图 3-205　“2”位置详图

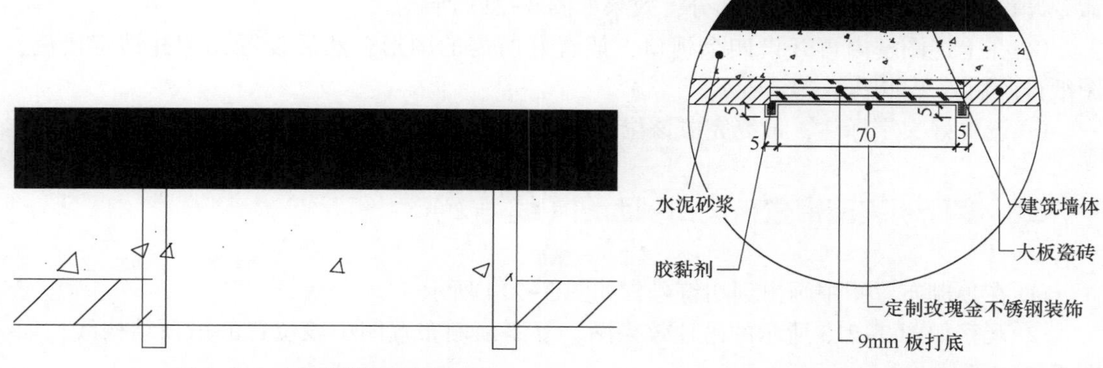

图 3-206　不锈钢装饰条位置

图 3-207　不锈钢装饰条详图

③ 左侧木饰面（图 3-196 所示“1”“5”位置部分）。“1”位置是木饰面拉槽造型，“5”位置是平板木饰面，二者都可以黏贴到基层板上，如图 3-208 所示。“5”位置右侧与大板瓷砖交界的地方有一根玫瑰金不锈钢收边，该收边处（图 3-208 圆圈内）详图如图 3-209 所示。

④“3”位置造型与“5”位置的相同。

⑤“4”位置部分为定制木饰面柜暗藏灯带，详图效果如图 3-210 所示。

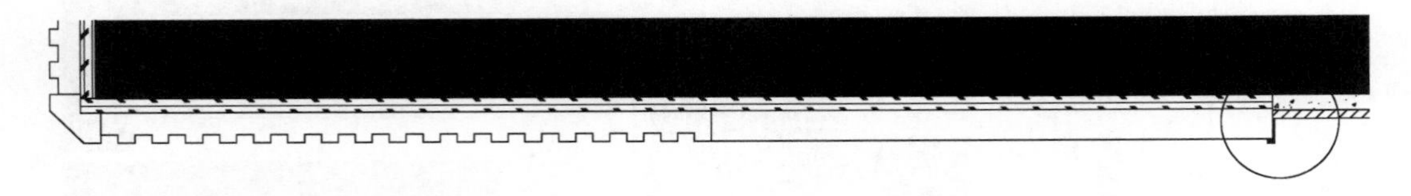

图 3-208　木饰面板详图

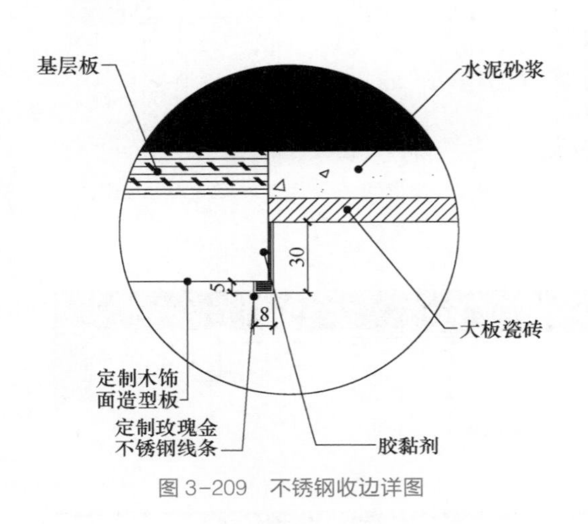

图 3-209　不锈钢收边详图

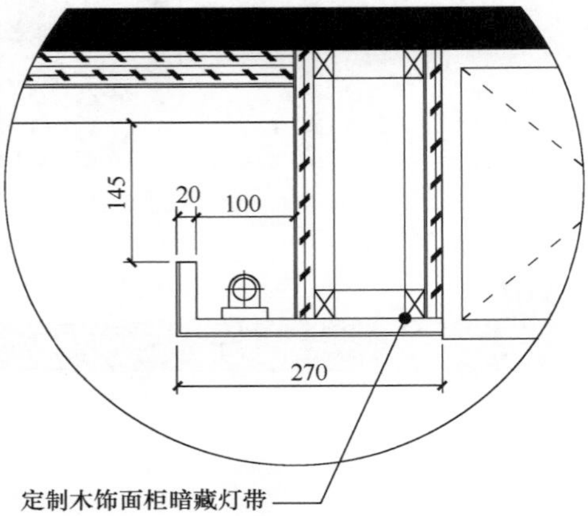

图 3-210　木饰面柜暗藏灯带详图

（五）图纸排版

① 在布局空间复制一个图框，粘贴在相应位置上，在“Defpoints”图层使用“MV”命令开设视口，位于图框上半部分，效果如图 3-211 所示。

② 在上述图框内再开设四个视口，放置好所需的图形，然后设置比例并锁定比例，图纸排版后效果如图 3-212 所示。

③ 设置好文字标注，最终完成该位置剖面和相应的详图，效果如图 3-213 所示。

二、客厅明装窗帘盒带风口剖面图（编号 2）

① 在顶棚布置图中画出剖切符号，如图 3-214 所示。

② 观察如图 3-215 所示的吊顶效果图，复制顶棚布置图中该位置的吊顶结构线，如图 3-216 所示。

③ 将复制的结构线粘贴在相应位置上，如图 3-217 所示。

④ 根据索引剖切符号，确定投影方向。引线所在一侧方向即为投影方向，如图 3-218 所示。

⑤ 剖面结构图。绘制墙体、楼板并进行填充，将结构线放在相应位置上，如图 3-219 所示。

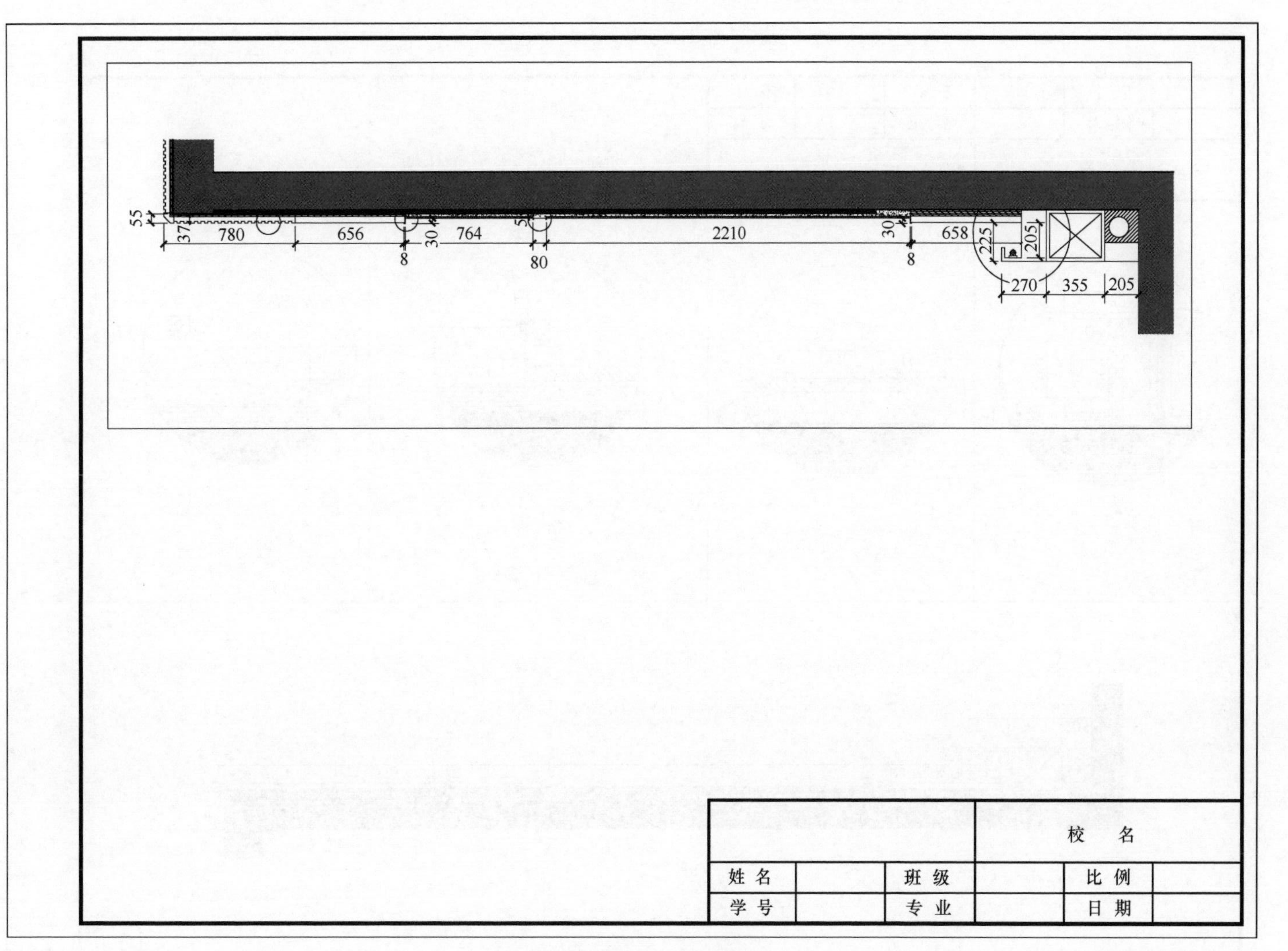

图 3-211　编号 1 剖面图纸排版

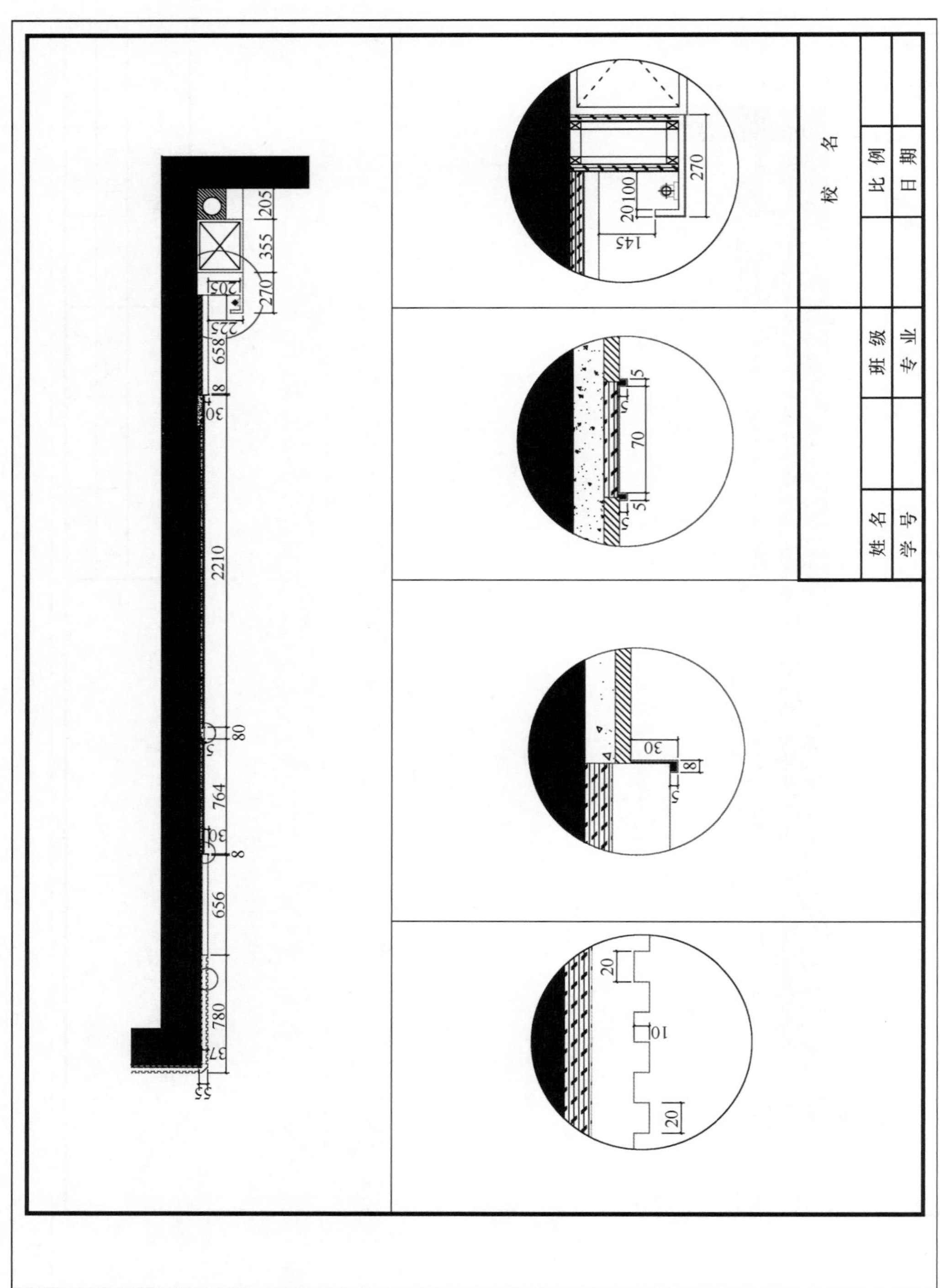

图 3-212 编号1剖面及详图图纸排版

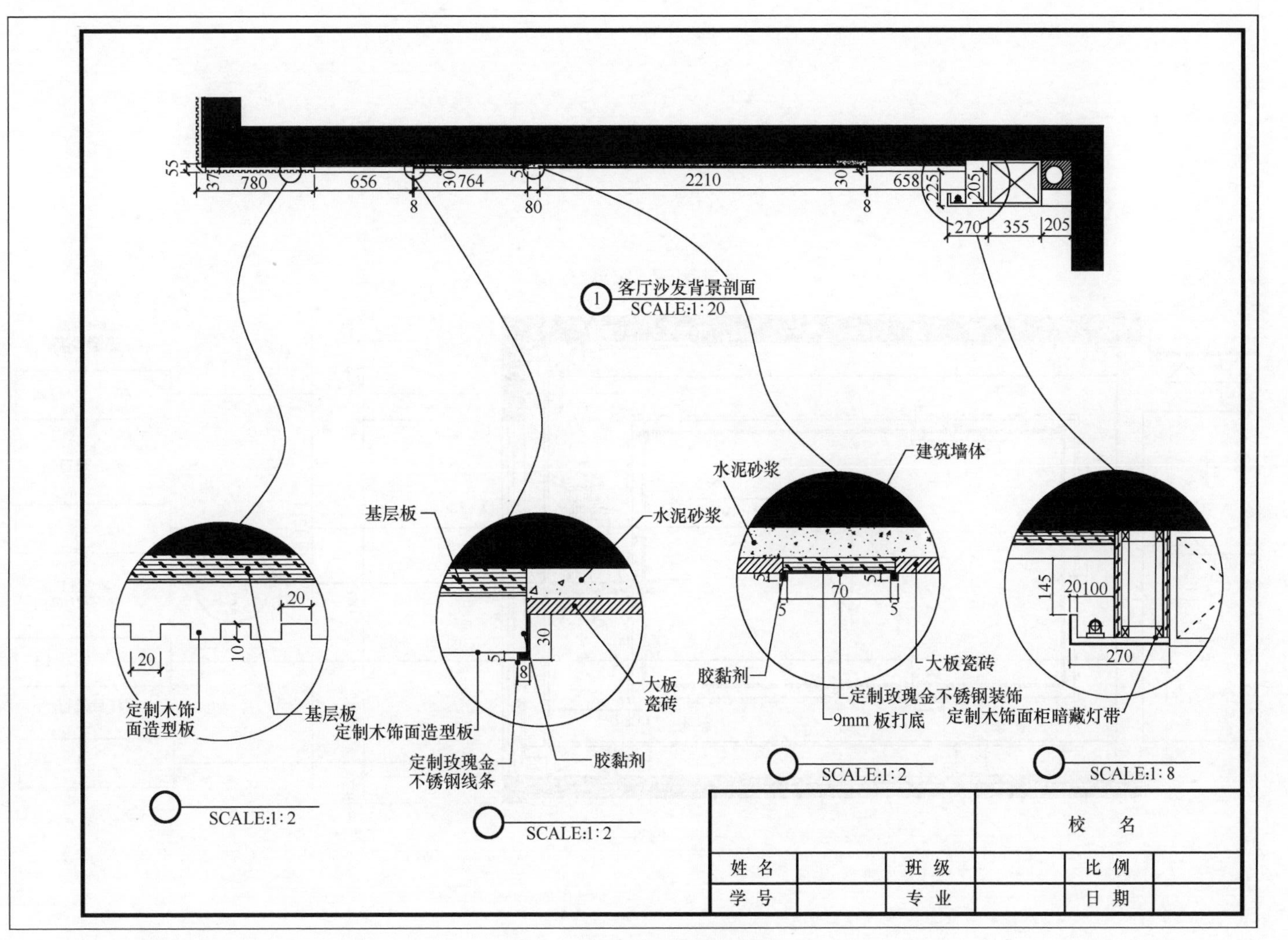

图 3-213　排版完整的剖面图及详图

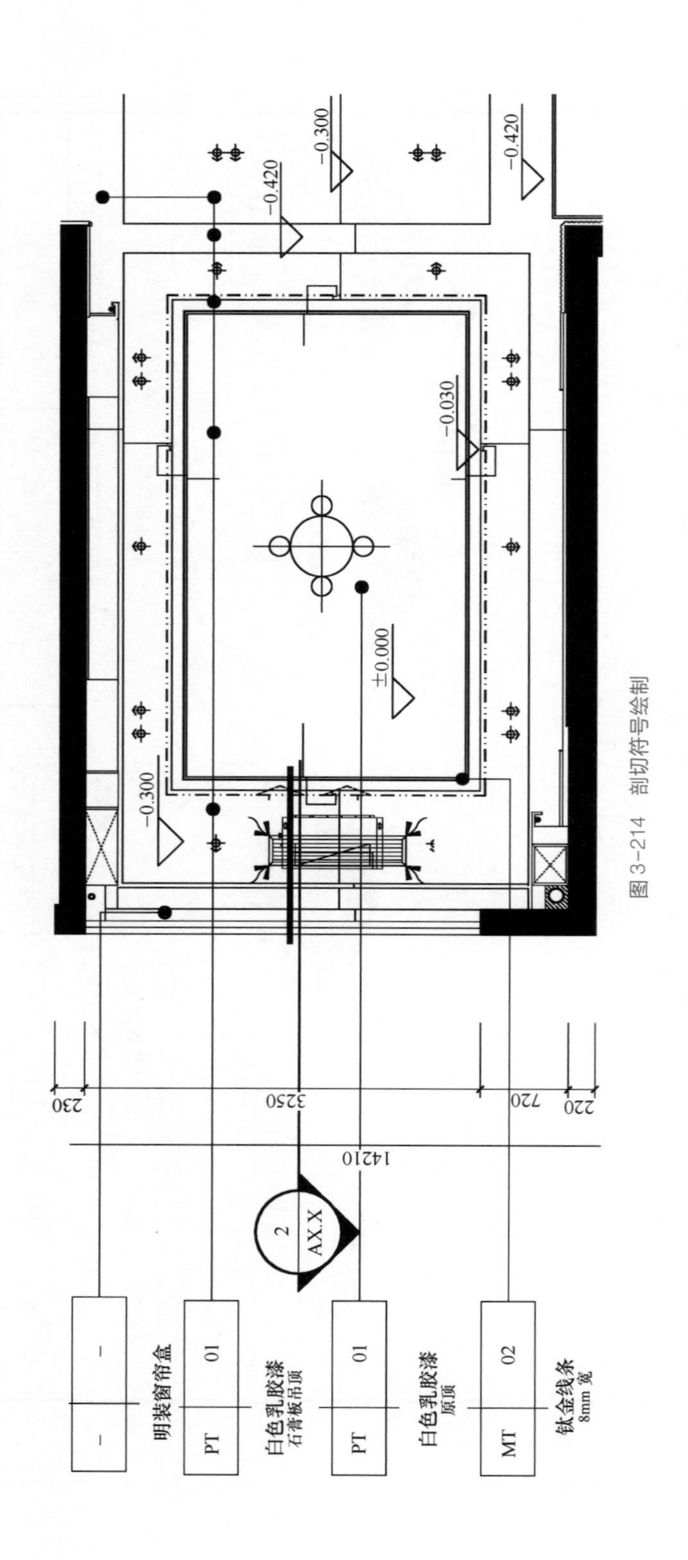

图 3-214 剖切符号绘制

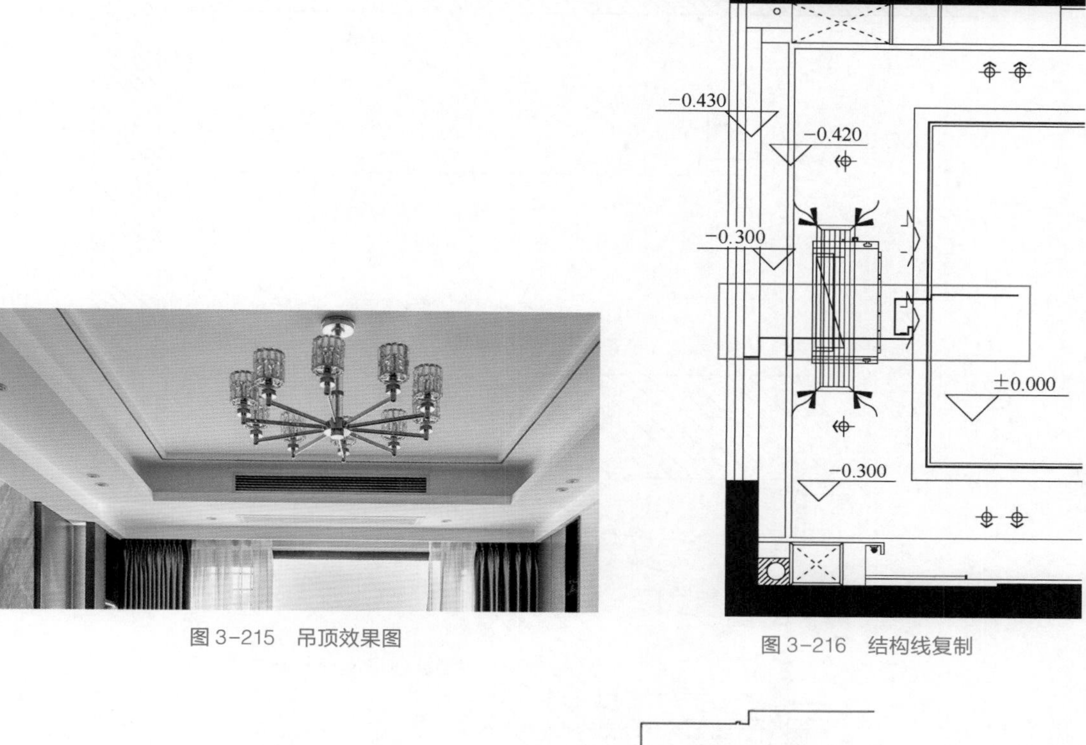

图 3-215　吊顶效果图

图 3-216　结构线复制

图 3-217　结构线粘贴

图 3-218　根据索引剖切符号确定投影方向

⑥ 绘制明装窗帘盒部分。根据上面的结构线，确定窗帘盒的位置和高度。一般情况下，窗帘盒轨道安装高度在 100mm；单杆的宽度空间为 120mm，双杆需要 150mm 以上，由于本项目该位置采用的是双杆，所以宽度尺寸在 150mm 以上即可。效果如图 3-220 所示。

⑦ 绘制灯槽部分。根据结构线的灯槽部分定位，绘制灯槽的剖面；灯槽上方有空调出风口的位置，也要一起绘制，空调出风口高度一般在 150mm 左右，效果如图 3-221 所示。

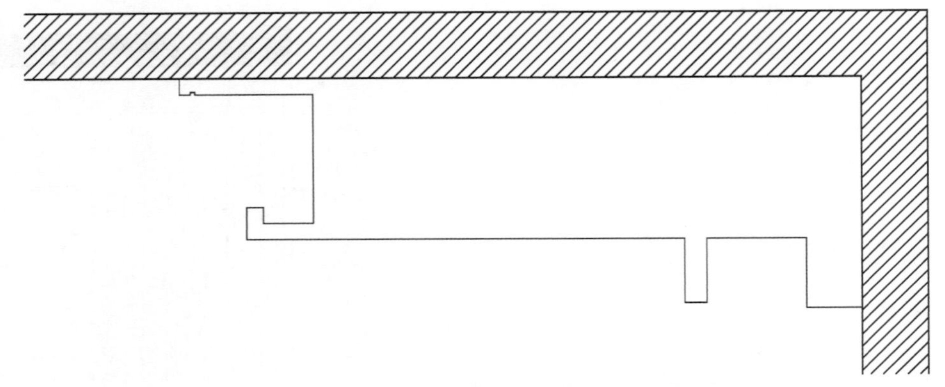

图 3-219　剖面结构图

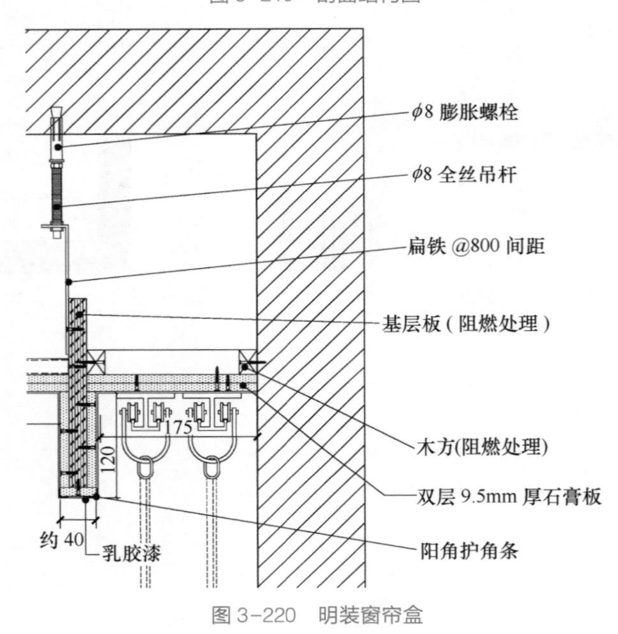

图 3-220　明装窗帘盒

⑧ 绘制空调回风口位置。空调回风口宽度一般是 150mm，长度要根据实际情况确定，绘制效果如图 3-222 所示。

⑨ 绘制吊顶金属装饰线条剖面，效果如图 3-223 所示。

⑩ 最终整个部位的剖面图如图 3-224 所示。

三、主卧暗装窗帘盒剖面图（编号 3）

① 在顶棚布置图中画出剖切符号，如图 3-225 所示。

② 复制顶棚布置图中该位置的吊顶结构线，如图 3-226 所示。

③ 根据索引剖切符号，确定投影方向。引线所在一侧方向即为投影方向。复制主卧 A 立面图的吊顶部分，修剪出窗帘盒所在的位置，效果如图 3-227 所示。

④ 根据结构线的造型，绘制出剖切的内部结构，效果如图 3-228 所示。

⑤ 在布局空间进行图纸排版，标注比例、文字和尺寸，效果如图 3-229 所示。

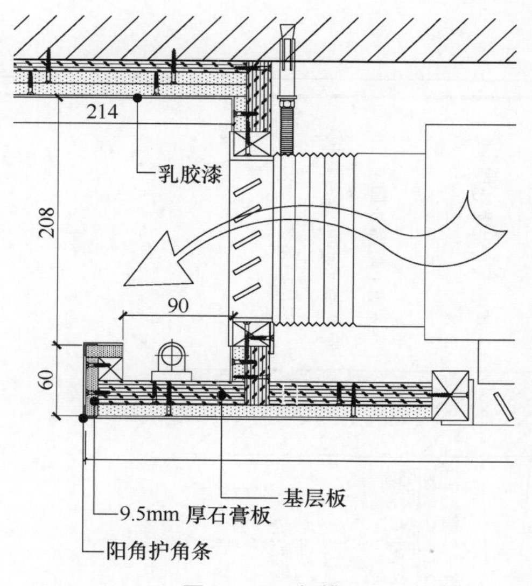

图 3-221　灯槽

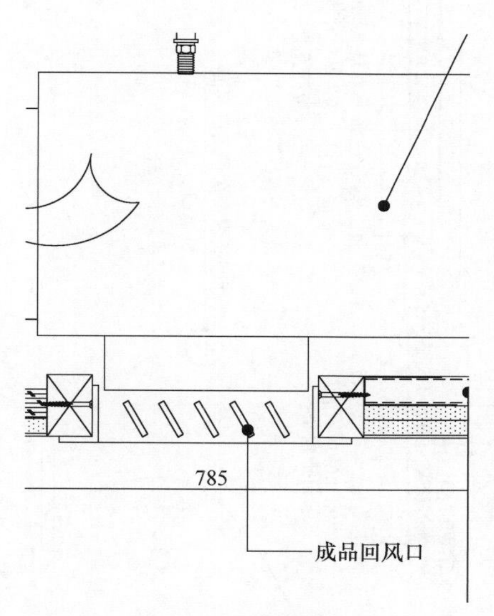

图 3-222　空调回风口

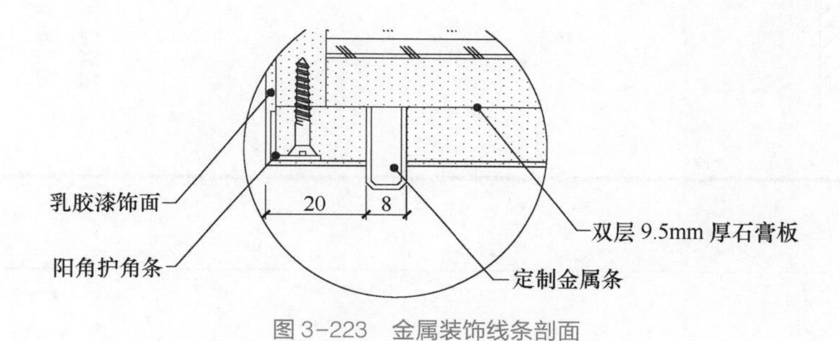

图 3-223　金属装饰线条剖面

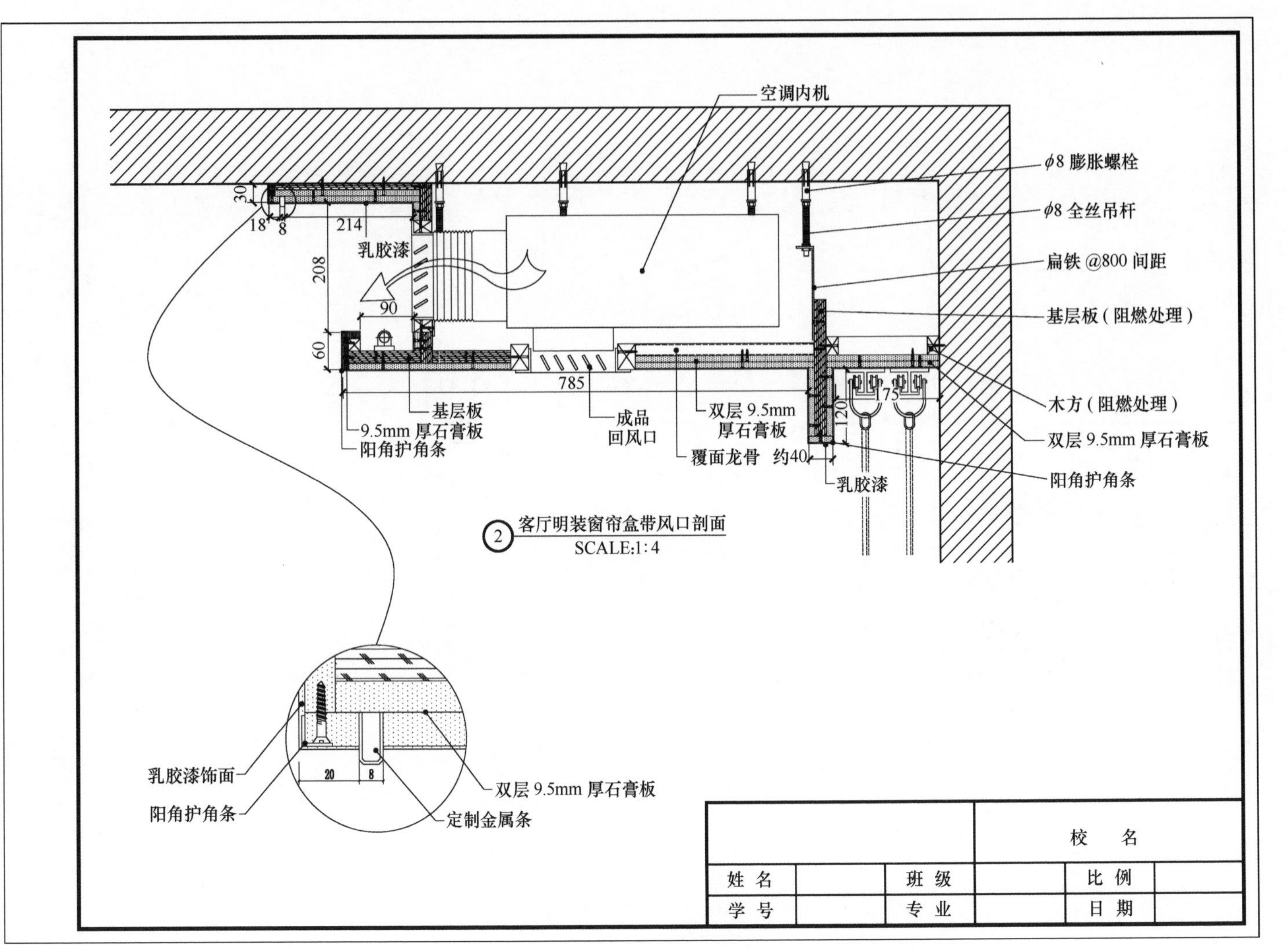

空调内机
φ8 膨胀螺栓
φ8 全丝吊杆
扁铁 @800 间距
基层板（阻燃处理）
木方（阻燃处理）
双层 9.5mm 厚石膏板
阳角护角条
30
18
8
214
乳胶漆
208
90
60
785
175
120
基层板
9.5mm 厚石膏板
阳角护角条
成品
回风口
双层 9.5mm
厚石膏板
覆面龙骨
约40
乳胶漆
2 客厅明装窗帘盒带风口剖面
SCALE:1:4
乳胶漆饰面
阳角护角条
20
8
双层 9.5mm 厚石膏板
定制金属条
校 名
姓 名
班 级
比 例
学 号
专 业
日 期

图 3-224 明装窗帘盒带风口剖面图

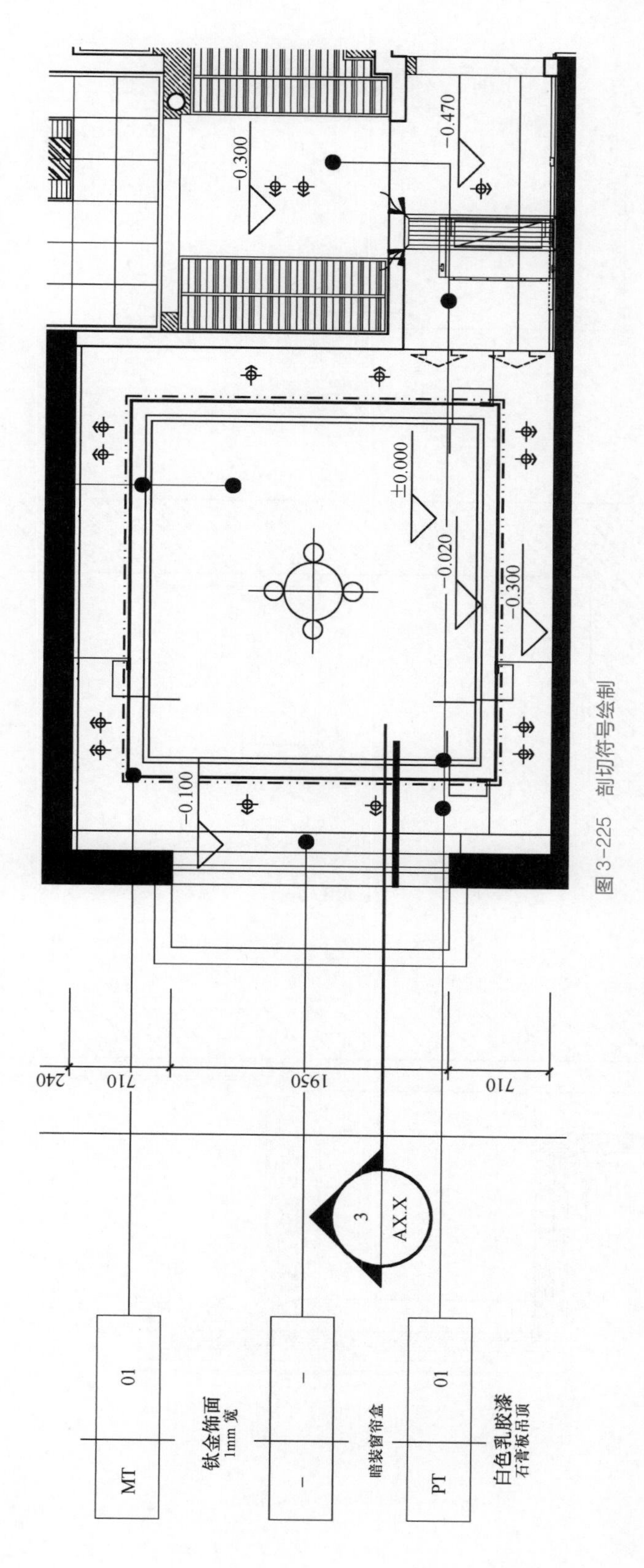

图 3-225　剖切符号绘制

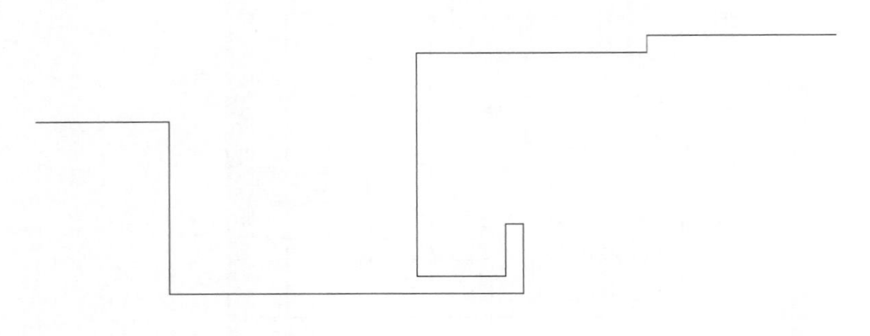

图 3-226　结构线复制

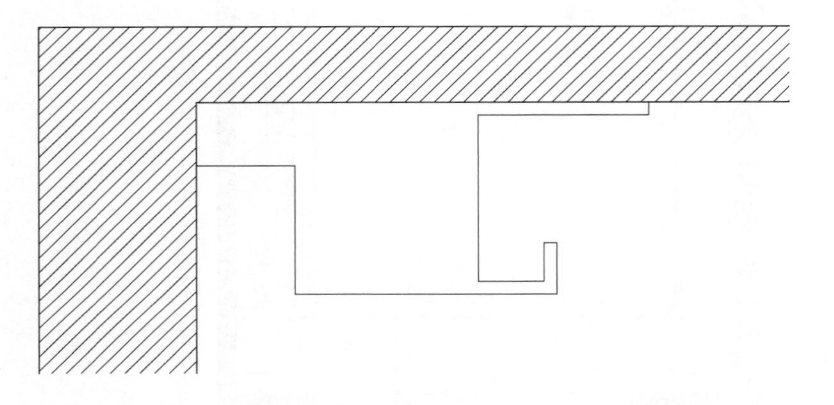

图 3-227　剖面结构图

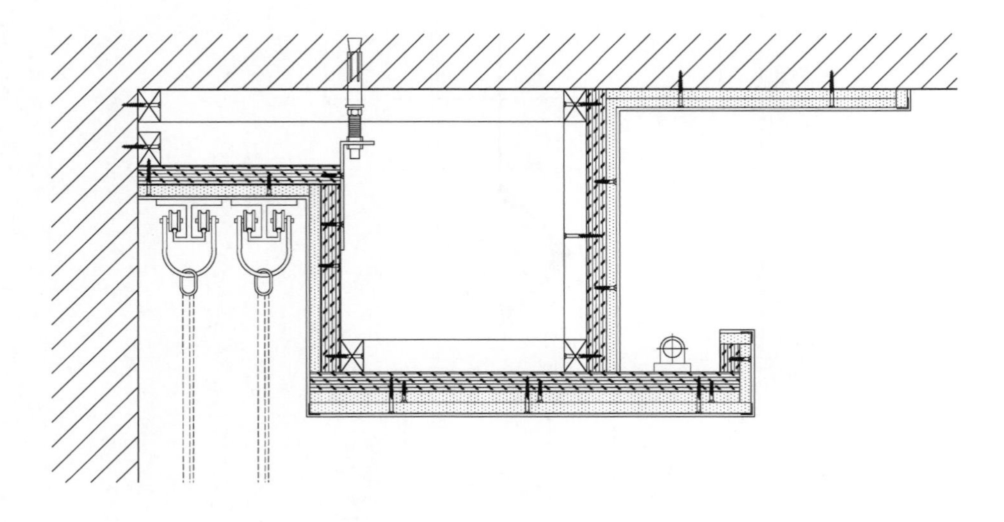

图 3-228　主卧暗装窗帘盒剖面

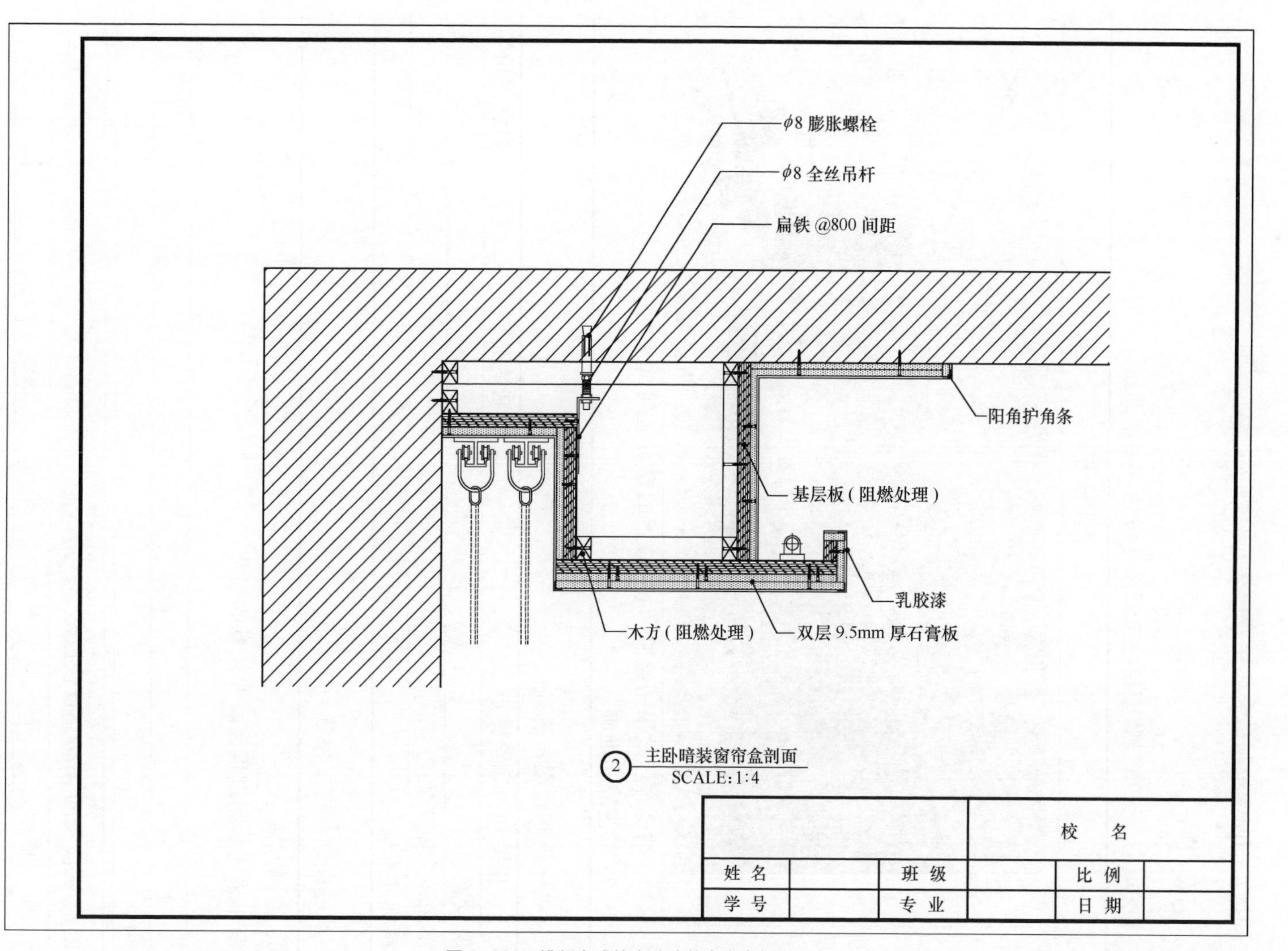

图 3-229　排版完成的主卧暗装窗帘盒剖面图

思考

问题：剖面图绘制最需要注意什么？

拓展

☞ 实训项目：云顶至尊项目施工图深化设计——剖面图

<table>
<tr><th colspan="2">工作任务</th></tr>
<tr><td rowspan="2">任务书要求</td><td>
</td></tr>
<tr><td>1. 结合客厅效果图绘制“1”位置的窗帘盒剖面
2. 工艺表达准确</td></tr>
</table>

☞ 相关知识和绘图技能确认单

相关知识和绘图点	绘制情况	自我评价
图层设置		
了解窗帘盒施工工艺		
材料标注准确		

☞ 绘图计划制定工作单

1. 绘制方案

简单描述绘制过程及需要注意的细节：

2. 绘图涉及的 AutoCAD 快捷键

移动	M	直线	L

☞ 绘图计划实施工作单

主要绘制内容	实施情况（附图纸）	完成时间（min）

☞ 图纸绘制记录与评分

绘制项目	内容	评分标准	记录	评分
绘图准备（10分）	参考图纸准备 图层设置	图层命名是否清晰、规范		
窗帘盒绘制（90分）	施工工艺	准确、规范		
	材料标注准确	准确、规范		

☞ 提交与改进工作单

改进要点记录		
作品提交	绘制的图纸	展示（附图纸）

思政拓展

成大才。绘制施工图的过程是烦琐且需要细致的过程，水滴石穿，需要一点一滴的进取。

《摆脱贫困》收录了习近平总书记1988年至1990年担任宁德地委书记期间的重要讲话和文章，生动展现了习近平同志团结带领闽东人民脱贫致富、加快发展的奋斗历程，集中反映了习近平同志在宁德工作期间的实践探索和理论创新，其中蕴含的重要理念、宝贵经验、优良作风，至今仍然深深浸润着闽东大地、激励着闽东人民。《滴水穿石的启示》是其中的一篇文章，文中写道："坚硬如石，柔情似水——可见石之顽固，水之轻飘。但滴水终究可以穿石，水终究赢得了胜利。"《滴水穿石的启示》，是习近平总书记在宁德担任地委书记时写下的。他到任时，宁德还被国务院认定为全国18个集中连片贫困地区之一。他离开宁德时，全区已有94%的贫困户基本解决温饱问题。水滴精神不仅仅体现在脱贫工作中，在设计工作中，作为勘测设计人员，也深深感受到了这种锲而不舍、前赴后继的精神。

《滴水穿石的启示》传达的是一滴滴水对准一块石头，目标一致，矢志不移，日复一日、年复一年地滴下去——这才造就出滴水穿石的神奇！作为建筑室内设计师，虽然只是建筑设计中的一小部分，但是一笔一画绘制施工图的过程就像水滴石穿，要摒弃不甘寂寞、好高骛远的空想，要摒弃“三天打鱼，两天晒网”的散漫，要有一步一个脚印的实干精神和锲而不舍的韧劲，只有这样，我们的设计才得以落地实现。让人们住在舒适且满意的室内环境中，这何尝不是“穿石”的成功呢？

问题：绘制施工图的过程是烦琐且需要细致的，需要有锲而不舍的韧劲，我们该如何培养这种一步一脚印的实干精神呢？

项目四

建筑装饰施工图编制

任务一　创建样板文件

任务二　封面设计和目录设计

任务三　编写材料表

任务四　施工图文件输出

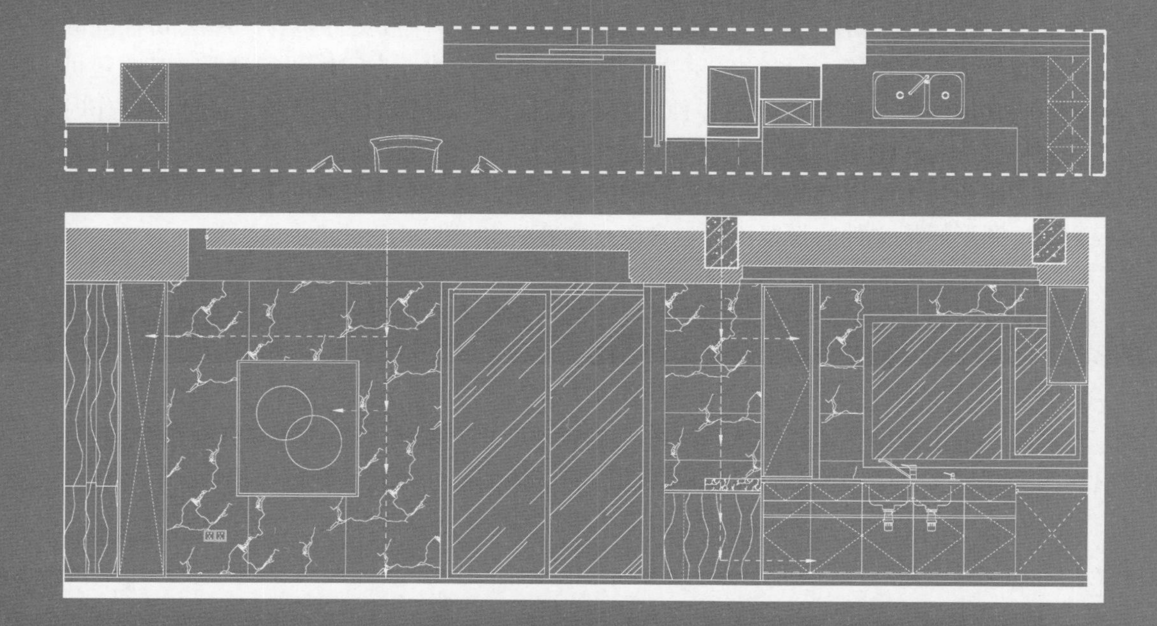

任务一
创建样板文件

学习目标

1. 掌握 AutoCAD 中样板文件的创建。
2. 创建一个标准的样板文件。

工作任务导入

任务引入	问：建筑装饰施工图中图层很多，在实际工作中，为了提高工作效率，如何统一绘制模板？
工作任务要求	绘制自己的样板文件

知识导入

问题 1：AutoCAD 中的样板文件是什么？

问题 2：如何设置和使用 AutoCAD 样板文件？

知识准备

（一）样板文件介绍

在 AutoCAD 中，图形样板是“.dwt”文件格式。图形样板文件包含一些公司标准的图框、标题栏、明细栏等，同时包含图层、字体、标注样式、打印样式等设置，甚至还可以插入一些常用的块，例如室内的各种家具图块，这样就可以省去很多非设计的操作时间。在安装好 AutoCAD 软件之后，其默认的样板文件跟建筑装饰施工图的绘制要求相差甚远，为了避免每次绘图都要进行设计前的准备工作，需要预先设置一套适合自己的图形样板文件。图形样板文件的设置可以包含以下内容：

1. 文字样式

预先设置好建筑工程制图要求的文字样式后，在后期绘图过程中，无论是单行文字还是多行文字的输入，都可以省下很多操作步骤。

2. 图层

建筑装饰施工图中，包括墙体、门窗、文字、尺寸、家具、灯具等不可缺少的图层，可以在图形样板文件中预先分别设置好各图层相应的线型、线宽、颜色等特性。

3. 图框

设置动态块制作的图框。为了避免设置多个模板图框，一般建筑装饰施工图都用 A3 图框出图。

4. 标题栏

根据标题栏的格式设置带属性的块，后期修改标题栏时，只需双击该块即可输入要修改的图纸名称。

（二）创建样板文件

在 AutoCAD 中新建一个文件，将绘图过程中不需要进行设计的工作预先进行设置，设置好后另存为“.dwt”文件即可。该功能特别适用于公司标准化的执行，由负责人设置好模板后发给大家统一进行使用，可以避免新人犯一些不必要的错误。作为初学建筑装饰施工图的学生，我们要从最开始就养成良好的标准化绘图习惯，这样以后步入工作岗位时才能更加得心应手。

样板文件设置好以后，有时会不小心更改了模板文件，这时可以用“.dws”文件来解决。如图 4-1 所示，将新建成的“.dwt”文件另存为一个“.dws”文件，然后在命令行中输入“配置标准”快捷命令“STANDARDS”，点击“+”，选择保存的“.dws”文件将其设置为标准检查文件，如图 4-2 所示。

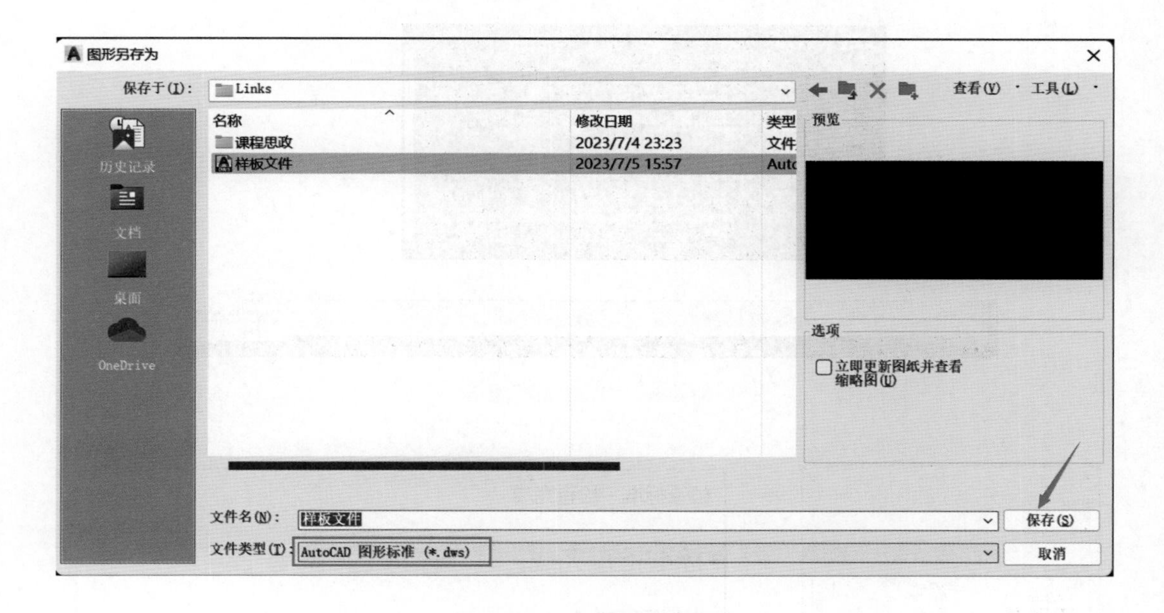

图 4-1　另存为 .dws 格式文件

设置配置标准操作完成以后，对“DOTE”图层颜色进行修改，此时绘图界面弹出如图 4-3 所示的“标准冲突”提示，点击该提示框中的蓝色字“执行标准检查”，弹出如图 4-4 所示的对话框，点击“修复”即可进行检查，检查完成后的界面如图 4-5 所示。

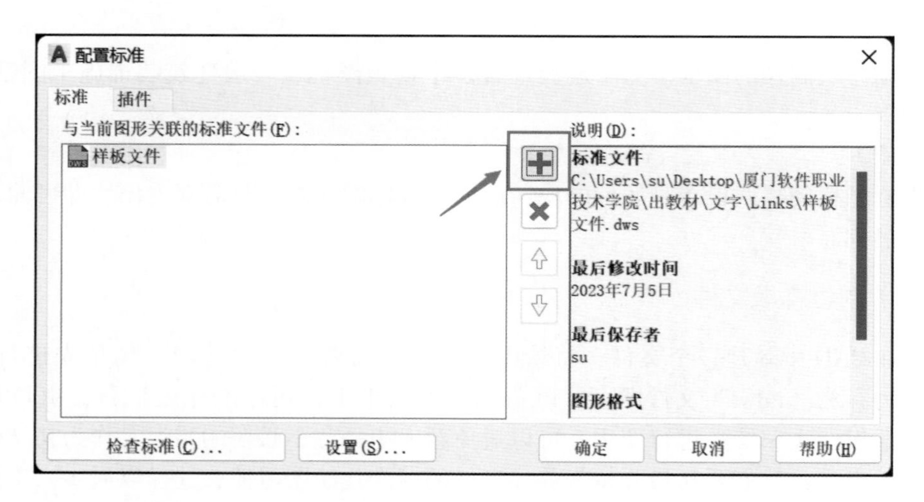

图 4-2　设置配置标准操作

图 4-3　“标准冲突”提示

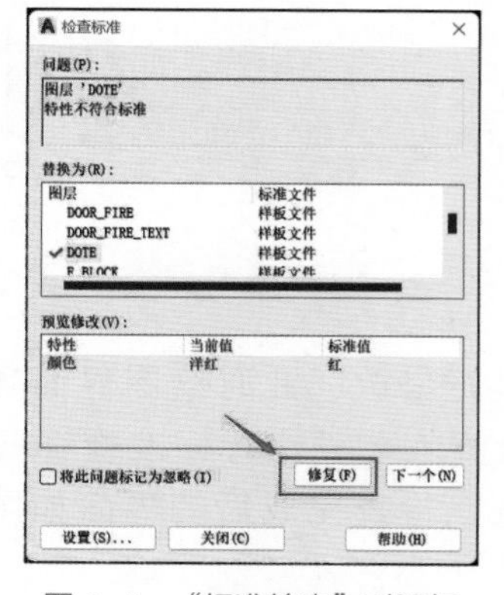

图 4-4　“标准检查”对话框

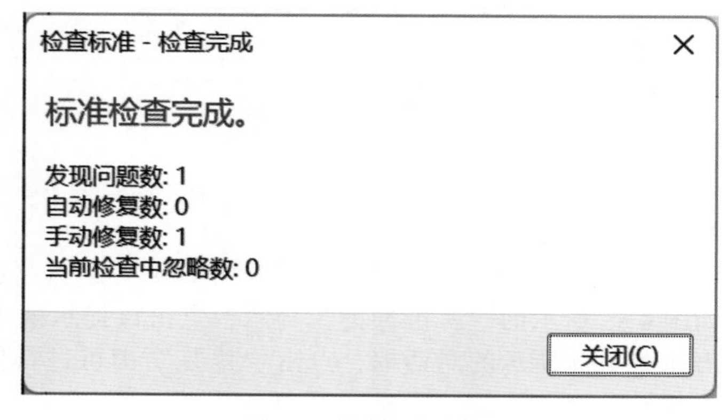

图 4-5　检查完成示意图

学生工作手册

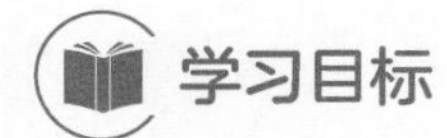

学习目标

绘制自己的样板文件。

工作流程和活动

工作活动 1：任务确立。
工作活动 2：完成自己的样板文件。

样板文件完成情况表

设置内容	设置方法
文字样式	
图层	
图框	
标题栏	
标注样式	
打印样式	
…	

任务二
封面设计和目录设计

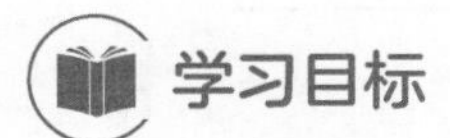

学习目标

1. 掌握建筑装饰施工图封面设计的内容。
2. 掌握建筑装饰施工图目录设计的内容。

工作任务导入

任务引入	封面设计和目录设计的内容
相关知识	以《民用建筑工程室内施工图设计深度图样》(06SJ803）为设计依据

知识导入

问题 1：建筑装饰施工图封面包含哪些内容？
问题 2：建筑装饰施工图目录包含哪些内容？

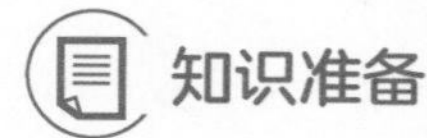

知识准备

（一）封面设计

根据标准中相关规定，施工图总封面标识内容应包括项目名称，设计单位名称，项目的设计编号，设计阶段，编制单位法定代表人、技术总负责人和项目总负责人的姓名及其签字或授权盖章，设计日期（设计文件交付日期）等内容，允许根据工程实际情况增加内容。

总封面的大小要与装订图册大小一致，应按 A0、A1、A2、A3、A4 标准图幅，字体大小应与图幅相协调。有些单位将项目总负责人称为设总、设计总工程师、工程负责人；技术总负责人由单位法定代表人指定，一般为设计单位的总建筑（工程）师或副总建筑（工程）师。总封面的格式可以参考图 4-6 所示样式。

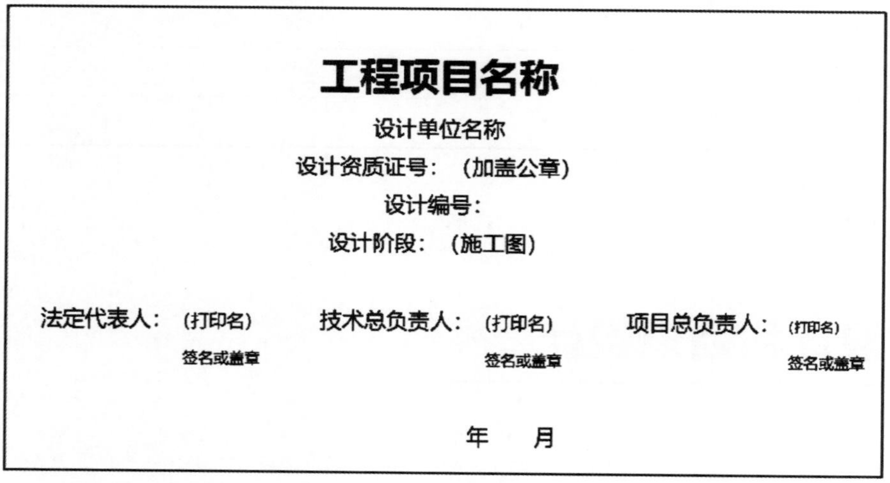

工程项目名称

设计单位名称

设计资质证号：（加盖公章）

设计编号：

设计阶段：（施工图）

法定代表人：（打印名）　签名或盖章

技术总负责人：（打印名）　签名或盖章

项目总负责人：（打印名）　签名或盖章

年　月

图 4-6　总封面格式范例

（二）目录设计

绘制建筑装饰施工图时，有些节点大样可以索引标准图，在图纸目录编排时应先列新绘制的图纸，后列选用的标准图。标准图是指国家标准图、地方标准图以及各设计单位通用图，通用图为从事有特殊要求建筑工程的设计单位自行编制的构造详图或多子项工程为了统一做法绘制的各子项共用的构造详图。

图纸目录是为方便查阅图纸的工具，应排列在施工图纸的最前面。工程项目专业图纸目录放在各专业图纸之前，推荐使用的建筑装饰图纸目录格式如表 4-1 所示。

表 4-1　推荐建筑装饰图纸目录格式

图 纸 目 录				
序号	图号	图纸名称	图幅	备注
1	SZ-01	图纸目录	A3	—
2	SZ-02	设计说明	A3	—
3	PL-01	原始框架图	A3	—
…	…	…	…	—
…	EL-01	客厅 A/C 立面图	A3	—
…	…	…	…	—
…	ID-01	小孩柜体详图	A3	—
…	…	…	…	—

建筑装饰新绘图纸目录编排顺序为施工图设计说明、平面图、墙体定位图、平面布置图、地面铺装图、天花平面图、立面图、剖面图、构造详图、装饰详图等。为了方便更改、补充图纸，减少因为部分图纸修改而影响整套图纸编排顺序的情况，宜按自然层或室内空间性质等顺序编排图纸。设备专业图纸数量较多时，可单独装订，目录索引编入室内设计总目录中。

任务三
编写材料表

学习目标

1. 了解建筑内部装修设计防火规范的要求。
2. 熟悉建筑装饰常用的材料。

工作任务导入

任务引入	编写建筑装饰施工图材料表
工作任务要求	一、材料制作表 二、学生工作手册
相关知识	1.《建筑内部装修设计防火规范》(GB 50222—2017) 2.《建筑材料及制品燃烧性能分级》(GB 8624—2012) 3. 参考书籍：由崔东方、焦涛主编，北京大学出版社出版的《建筑装饰材料》

知识导入

问题 1：建筑内部装饰设计防火规范需要注意什么？

问题 2：建筑装饰常用的材料有哪些？

知识准备

（一）建筑内部装修设计防火规范

在建筑火灾中，由于烟雾和毒气致死的人数不断增加，人们逐渐意识到火灾中烟雾和毒气的危害性。因此，为了保障建筑内部装修的消防安全，防止和减少建筑物火灾的危害，减少火灾损失，保障人民生命财产安全，保证经济建设的顺利进行，国家相关部门制定了《建筑内部装修设计防火规范》。

装修材料按其使用部位和功能，可划分为顶棚装修材料、墙面装修材料、地面装修材料、隔断装修材料、固定家具、装饰织物、其他装修装饰材料七类。按其燃烧性能应划分为四级，如表 4-2 所示。

表 4-2　　装修材料燃烧性能等级

等级	装修材料燃烧性能	等级	装修材料燃烧性能
A	不燃性	B_2	可燃性
B_1	难燃性	B_3	易燃性

注：燃烧性能等级应按《建筑材料及制品燃烧性能分级》（GB 8624—2012）的有关规定，经检测确定。

（二）常见建筑内部装修材料

根据《建筑材料及制品燃烧性能分级》（GB 8624—2012）中的相关规定和建筑内部装饰经常采用的材料进行材料燃烧性能等级及材料列举，如表 4-3 所示。

表 4-3　　常用建筑内部装修材料燃烧性能等级及材料列举

材料类别	燃烧性能等级	材料列举
各部位材料	A	花岗岩、大理石、水磨石、水泥制品、混凝土制品、石膏板、石灰制品、黏土制品、玻璃、瓷砖、马赛克、钢铁、铝、铜合金、天然石材、金属复合板、纤维石膏板、硅酸钙板
顶棚材料	B_1	纸面石膏板、纤维石膏板、水泥刨花板、矿棉板、玻璃棉装饰吸声板、珍珠岩装饰吸声板、难燃胶合板、难燃中密度纤维板、岩棉装饰板、难燃木材、铝箔复合材料、难燃酚醛胶合板、铝箔玻璃钢复合材料、复合铝箔玻璃棉板
墙面材料	B_1	纸面石膏板、纤维石膏板、水泥刨花板、矿棉板、玻璃棉板、珍珠岩板、难燃胶合板、难燃中密度纤维板、防火塑料装饰板、难燃双面刨花板、多彩涂料、难燃墙纸、难燃墙布、难燃仿花岗岩装饰板、难燃 PVC 塑料护墙板、阻燃模压木质复合板材、难燃玻璃钢
	B_2	各类天然木材、木制人造板、竹板、纸质装饰板、装饰微薄木贴面板、印刷木纹人造板、塑料贴面装饰板、聚酯装饰板、胶合板、塑料壁纸、无仿贴布墙、天然材料壁纸、人造革、实木饰面装饰板、胶合竹夹板

续表

材料类别	燃烧性能等级	材料列举
地面材料	B_1	硬 PVC 塑料地板、水泥刨花板、水泥木丝板、氯丁橡胶地板、难燃羊毛地毯
	B_2	半硬质 PVC 塑料地板、PVC 卷材地板
装饰织物	B_1	经阻燃处理的各类难燃织物
	B_2	纯毛装饰布、经阻燃处理的其他织物
其他装修装饰材料	B_1	难燃聚氯乙烯塑料、难燃酚醛塑料、聚四氟乙烯塑料、难燃脲醛塑料、硅树脂塑料装饰型材、经难燃处理的各类织物
	B_2	经阻燃处理的聚乙烯、聚丙烯、聚氨酯、聚苯乙烯、玻璃钢、化纤织物、木制品

一、材料表制作

学习目标

学会绘制建筑装饰材料表。

学习说明

以项目二、项目三绘制的案例为例，进行材料表制作。

制作过程如下：

依据绘制完成的施工图，确定材料表所需内容，包括装饰面、序号、代号、名称、规格、数量、型号及明细、备注等。以各功能房间进行分类制作材料表，每个功能房间按照地面、顶面、立面、家具、灯具这五大类进行详细统计。

地面所用材料需要查找施工图中“地面材料铺贴图”进行统计；顶面所用材料需要查找施工图中“顶棚布置图”进行统计；立面所用材料需要查找施工图中相应的立面图进行统计。以上装饰面主要统计各个装饰面的规格、型号及明细以方便材料的选取。

家具和灯具主要统计其规格和数量，需要分别从施工图中“平面家具尺寸定位图”和“吊顶布置图”中查得所需的数据。

依上述过程查阅相关施工图纸，制作出客厅材料表（表 4-4）、餐厅材料表（表 4-5）、主卧材料表（表 4-6）。

表 4-4　客厅材料表

装饰面	序号	代号	名称	规格	数量	型号及明细	备注
地面	1	CT01	抛光砖	900mm × 900mm	—	灰色石纹柔光	—
顶面	1	—	窗帘盒	—	1 个	—	明装
	2	PT01	乳胶漆	—	—	白色	石膏板吊顶
				—	—	—	原顶
	3	MT02	钛金线条	8mm 宽	—	—	—
A 立面	1	WD01	木饰面柜	—	—	深色	—
			实木门套	—	—	深色	—
			木饰面	15mm 拉槽	—	深色	—

续表

装饰面	序号	代号	名称	规格	数量	型号及明细	备注
A 立面	2	ST01	大板瓷砖	—	—	爵士白	—
	3	GL01	镜饰面	—	—	茶色	—
				—	—	灰色	—
	4	MT01	钛踢脚线	4cm 高	—	黑色	—
			不锈钢	—	—	玫瑰金	饰面
				—	—	玫瑰金	电视框
			线条	8mm 宽		玫瑰金	—
C 立面	1	MT01	不锈钢线条	8mm 宽	—	玫瑰金	收边
			钛踢脚线	4cm 高	—	黑色	—
			不锈钢	—	—	玫瑰金	—
	2	ST01	瓷砖	90mm × 180mm	—	—	—
	3	WD01	木饰面柜	—	—	深色	—
			定制木饰面柜	—	—	深色	暗藏灯带
			木饰面	15mm 拉槽	—	深色	—
			定制木饰面	—	—	—	护墙板
家具	1	—	定制窗帘	—	1 副	—	—
	2	—	电视机	—	1 台	—	—
	3	—	四人沙发	3600mm × 1000mm	1 套	—	—
	4	—	单人沙发	1100mm × 1100mm	1 件	—	—
	5	—	茶几	R=400mm	1 件	—	圆形
	6	—	角几	R_1 =281mm，R_2 =247mm	1 件	—	圆形
	7	—	定制电视柜	总长 5630mm	1 套	—	从外到内长度依次为：980mm、3192mm、1458mm
灯具	1	—	吊灯	—	1 盏	—	天花预埋吊钩
	2	—	可调角度射灯	—	18 盏	—	—

表 4-5　餐厅材料表

装饰面	序号	代号	名称	规格	数量	型号及明细	备注
地面	1	CT01	抛光砖	900mm × 900mm	—	灰色石纹柔光	—
顶面	1	PT01	乳胶漆	—	—	白色	石膏板吊顶
	2	MT03	钛	—	—	黑色	灯槽
A 立面	1	WD01	护墙板	—	—	白色	—
			木饰面	20mm 拉槽	—	深色	—
	2	MT01	钛	—	—	黑色	灯槽
				10mm 宽	—	黑色线条	—
家具	1	—	四人餐桌	700mm × 1400mm	1 套	—	—
灯具	1	—	防雾灯盘	—	1 个	—	—
	2	—	可调角度射灯	—	11 盏	—	—

表 4-6　　主卧材料表

装饰面	序号	代号	名称	规格	数量	型号及明细	备注
地面	1	WF01	实木地板	—	—	浅棕色亚光	—
	2	CT03	防滑地砖	300mm × 300mm	—	米色亚光	—
顶面	1	—	暗装窗帘盒	—	—	—	—
	2	CA01	铝扣板吊顶	300mm × 300mm	—	—	—
	3	PT01	乳胶漆	—	—	白色	原顶
				—	—	白色	石膏板吊顶
	4	MT01	钛饰面	1mm 宽	—	金色	—
A 立面	1	UP01	定制硬包	—	—	灰蓝色	—
	2	MT01	不锈钢	—	—	玫瑰金	—
	3	WD01	实木踢脚线	8mm 高	—	—	—
家具	1	—	双人床	2000mm × 2300mm	1 件	—	—
	2	—	床头柜	550mm × 550mm	2 件	—	—
	3	—	书桌	450mm × 1400mm	1 件	—	—
	4	—	置物柜	300mm × 1780mm	1 件	—	—
	5	—	衣柜	550mm × 1470mm； 550mm × 1400mm	2 件	—	—
	6	—	盥洗池	800mm × 600mm	1 件	—	—
	7	—	淋浴喷头	—	1 件	—	—
	8	—	马桶	—	1 件	—	—
灯具	1	—	吊灯	—	2 盏	—	—
	2	—	可调角度射灯	—	13 盏	—	—
	3	—	防雾灯盘	—	1 个	—	—
	4	—	整体浴霸	—	1 个	—	—

二、学生工作手册

学习目标

制作“项目五　作品欣赏”的材料表。

工作流程和活动

工作活动 1：任务确立。

工作活动 2：完成材料表。

根据上述材料表制作的模板，自行制作“项目五　作品欣赏”中施工图的材料表，要求按照每个功能房间进行材料表制作。

客厅/餐厅/卧室/……材料表

装饰面	序号	代号	名称	规格	数量	型号及明细	备注
地面	…						
顶面							
立面							
家具							
…							

任务四
施工图文件输出

学习目标

1. 掌握 AutoCAD 打印出图的方法。
2. 掌握 AutoCAD 文件转换 PDF 格式的方法。

工作任务导入

任务引入	问：AutoCAD 中的图纸如何拿去打印店进行图纸打印？
相关知识	依据相关标准《房屋建筑制图统一标准》(GB/T 50001—2017)、《房屋建筑室内装饰装修制图标准》(JGJ/T 244—2011)，完成施工图文件输出

知识导入

问题 1：施工图文件输出如何打印？
问题 2：施工图文件打印需要设置什么？

知识准备

（一）AutoCAD 打印设置

绘制完成建筑装饰施工图图纸后，下一步需要进行打印，打印方法步骤如下：

1. 打开“打印”对话框

如图 4-7 所示，单击菜单栏中第一个图标，在下拉的对话框中选择“打印”选项，即可弹出打印对话框；此步骤也可通过输入快捷键“Ctrl+P”进行操作，如图 4-8 所示。

图 4-7　打印菜单

2. 打印设置

打印对话框中包括许多操作选项，如图 4-9 所示，下面我们对各选项的具体操作内容逐一进行介绍。

(1)“打印机/绘图仪”设置

在下拉框中选择打印成“PDF”格式，也可以在

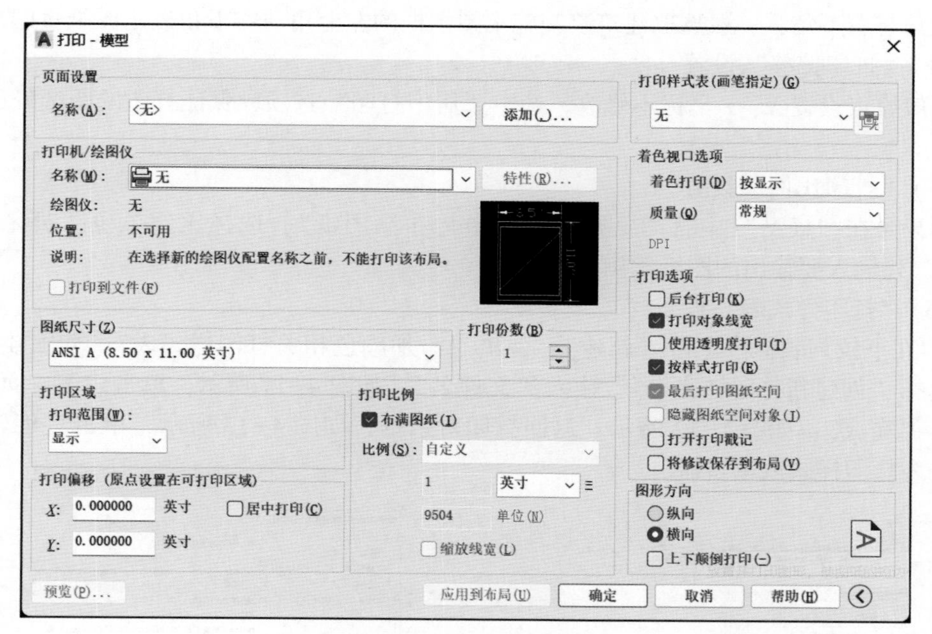

图 4-8　打印对话框

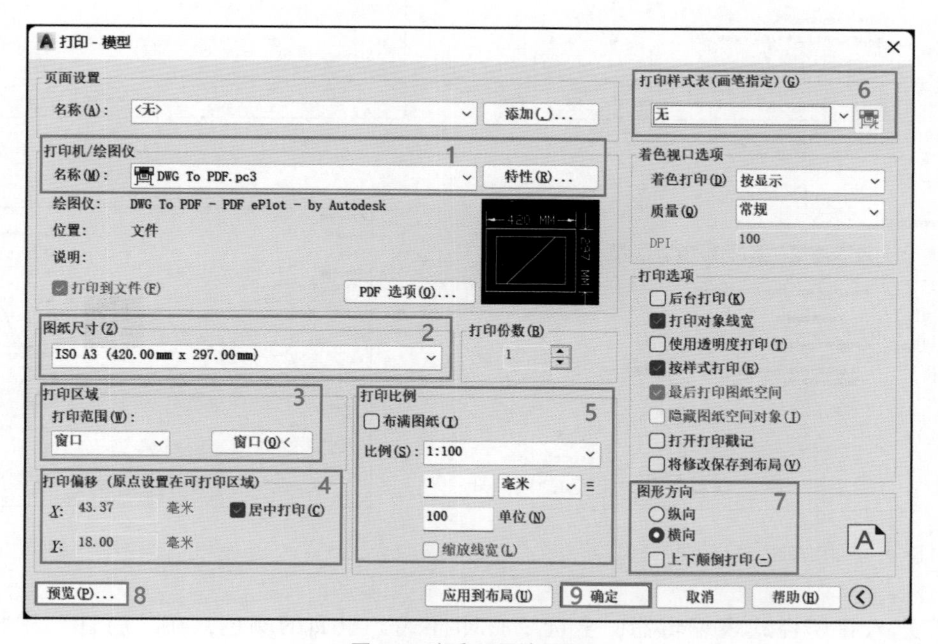

图 4-9　打印设置流程图

“特性”中调整图纸相关尺寸。

（2）“图纸尺寸”设置

在下拉框中选择相应图纸尺寸。

（3）“打印区域”设置

在“打印范围”下拉框中选定“窗口”选项，在 AutoCAD 模型中选定所需打印图形的左上角与右下角，一般选取建筑装饰施工图图框的左上角与右下角确定图纸打印范围。

（4）“打印偏移”设置

一般原点设置 X、Y 坐标不修改，选中“居中打印”选项，保证打印的图纸处于居中位置。

（5）“打印比例”设置

如果是在“模型”中打印，则取消选中“布满图纸”，选择比例单位“毫米”，在“单位”处输入要输出的图纸比例。

（6）“打印样式表”设置

① 在下拉列表框中点击“新建”，弹出“添加颜色相关打印样式表”，如图 4-10 所示，选择“创建新打印样式表”，输入“文件名”，如图 4-11 所示，单击“下一页”后，再单击“完成”，如图 4-12 所示。返回打印对话框，如图 4-13 所示，单击“编辑”按钮，进入打印样式表编辑器。

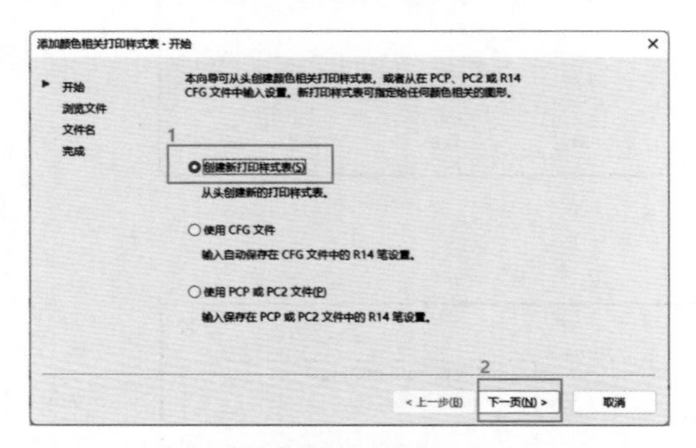

图 4-10　创建新打印样式表

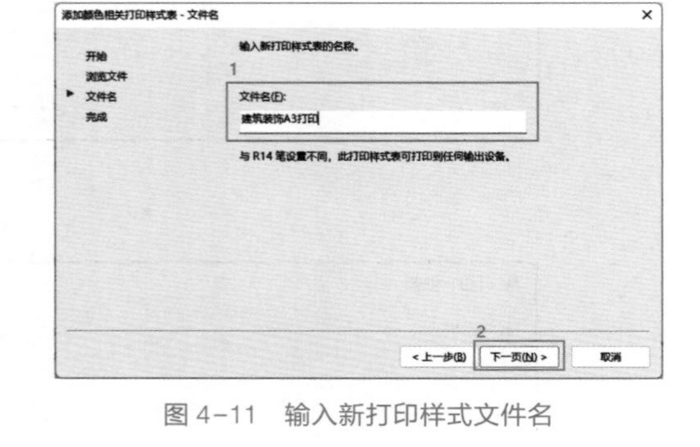

图 4-11　输入新打印样式文件名

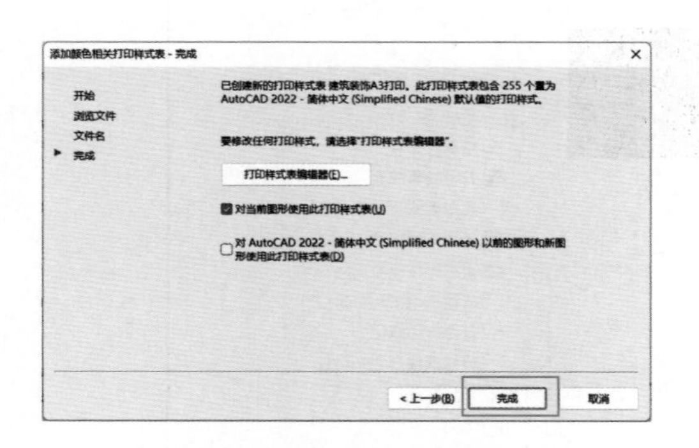

图 4-12　完成添加新打印样式表

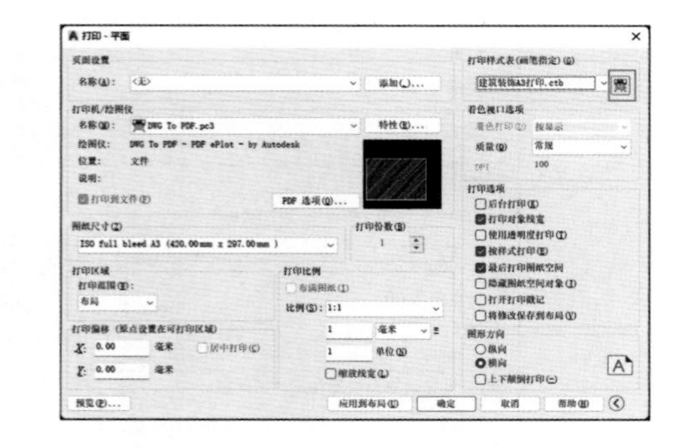

图 4-13　打印样式表编辑

② 进入打印样式表编辑器，全选“打印样式”里面的颜色，在“特性”中将“颜色”统一设置成黑色，设置“线宽”为 0.1000 毫米，如图 4-14 所示。

③ 将“颜色 1”轴线所使用的线型设置为“长画短画”，如图 4-15 所示；将“颜色 2”墙体所用的线宽设置为 0.2500 毫米，如图 4-16 所示。

④ 将“颜色 8”“颜色 9”及“颜色 250”至“颜色 255”图案填充所使用的颜色淡显输入“60”，如图 4-17 所示。

⑤ 单击“保存并关闭”按钮。

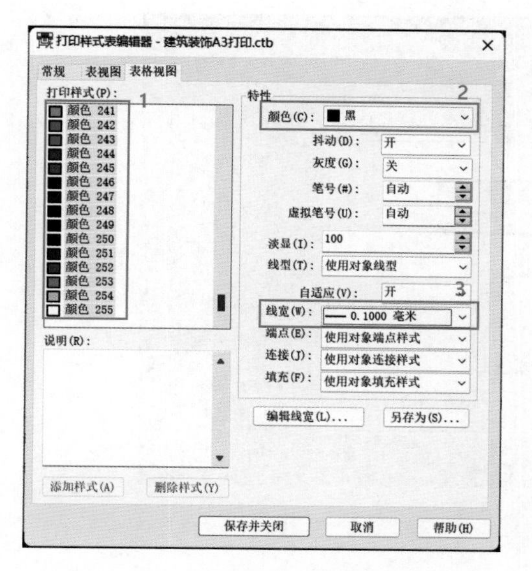

图 4-14 打印样式表编辑器统一修改

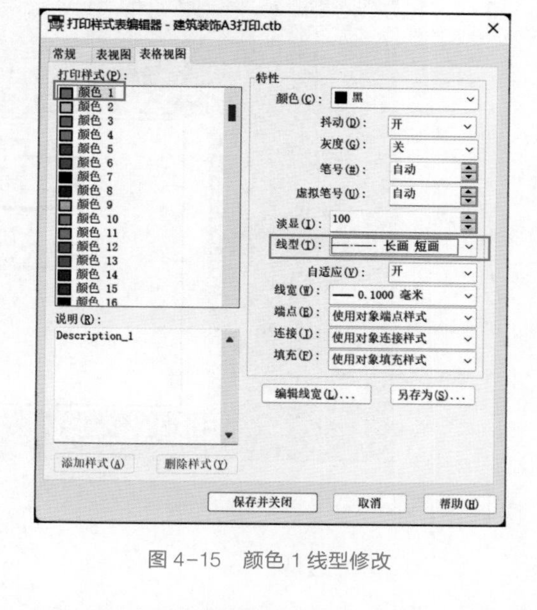

图 4-15 颜色 1 线型修改

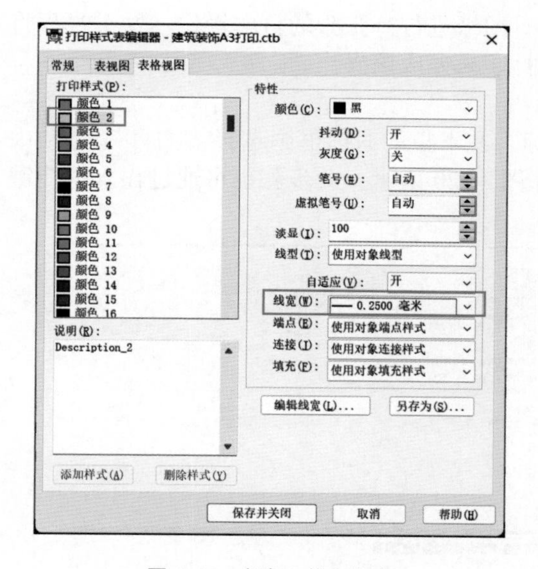

图 4-16 颜色 2 线宽修改

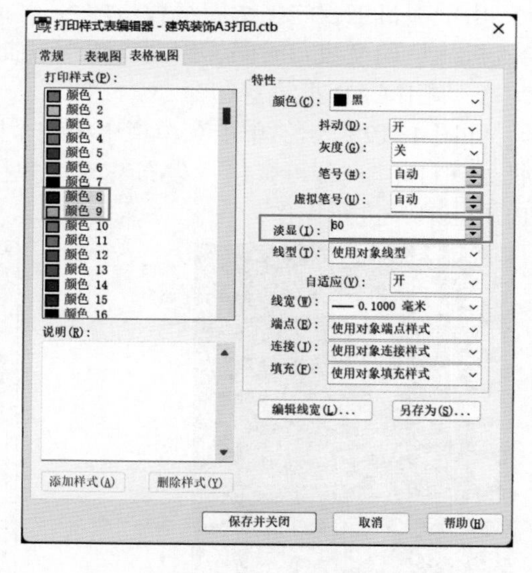

图 4-17 颜色 8、 9、 250 至 255 淡显修改

（7）“图形方向”设置

根据绘制图形的需求选择“纵向”或“横向”打印。

（8）“预览”

单击“预览”按钮，查看最终出图效果。进入预览界面后，若要返回打印对话框，可以按 Enter 键或 Space 键，也可以单击左上角菜单栏中的“×”进行操作，如图 4-18 所示。

（9）“确定”

单击“确定”按钮，保存“PDF”文件。

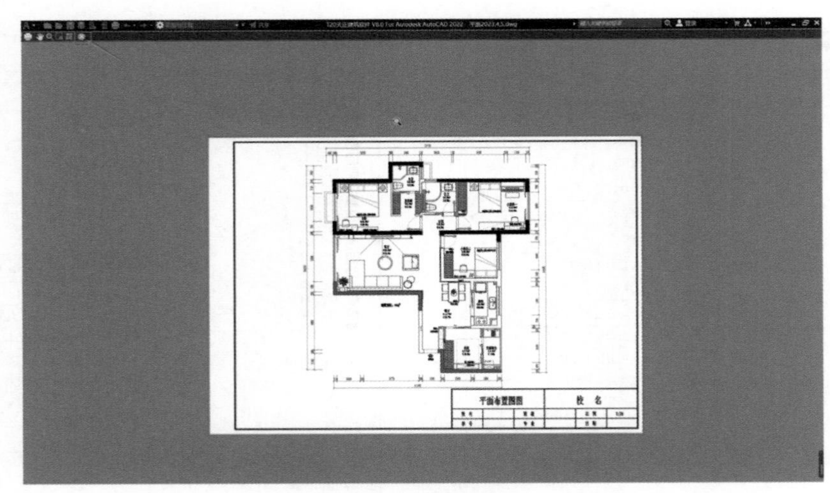

图 4-18　预览界面

（二）批量打印

由于项目工程施工图图纸数量较多，如果对图纸进行一张张的打印操作，这个过程将会既机械烦琐又浪费时间，因此需要通过批量打印来完成该操作。

1. 调用 CAD 批量打印命令

如图 4-19 所示，单击菜单栏中第一个图标，在下拉的对话框中选择“打印”选项中“批处理打印”，即可弹出“发布”对话框，如图 4-20 所示；此步骤也可通过输入快捷键“PUBLISH”进行操作。

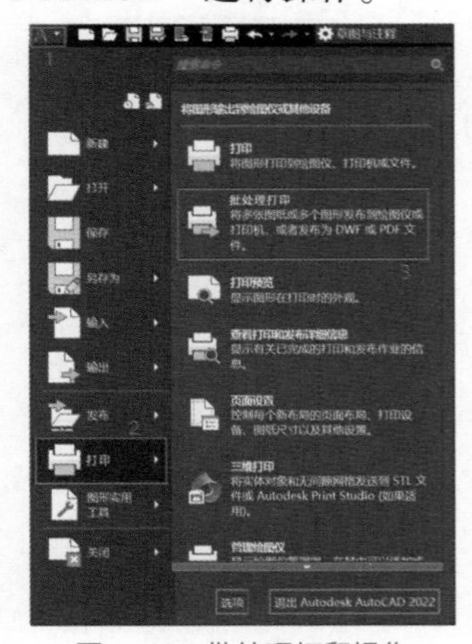

图 4-19　批处理打印操作

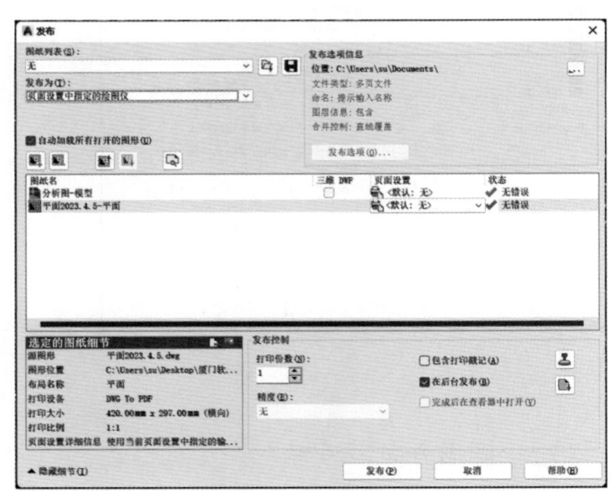

图 4-20　“发布”对话框

2. “发布”对话框操作

（1）设置

在打开的“发布”对话框中，默认会将当前所有打开的图纸的模型、布局空间都添加到对话框中的打印列表。对于没有打开的文件，可以通过单击按钮，选择要添加到打印列表的图形；单击按钮，可以将列表中选中的模型或布局删除。

（2）“发布为”设置

在“发布为”一栏中，默认值为“页面设置中指定的绘图仪”，该选项表示用每个DWG中对应模型或布局空间所指定的打印机来进行批量打印；如果选中DWF/DWFx/PDF，则会忽略原文件的打印机设置，直接打印成所选择的文件格式。

如果选择用DWF/DWFx/PDF作为输出设备，则右边的“发布选项信息”会被激活。由于施工图出图以PDF格式为主，因此，在“发布为”中选择“PDF”，激活“发布选项信息”，如图4-21所示，单击“发布选项”，弹出“PDF发布选项”对话框，如图4-22所示。

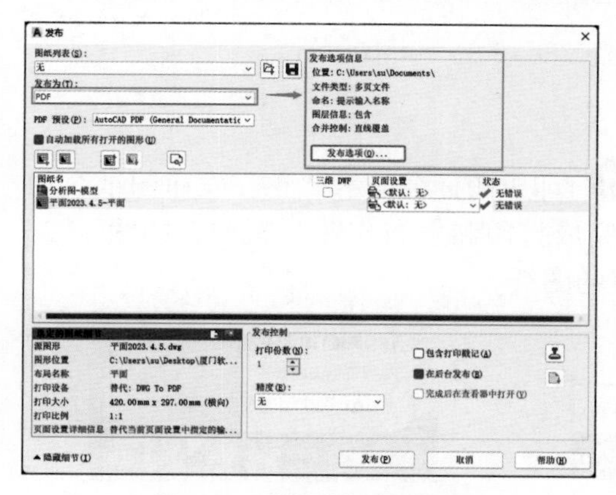

图4-21　激活发布选项信息

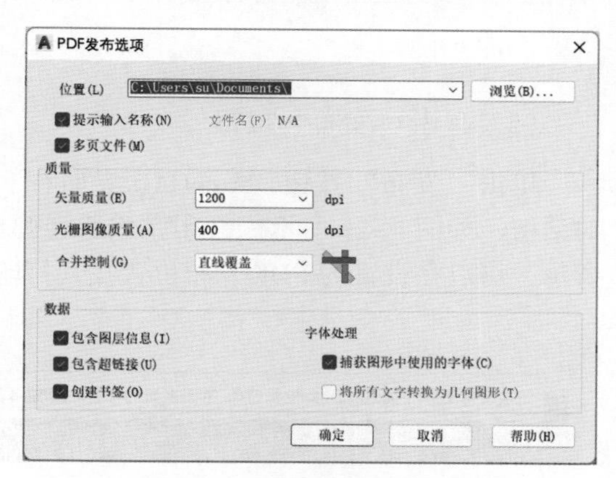

图4-22　“PDF发布选项”对话框

在“PDF发布选项”中，可以对虚拟打印成PDF格式的文件进行如下设置：

① 可以设置打印出的PDF文件是每页成为一个文件，还是多页合并成一个文件。

② 可以设置是否在导出的PDF文件中保留图层信息。如果不保留图层信息，则所有的图层信息都会在生成的文件中塌陷掉，之后用“PDFATTACH”命令转换成底图之后，也不会带回任何的图层信息。

（3）“打印列表”设置

在打印列表中，“状态”栏若出现红色感叹号，则无论是未初始化布局还是其他原因，都可能导致整个图纸打印失败或者该图纸被单独跳过，如图4-23所示。

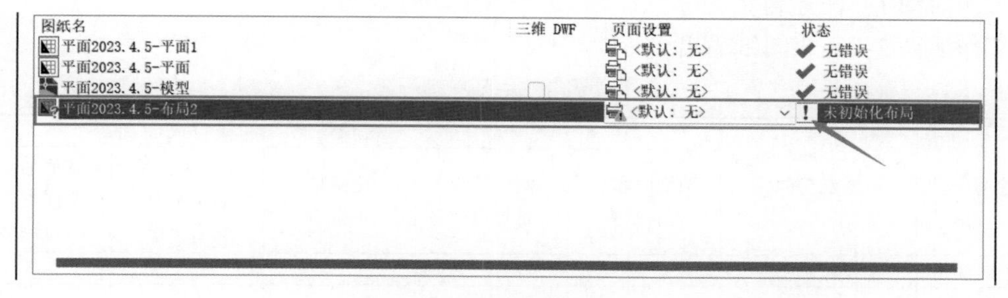

图4-23　打印列表状态栏

（4）选定的图纸细节

在“发布”对话框左下角的“选定图纸细节”中，可以直观看到当前选中图纸的具体打印设置信息，也可以进行预览，如图4-24所示。

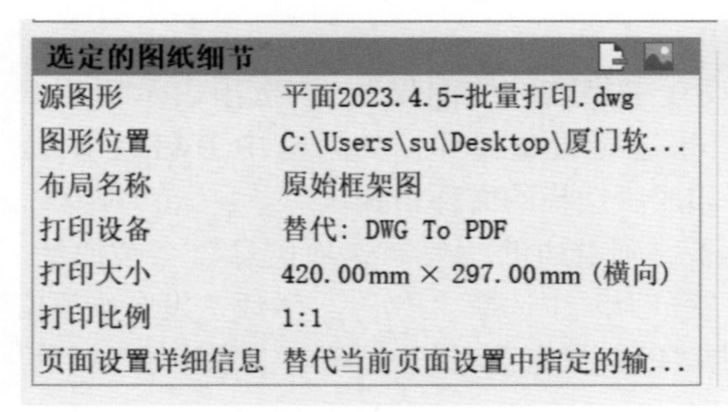

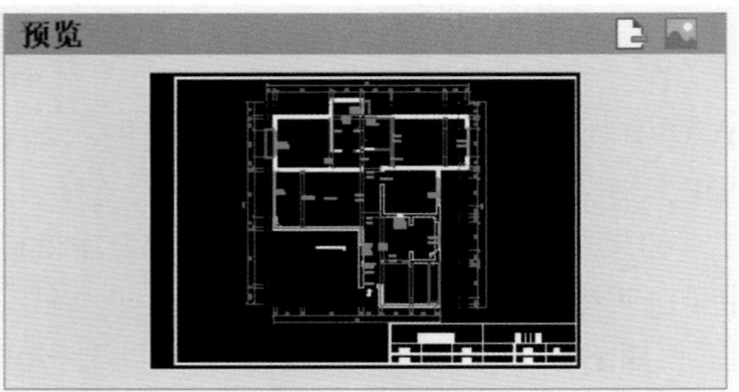

图 4-24　选定的图纸细节和预览

（5）单击“发布”按钮

单击“发布”按钮，AutoCAD 界面右下角打印机图标会显示“正在发布图纸”的对话框，如图 4-25 所示。打印完成后会弹出“完成打印和发布作业”提醒，如图 4-26 所示，可以在设置的 PDF 发布位置找到打印完成的图纸。

图 4-25　正在发布图纸显示

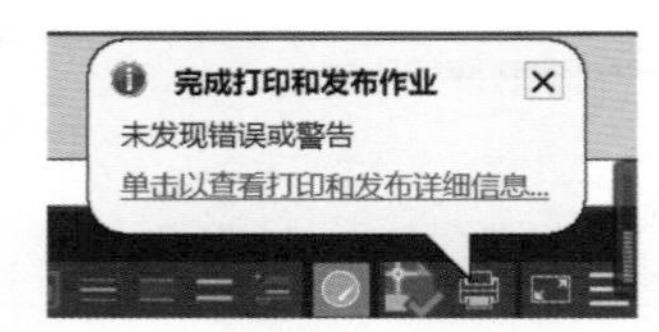

图 4-26　完成打印和发布作业提醒

学生工作手册

学习目标

绘制完成“项目五　作品欣赏”中要求的建筑装饰施工图，输出图纸。

工作流程和活动

工作活动 1：任务确立。

工作活动 2：完成图纸输出。

图纸输出完成情况表

序号	图纸名称	完成情况				
		图纸内容是否有缺失	图线等级是否清晰	比例是否得当	符号表达是否清晰且符合标准	其他细节上要注意的点（自行罗列）
1	设计说明					
2	平面图					
…	…					

注：1. 本表适合互评。

2. 图纸输出其他细节上要注意的点，可自行根据图纸进行填写，再根据是否完成进行评价。

3. 完成情况对应栏，相应填写“是” = “√”、“否” = “○”；最终“√”越多，即图纸输出成果越达标准。

☞ 提交与改进工作单

改进要点记录	
最终输出的图纸	

思考

问题 1：是否有更加方便的批量打印方法？

问题 2：为什么一页布局中有多张图纸，在批量打印时只显示出一张图纸呢？

思政拓展

担大任。培养社会责任感和设计职业道德，以社会关注的建筑安全事件——哈尔滨居民楼擅自拆改房屋承重墙事件融入。

2023 年 4 月 28 日，哈尔滨松北区城市管理和行政综合执法局接到群众关于利民学苑小区一房屋存在擅自拆改房屋承重墙的举报。该区居民楼三楼准备开健身房，在装修时将承重墙砸穿，导致该单元四楼、六楼墙体开裂，造成 240 多户业主损失总计大约一亿六千八百多万元。松北区城市管理和行政综合执法局在接到举报后立即到达现场，责令当事人停止违法行为，对当事人进行立案调查。

依据《房屋建筑工程抗震设防管理规定》，擅自变动或破坏房屋承重墙等其他抗震设施的，应由相关建设主管部门责令限期恢复原状，并对个人处以 1000 元以下罚款，对单位处以 10000 元以上 30000 元以下罚款。按照《建设工程质量管理条例》规定，涉及建筑主体和承重结构变动的装修工程，建设单位应当在施工前委托原设计单位或具有相应资质等级的设计单位提出设计方案，没有设计方案的不得进行施工。房屋建筑使用者在装修过程中，不得擅自变动房屋建筑主体和承重结构。

该业主的行为给整栋楼带来了极大的安全隐患，造成了大量业主的经济损失，给他们的生活造成了不便。因此，该业主应被追究法律责任，并应对经济损失进行赔偿。

这件事为从事建筑行业的相关人员再次敲响了警钟，在设计、施工过程中要严格遵循相关法律法规，在绘制图纸过程中要明确建筑主体和承重结构，不得随意变动和拆除；在施工现场交底的时候，图纸要表达准确无误，应严肃告知施工方不得随意敲墙。我们应谨记，图上一小笔的失误，可能会导致工程施工中产生严重的操作失误。因此，我们在刚开始学习绘制施工图的时候，要有严格的规范意识和安全意识，要做到绘制过程步步细致。

问题：楼房因设计施工问题而倒塌的事件层出不穷，其背后都是血淋淋的教训，我们要提高规范意识、社会责任感和危机意识，应该从何做起？

项目五

作品欣赏

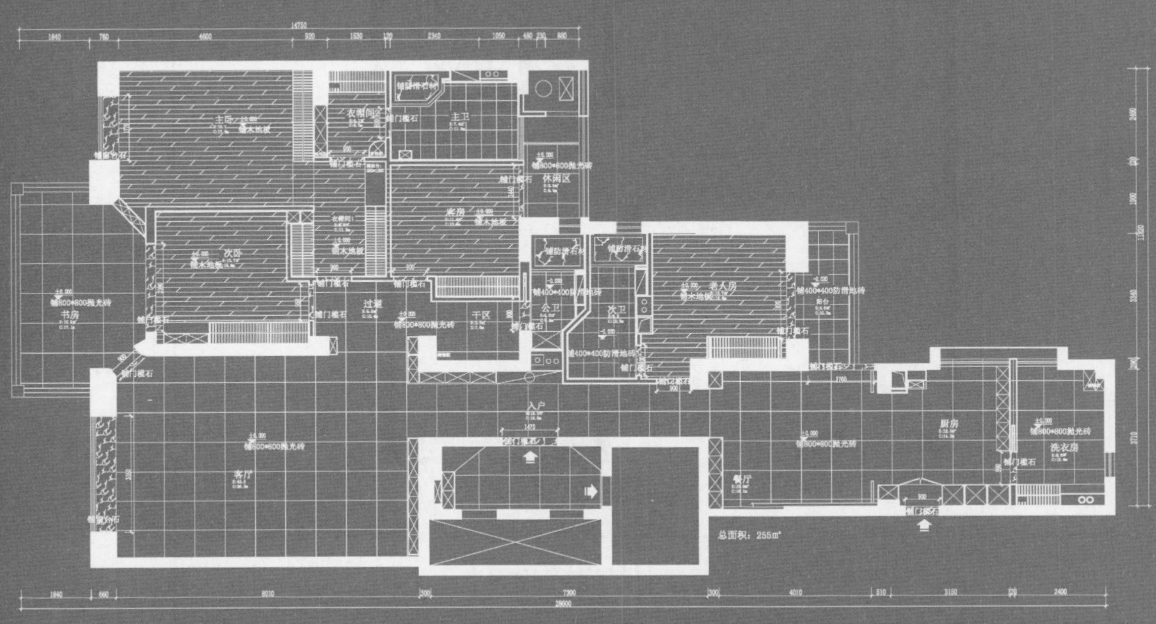

九鼎装饰
JIUDING ZHUANGSHI
DESIGN UNIT 设计单位:
厦门九鼎建筑装饰设计工程有限公司
TEL: 0592-5787088
Contractor: 施工单位:
厦门九鼎建筑装饰设计工程有限公司
工程地点:
云顶至尊 16#301
设计 黄 荣
制图 黄 菲
复核
比例 1:70
日期 2021.03
工程编号
图纸名称
地面布置图
图纸编号: PL-06
页码 06
业主
备注:
主卧
衣帽间
主卫
休闲区
客房
次卧
书房
过道
干区
公卫
次卫
老人房
客厅
入户
餐厅
厨房
洗衣房
总面积：255m²

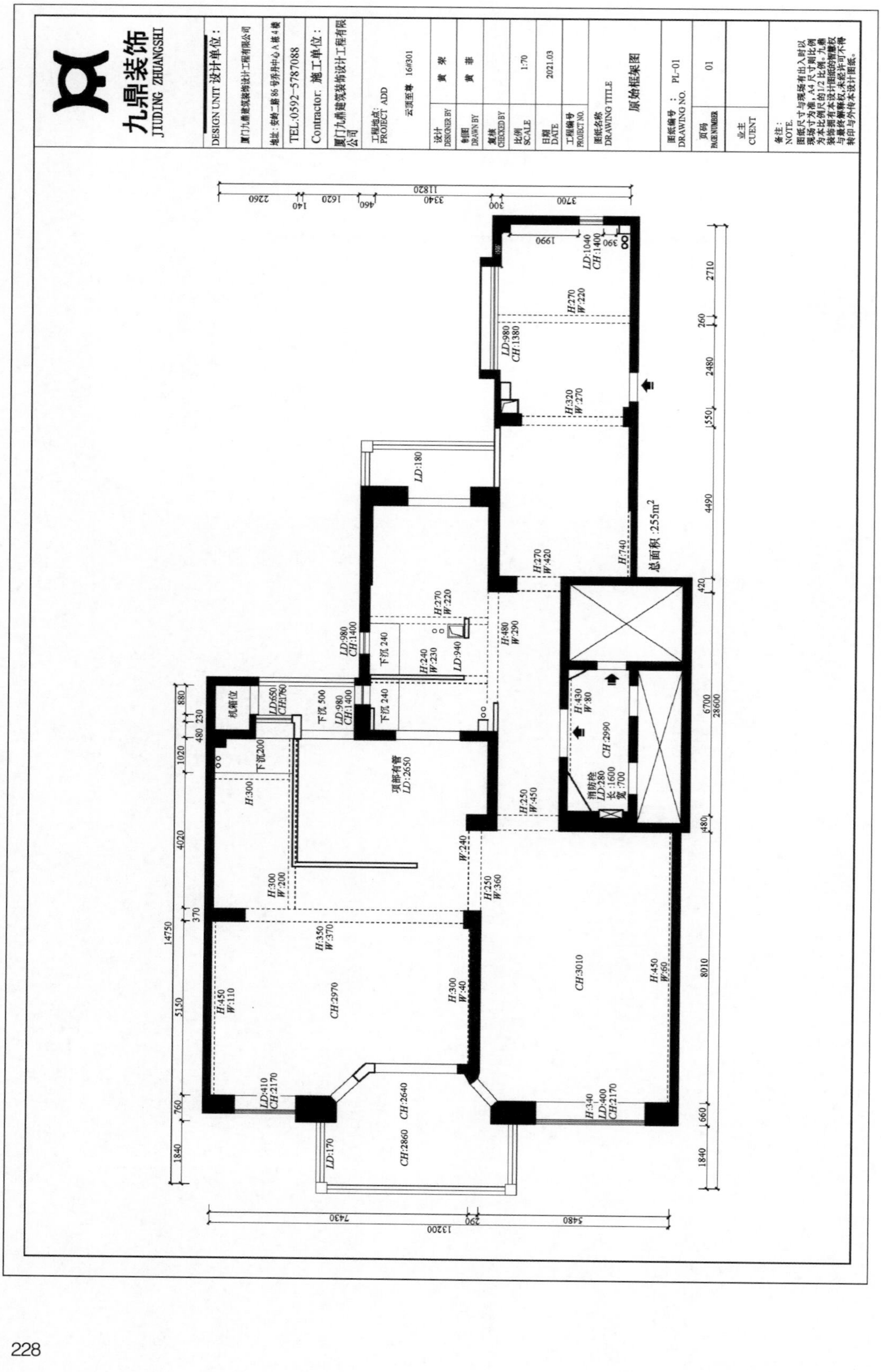

图 5-1　原始框架图

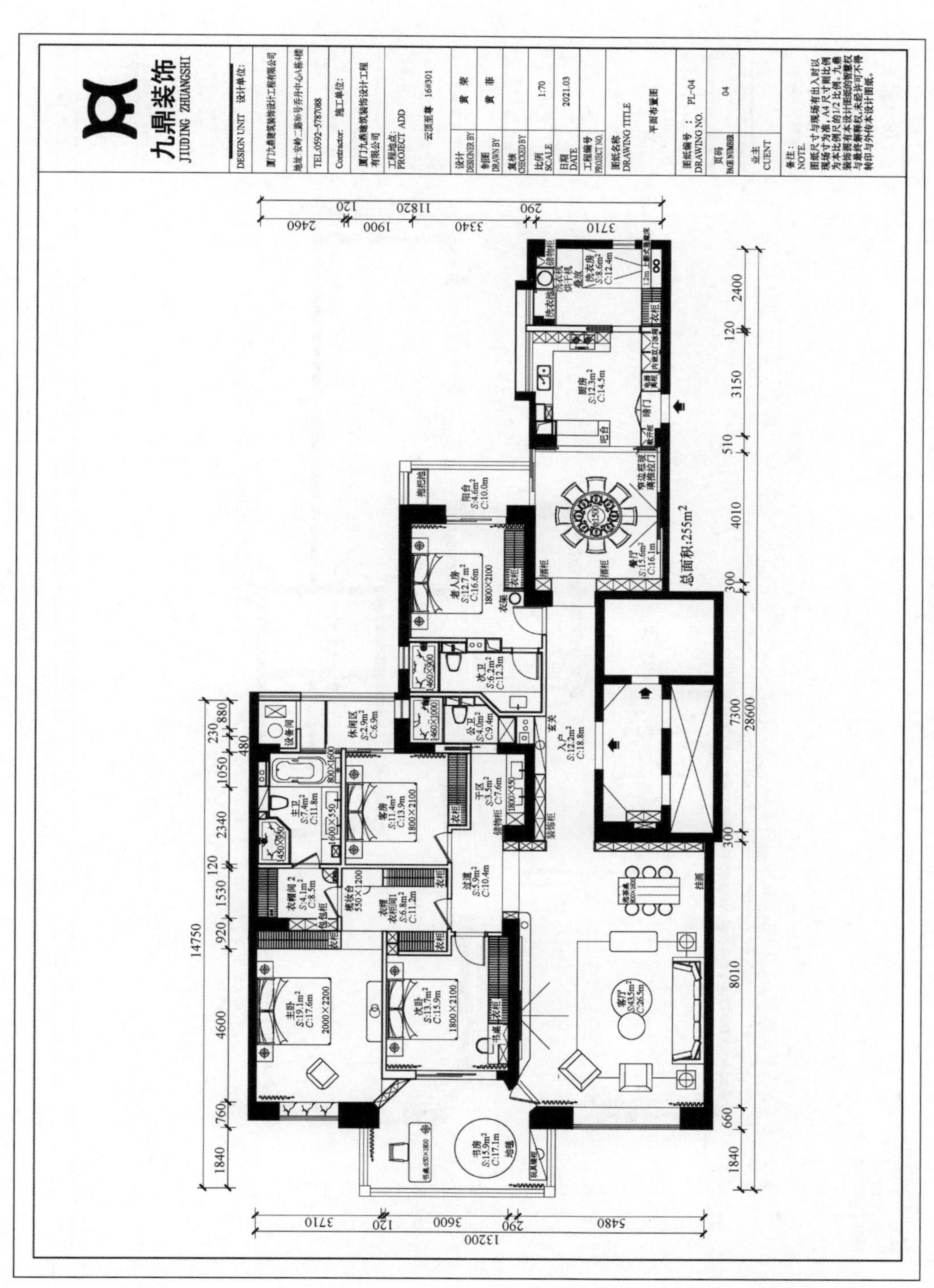

图 5-2　平面布置图

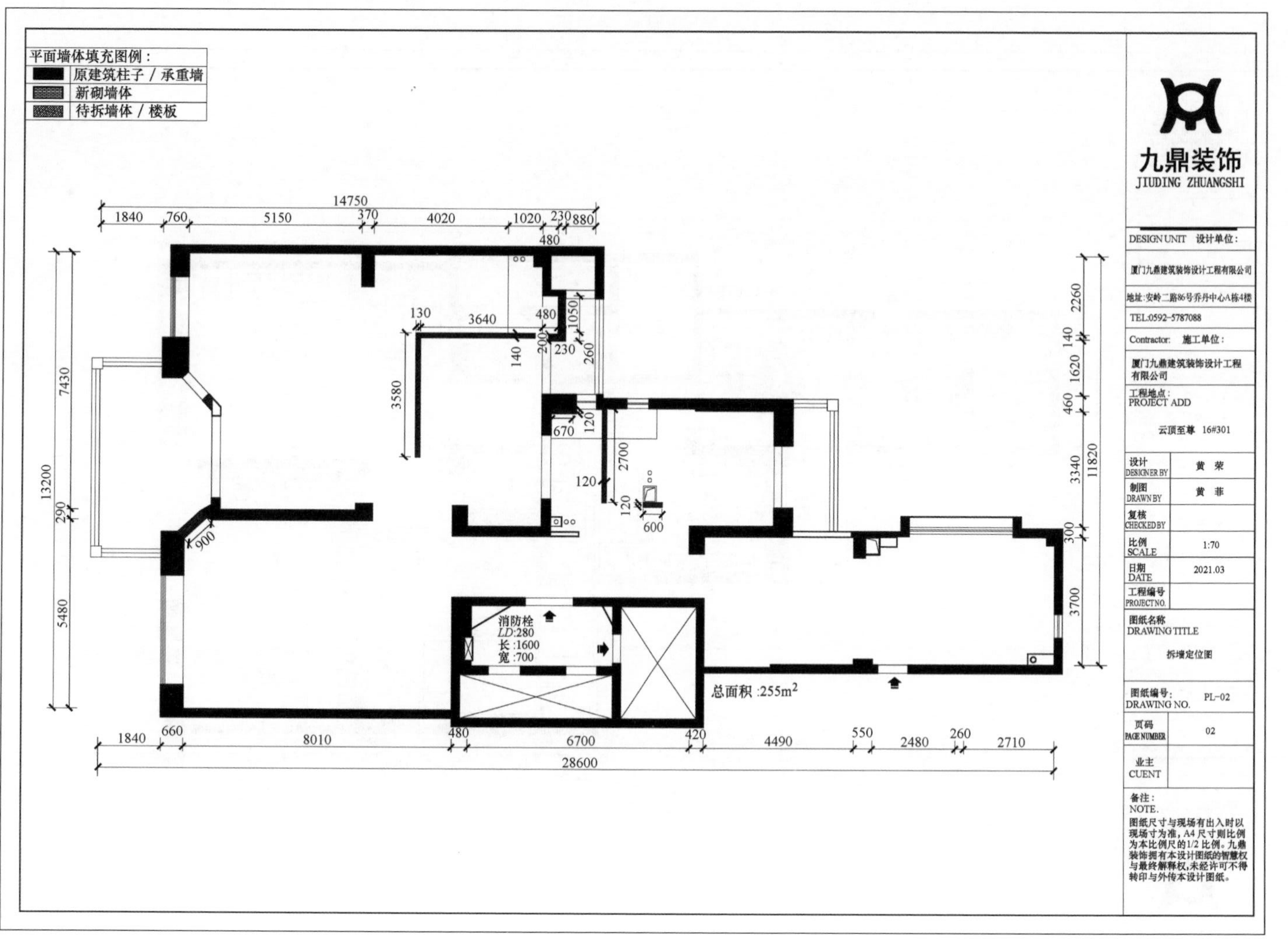
平面墙体填充图例：
原建筑柱子 / 承重墙
新砌墙体
待拆墙体 / 楼板
九鼎装饰
JIUDING ZHUANGSHI
DESIGN UNIT 设计单位：
厦门九鼎建筑装饰设计工程有限公司
地址：安岭二路86号乔丹中心A栋4楼
TEL:0592-5787088
Contractor: 施工单位：
厦门九鼎建筑装饰设计工程有限公司
工程地点：PROJECT ADD
云顶至尊 16#301
设计 DESIGNER BY 黄 荣
制图 DRAWN BY 黄 菲
复核 CHECKED BY
比例 SCALE 1:70
日期 DATE 2021.03
工程编号 PROJECT NO.
图纸名称 DRAWING TITLE
拆墙定位图
图纸编号：DRAWING NO. PL-02
页码 PAGE NUMBER 02
业主 CUENT
备注：NOTE.
图纸尺寸与现场有出入时以现场寸为准，A4 尺寸则比例为本比例尺的1/2 比例。九鼎装饰拥有本设计图纸的智慧权与最终解释权，未经许可不得转印与外传本设计图纸。
消防栓
LD:280
长:1600
宽:700
总面积:255m²
14750
1840
760
5150
370
4020
1020
230
880
480
13200
7430
290
5480
28600
660
8010
6700
420
4490
550
2480
260
2710
11820
2260
140
1620
460
3340
300
3700
3640
3580
2700
600

图 5-3　拆墙定位图

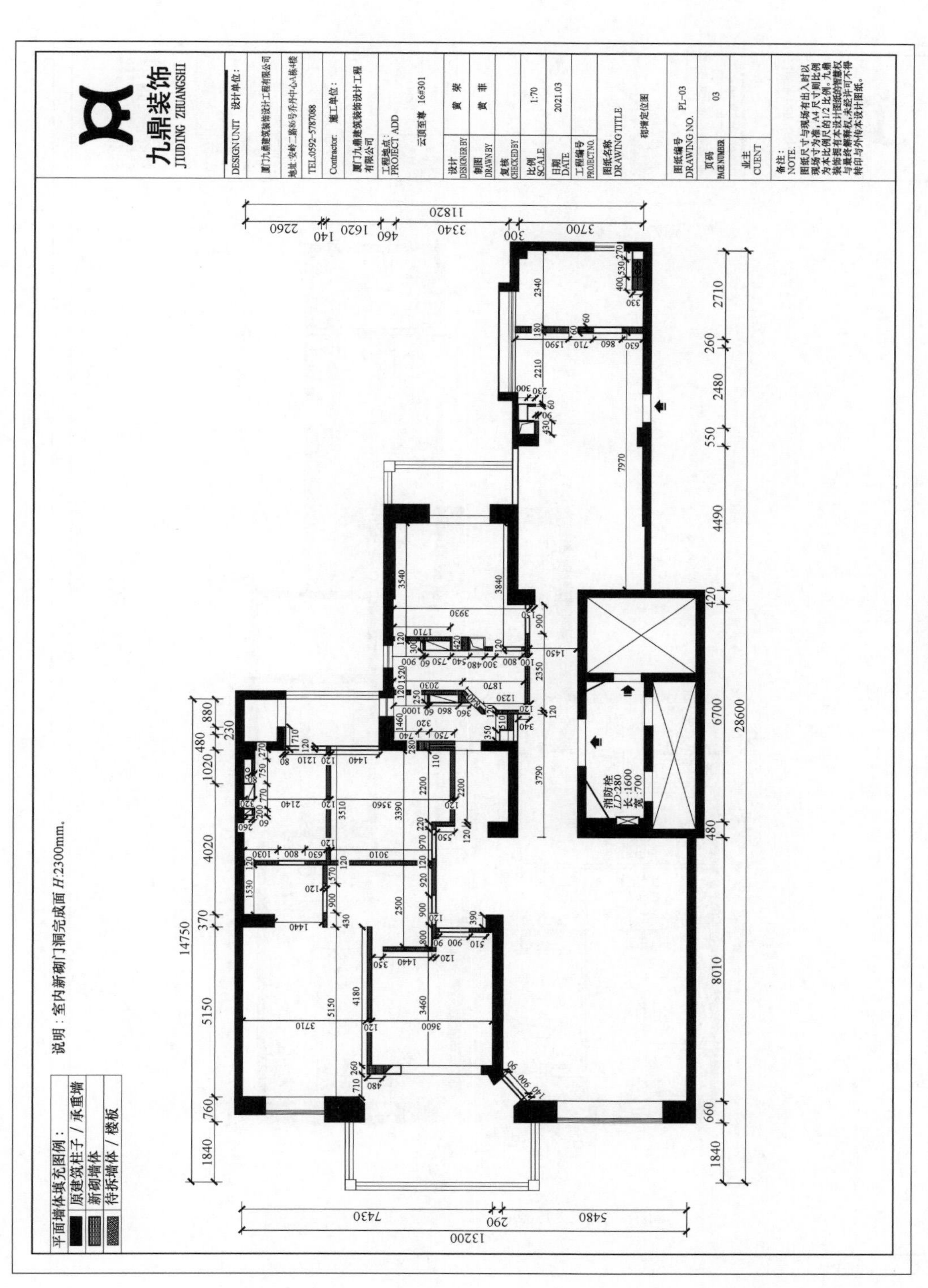
九鼎装饰
JIUDING ZHUANGSHI
说明：室内新砌门洞完成面 H:2300mm.
平面墙体填充图例：
原建筑柱子 / 承重墙
新砌墙体
待拆墙体 / 楼板

图 5-4　砌墙定位图

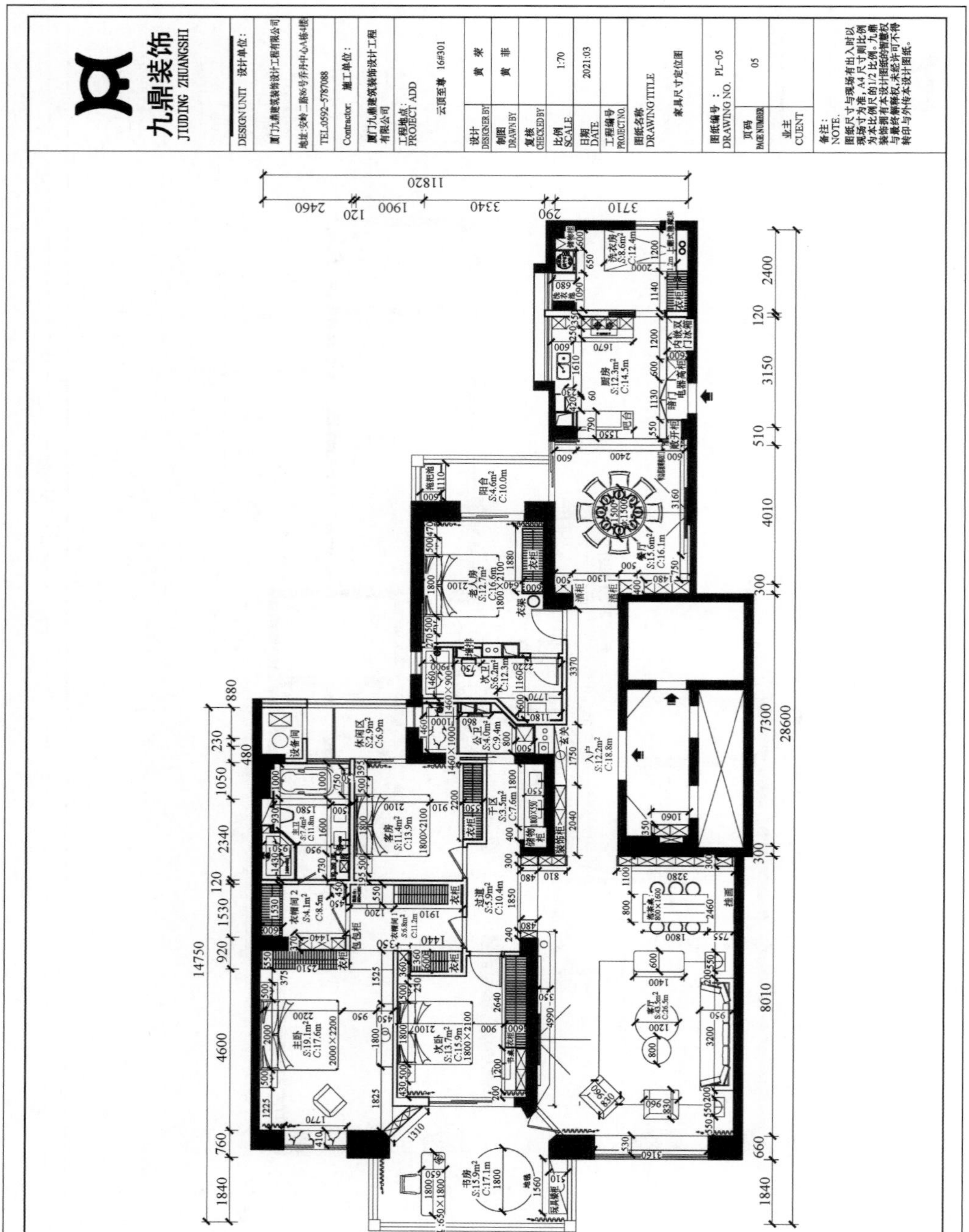

图 5-5　家具尺寸定位图

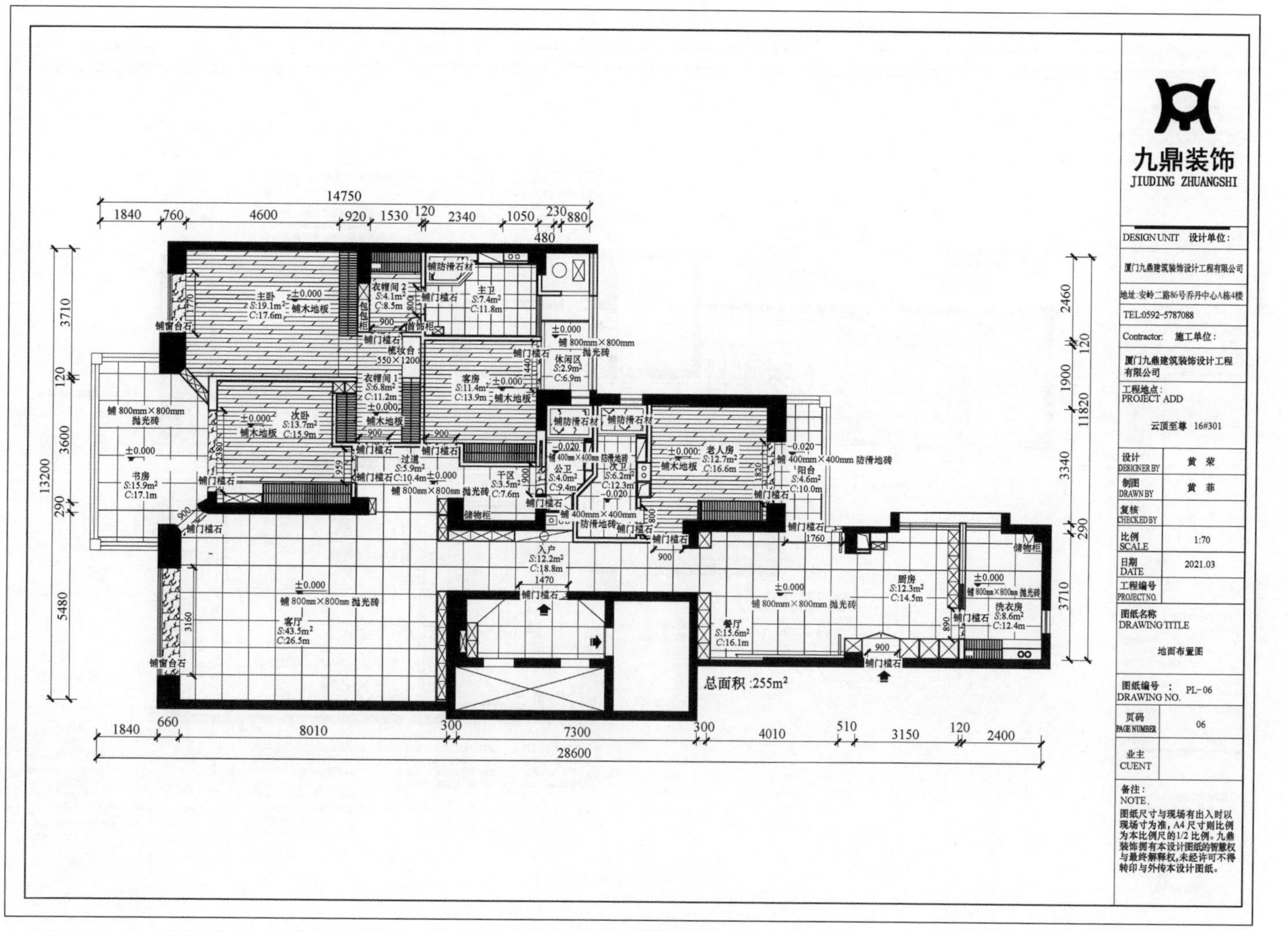
九鼎装饰
JIUDING ZHUANGSHI
DESIGN UNIT 设计单位：
厦门九鼎建筑装饰设计工程有限公司
地址：安岭二路86号乔丹中心A栋4楼
TEL:0592-5787088
Contractor: 施工单位：
厦门九鼎建筑装饰设计工程有限公司
工程地点：PROJECT ADD
云顶至尊 16#301
设计 DESIGNER BY 黄荣
制图 DRAWN BY 黄菲
复核 CHECKED BY
比例 SCALE 1:70
日期 DATE 2021.03
工程编号 PROJECT NO.
图纸名称 DRAWING TITLE
地面布置图
图纸编号：DRAWING NO. PL-06
页码 PAGE NUMBER 06
业主 CUENT
备注：NOTE.
图纸尺寸与现场有出入时以现场尺寸为准，A4尺寸则比例为本比例尺的1/2比例。九鼎装饰拥有本设计图纸的智慧权与最终解释权，未经许可不得转印与外传本设计图纸。
总面积 :255m²
主卧
客房
次卧
书房
客厅
老人房
阳台
厨房
洗衣房
餐厅
入户
休闲区
过道
干区
公卫
次卫
主卫
衣帽间 1
衣帽间 2
梳妆台
储物柜
14750
28600
13200
11820

图 5-6　地面布置图

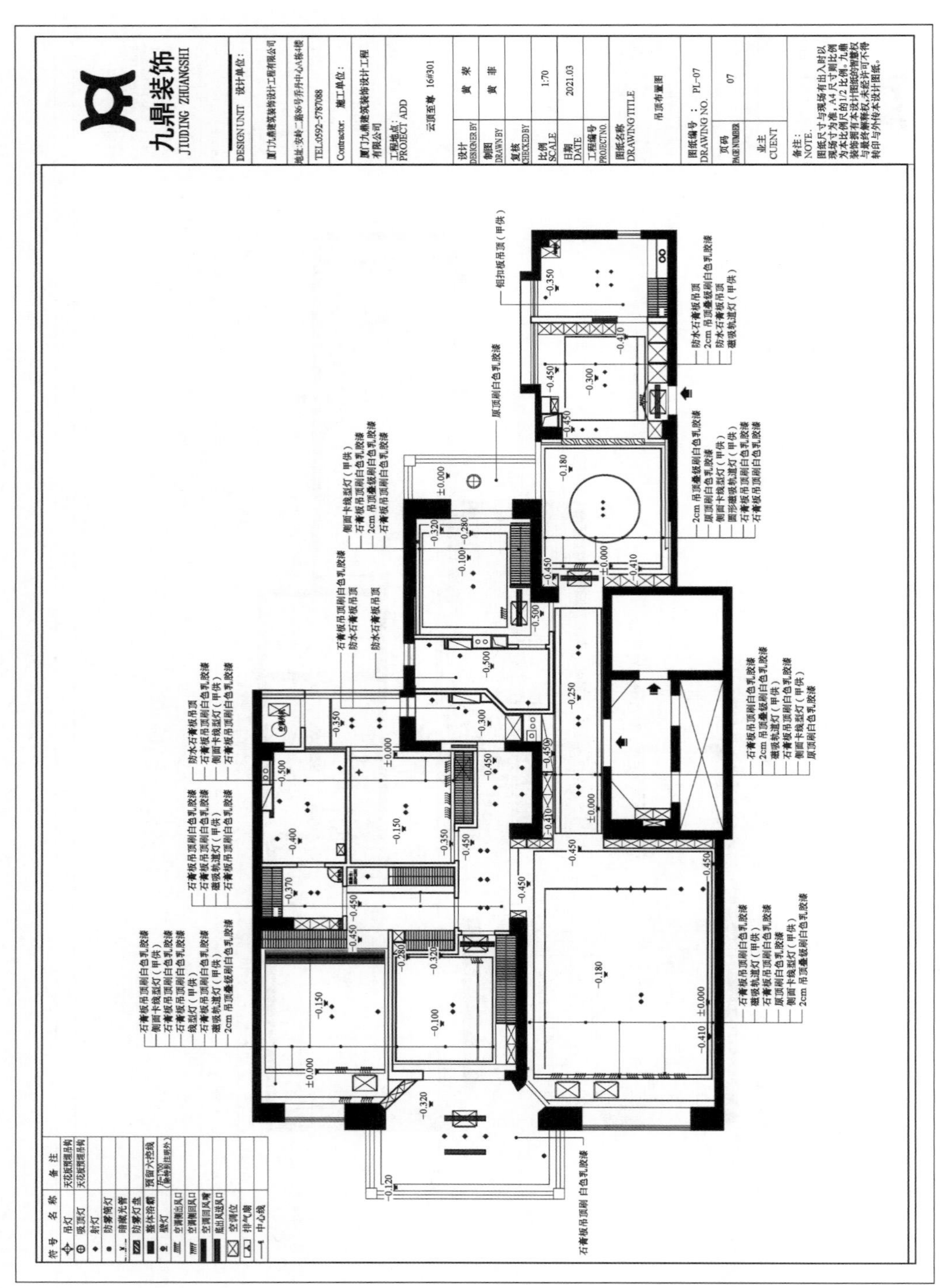

图 5-7　吊顶布置图

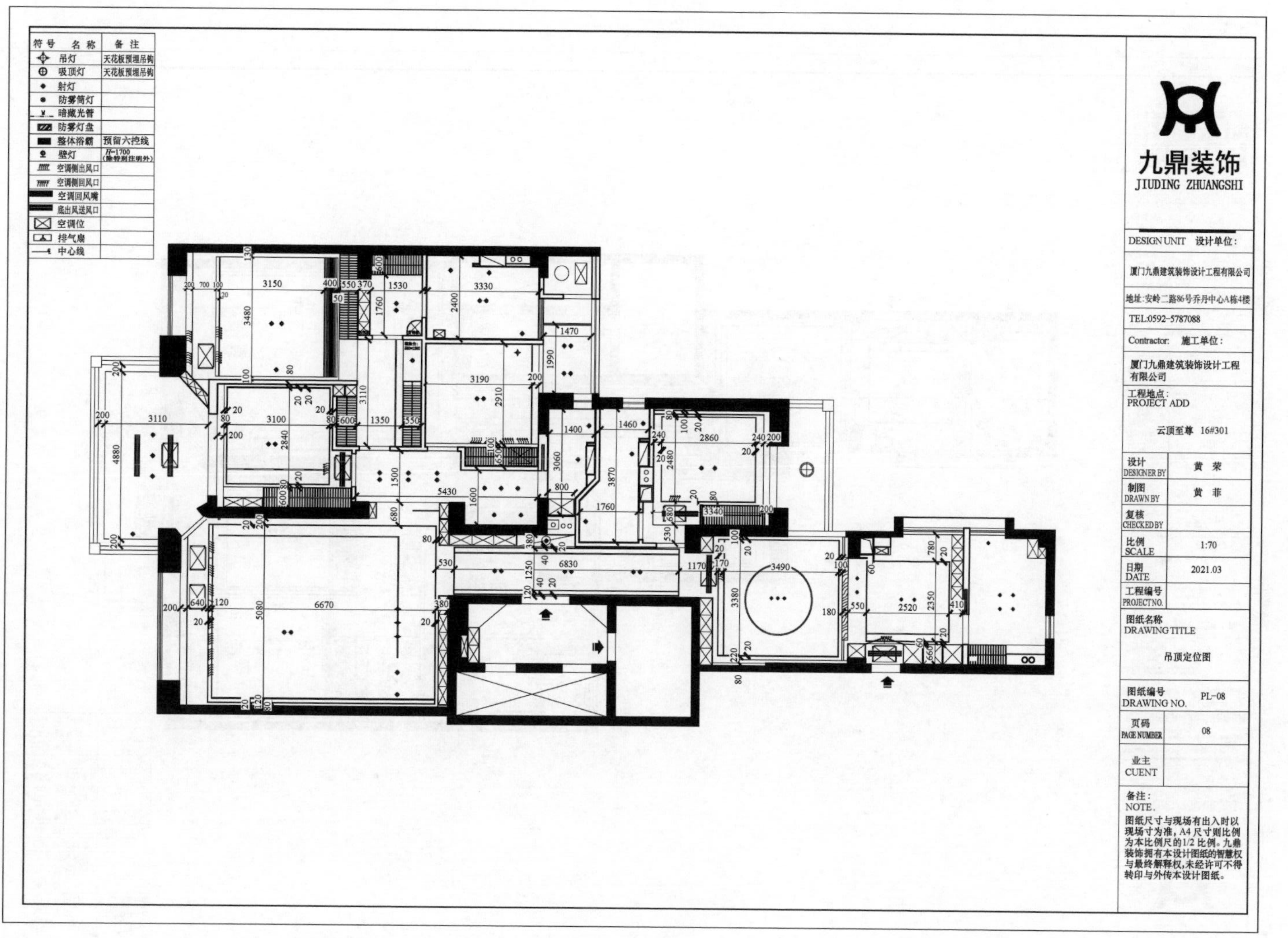
符号 名称 备注
吊灯 天花板预埋吊钩
吸顶灯 天花板预埋吊钩
射灯
防雾筒灯
暗藏光管
防雾灯盘
整体浴霸 预留六控线
壁灯 H=1700 (除特别注明外)
空调侧出风口
空调侧回风口
空调回风嘴
底出风送风口
空调位
排气扇
中心线
九鼎装饰
JIUDING ZHUANGSHI
DESIGN UNIT 设计单位：
厦门九鼎建筑装饰设计工程有限公司
地址：安岭二路86号乔丹中心A栋4楼
TEL:0592-5787088
Contractor: 施工单位：
厦门九鼎建筑装饰设计工程有限公司
工程地点：PROJECT ADD
云顶至尊 16#301
设计 DESIGNER BY 黄荣
制图 DRAWN BY 黄菲
复核 CHECKED BY
比例 SCALE 1:70
日期 DATE 2021.03
工程编号 PROJECT NO.
图纸名称 DRAWING TITLE
吊顶定位图
图纸编号 DRAWING NO. PL-08
页码 PAGE NUMBER 08
业主 CUENT
备注：NOTE.
图纸尺寸与现场有出入时以现场寸为准，A4尺寸则比例为本比例尺的1/2比例。九鼎装饰拥有本设计图纸的智慧权与最终解释权，未经许可不得转印与外传本设计图纸。

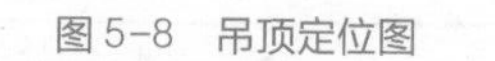
图 5-8　吊顶定位图

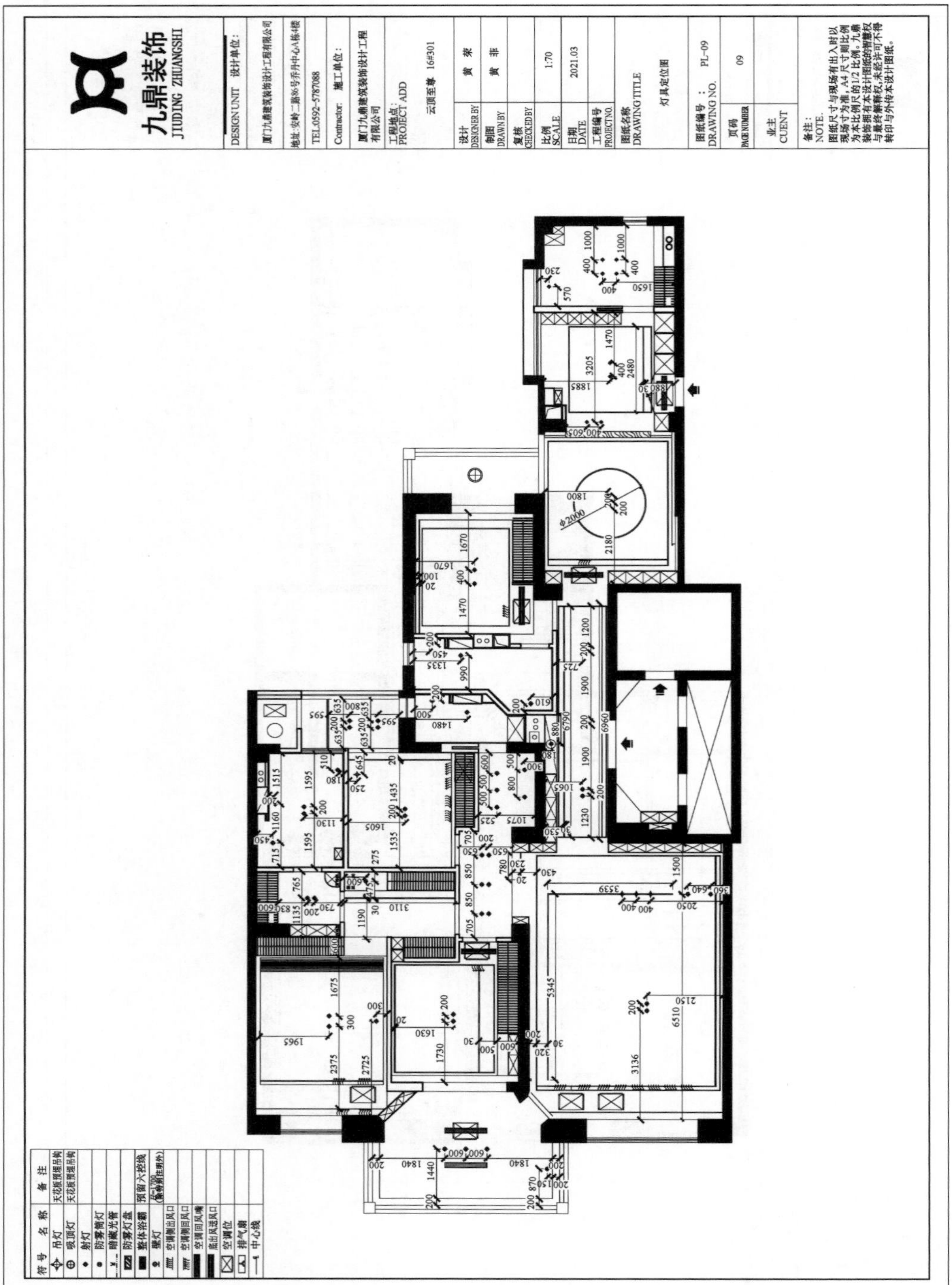

图 5-9 灯具定位图

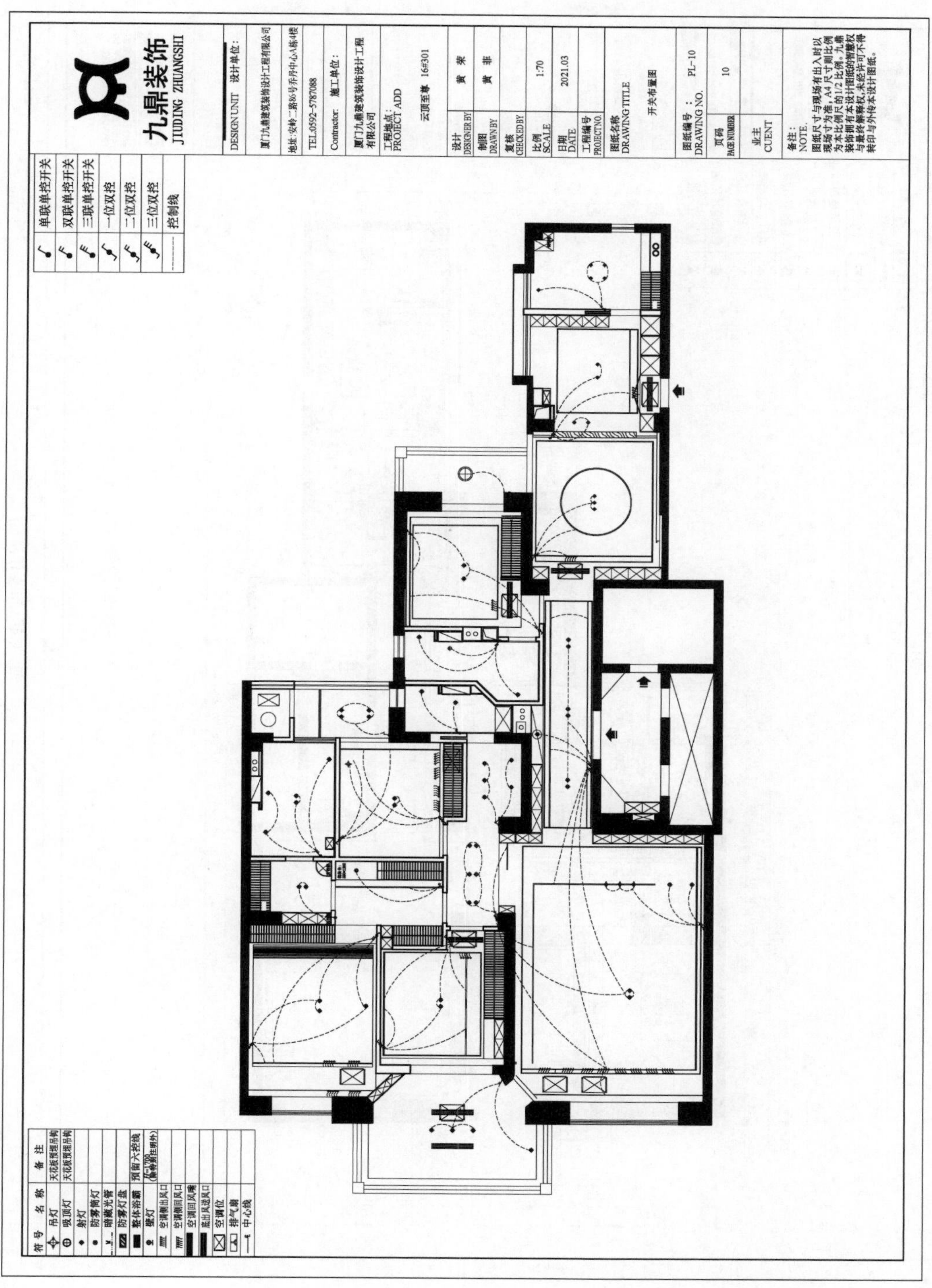

图 5-10　开关布置图

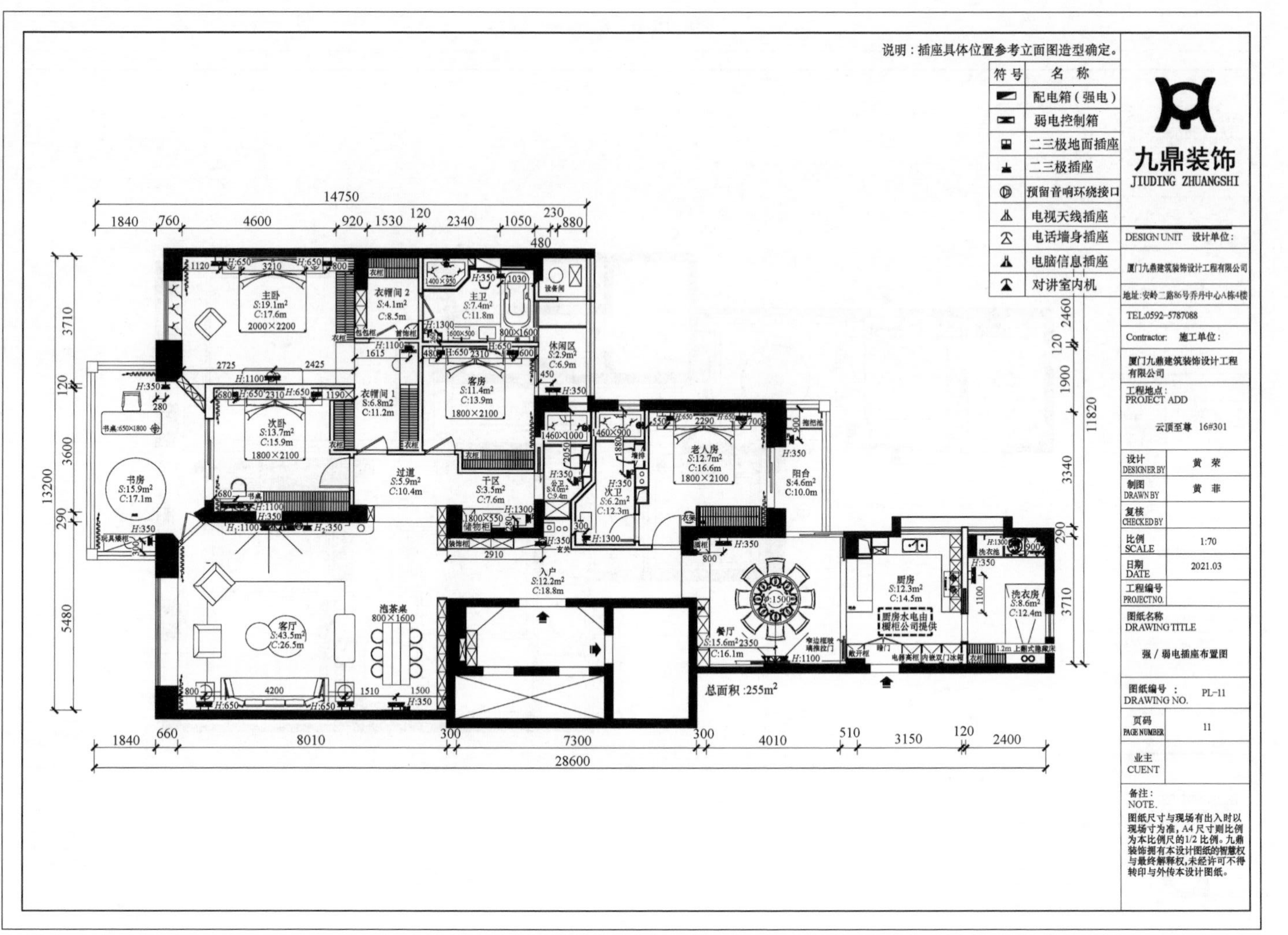

图 5-11 强、弱电插座布置图

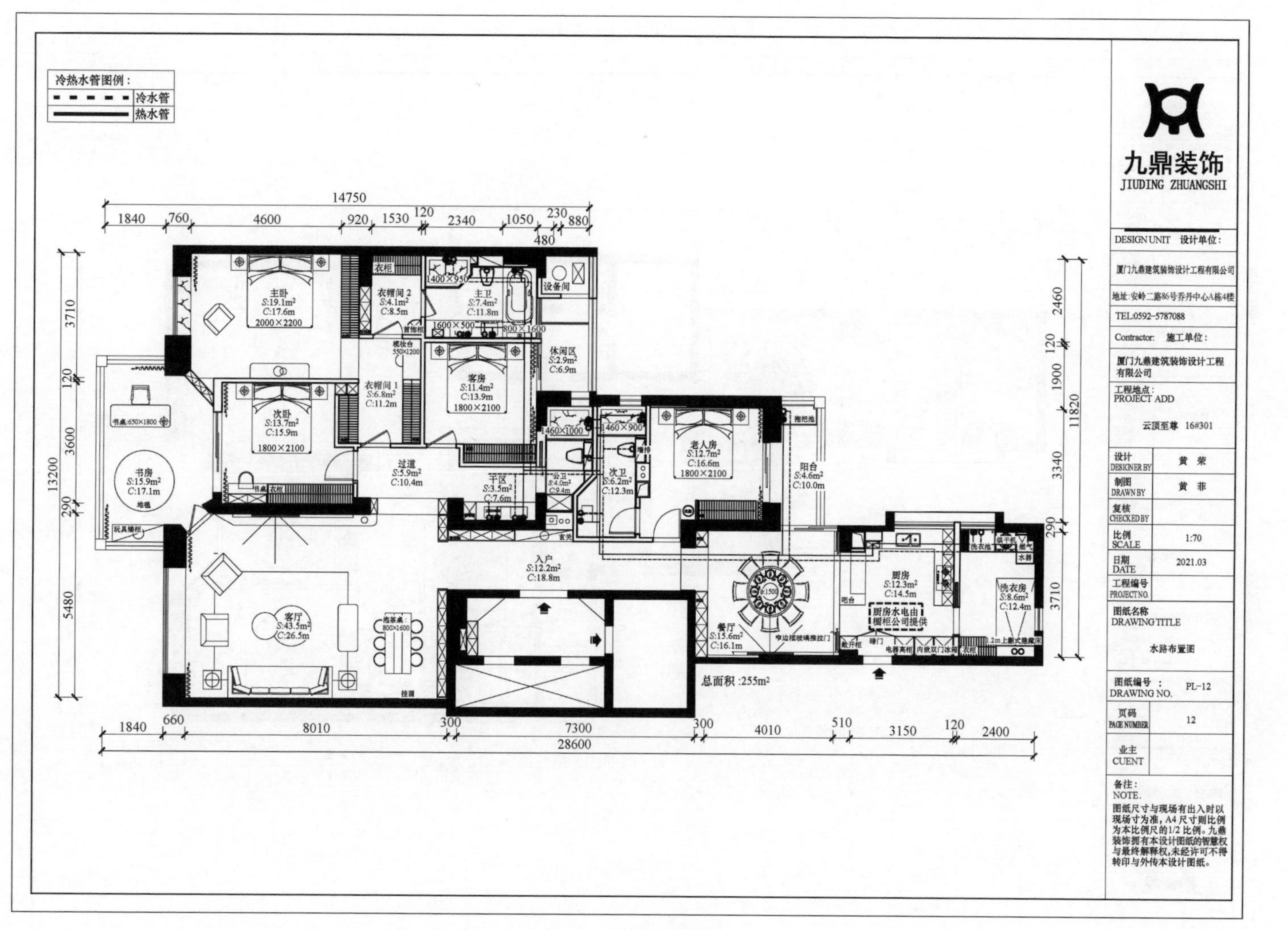
冷热水管图例:
冷水管
热水管
九鼎装饰
JIUDING ZHUANGSHI
DESIGN UNIT 设计单位:
厦门九鼎建筑装饰设计工程有限公司
地址:安岭二路86号乔丹中心A栋4楼
TEL:0592-5787088
Contractor: 施工单位:
厦门九鼎建筑装饰设计工程有限公司
工程地点:
PROJECT ADD
云顶至尊 16#301
设计
DESIGNER BY
黄 荣
制图
DRAWN BY
黄 菲
复核
CHECKED BY
比例
SCALE
1:70
日期
DATE
2021.03
工程编号
PROJECT NO.
图纸名称
DRAWING TITLE
水路布置图
图纸编号:
DRAWING NO.
PL-12
页码
PAGE NUMBER
12
业主
CLIENT
备注:
NOTE.
图纸尺寸与现场有出入时以现场寸为准，A4尺寸则比例为本比例尺的1/2比例。九鼎装饰拥有本设计图纸的智慧权与最终解释权，未经许可不得转印与外传本设计图纸。
主卧
衣帽间 2
主卫
设备间
休闲区
客房
衣帽间 1
次卧
书房
过道
干区
公卫
次卫
老人房
阳台
入户
客厅
餐厅
厨房
洗衣房
厨房水电由橱柜公司提供
总面积:255m²
14750
28600
11820
13200

图 5-12 水路布置图

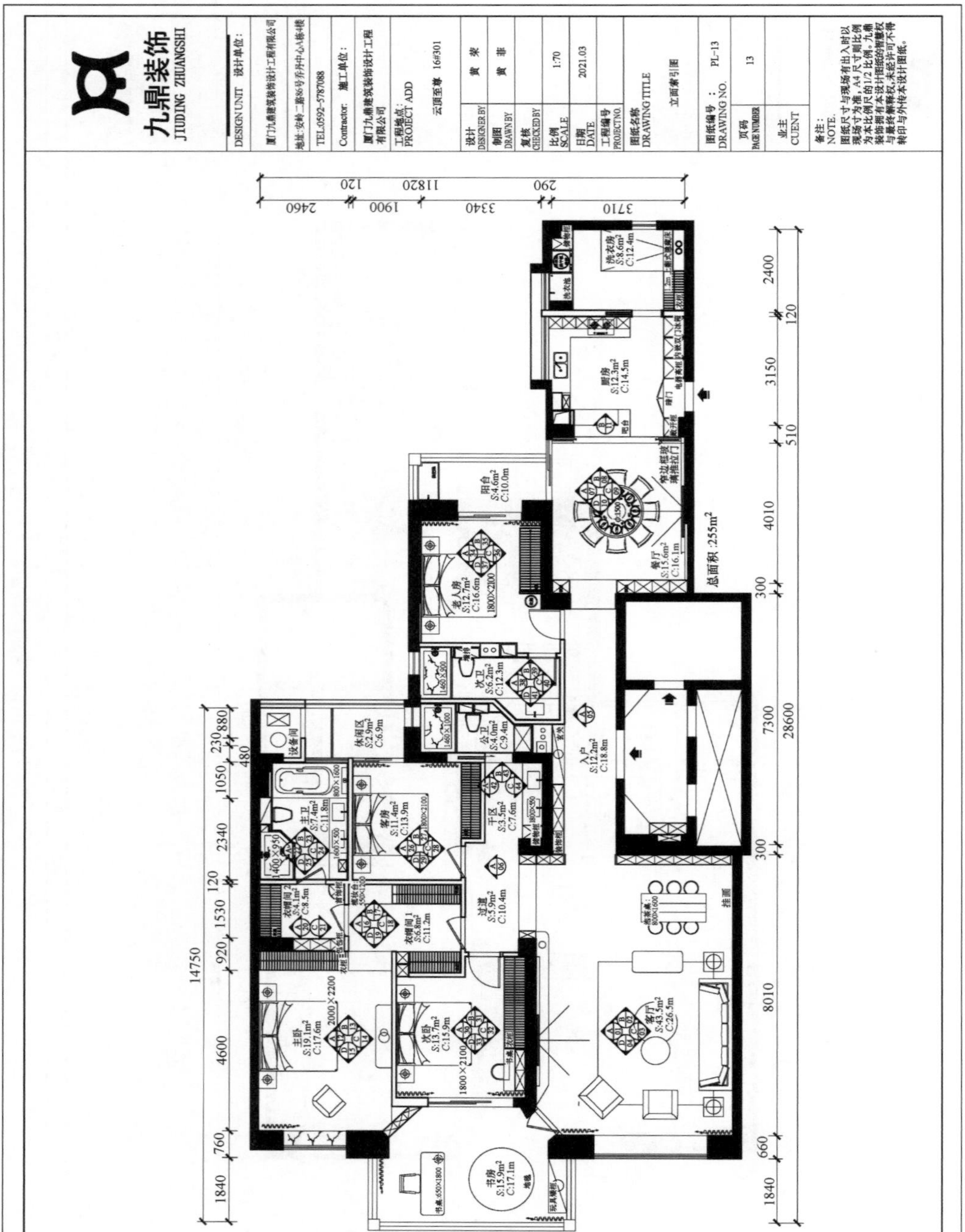

图 5-13 立面索引图

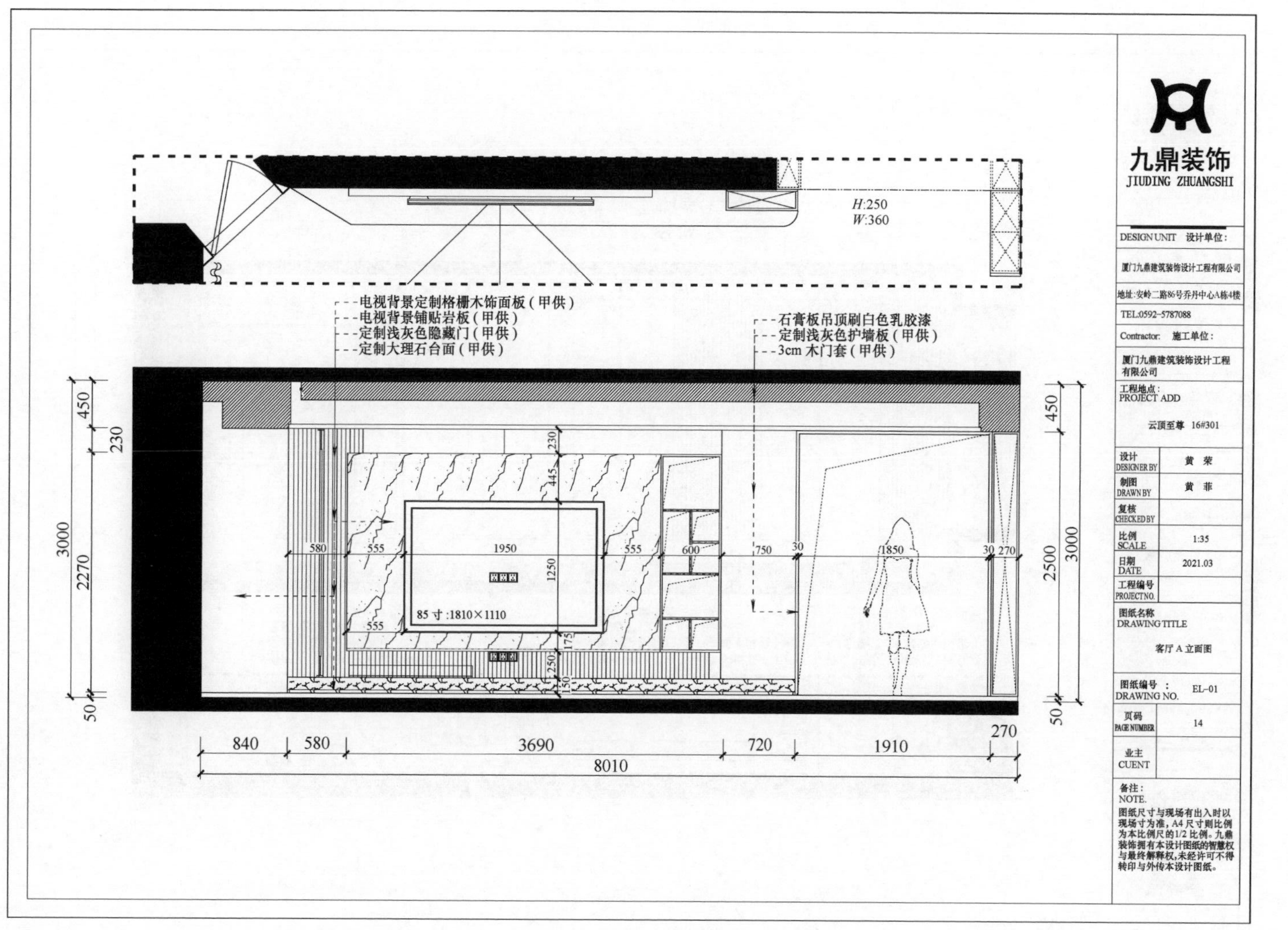
九鼎装饰
JIUDING ZHUANGSHI
H:250
W:360
电视背景定制格栅木饰面板（甲供）
电视背景铺贴岩板（甲供）
定制浅灰色隐藏门（甲供）
定制大理石台面（甲供）
石膏板吊顶刷白色乳胶漆
定制浅灰色护墙板（甲供）
3cm 木门套（甲供）
85寸:1810×1110
DESIGN UNIT 设计单位:
厦门九鼎建筑装饰设计工程有限公司
地址:安岭二路86号乔丹中心A栋4楼
TEL:0592-5787088
Contractor: 施工单位:
厦门九鼎建筑装饰设计工程有限公司
工程地点: PROJECT ADD
云顶至尊 16#301
设计 DESIGNER BY 黄荣
制图 DRAWN BY 黄菲
复核 CHECKED BY
比例 SCALE 1:35
日期 DATE 2021.03
工程编号 PROJECT NO.
图纸名称 DRAWING TITLE
客厅A立面图
图纸编号: DRAWING NO. EL-01
页码 PAGE NUMBER 14
业主 CUENT
备注: NOTE.
图纸尺寸与现场有出入时以现场寸为准，A4尺寸则比例为本比例尺的1/2比例。九鼎装饰拥有本设计图纸的智慧权与最终解释权,未经许可不得转印与外传本设计图纸。

图 5-14　客厅 A 立面图

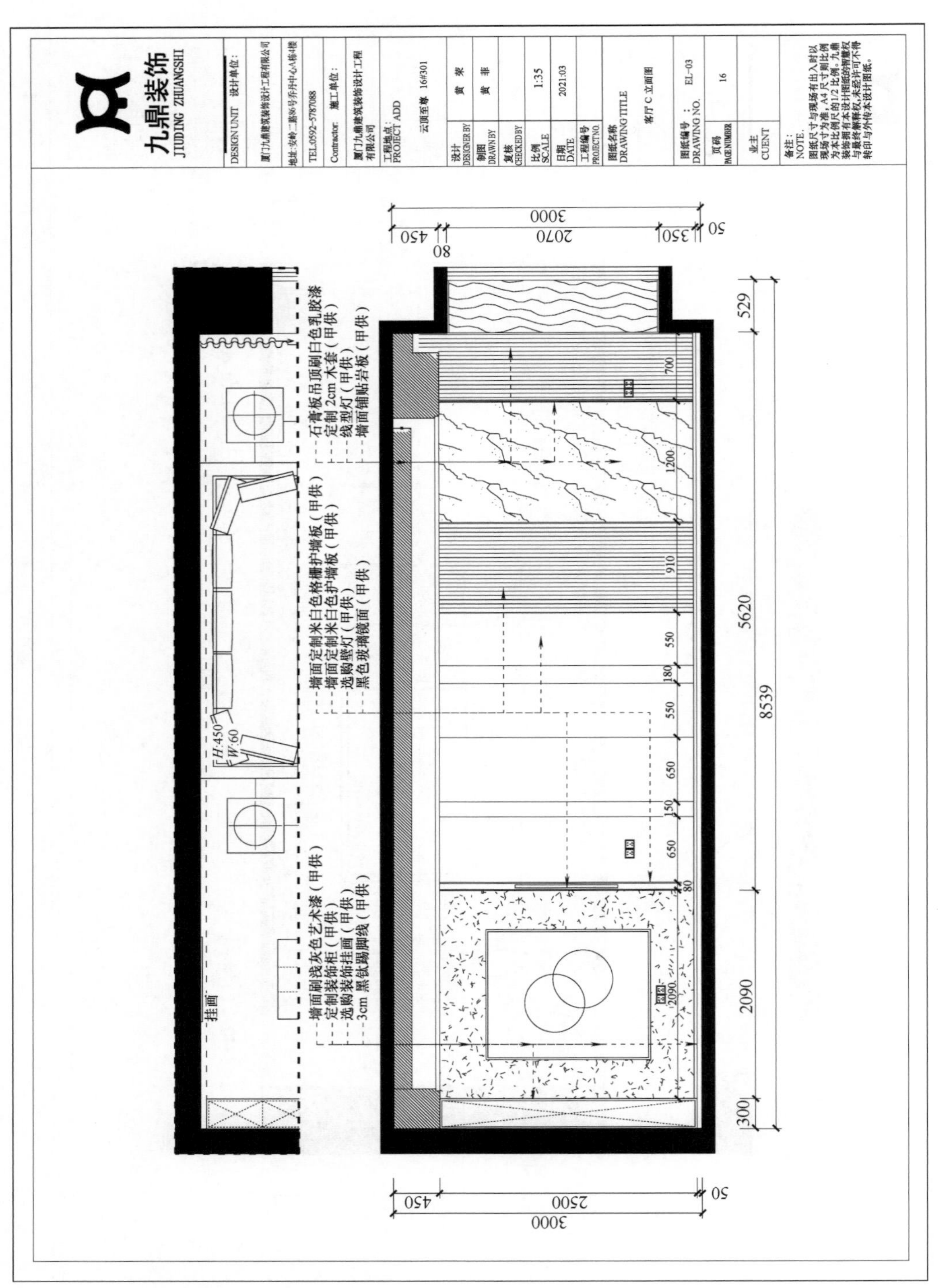

图 5-15 客厅 C 立面图

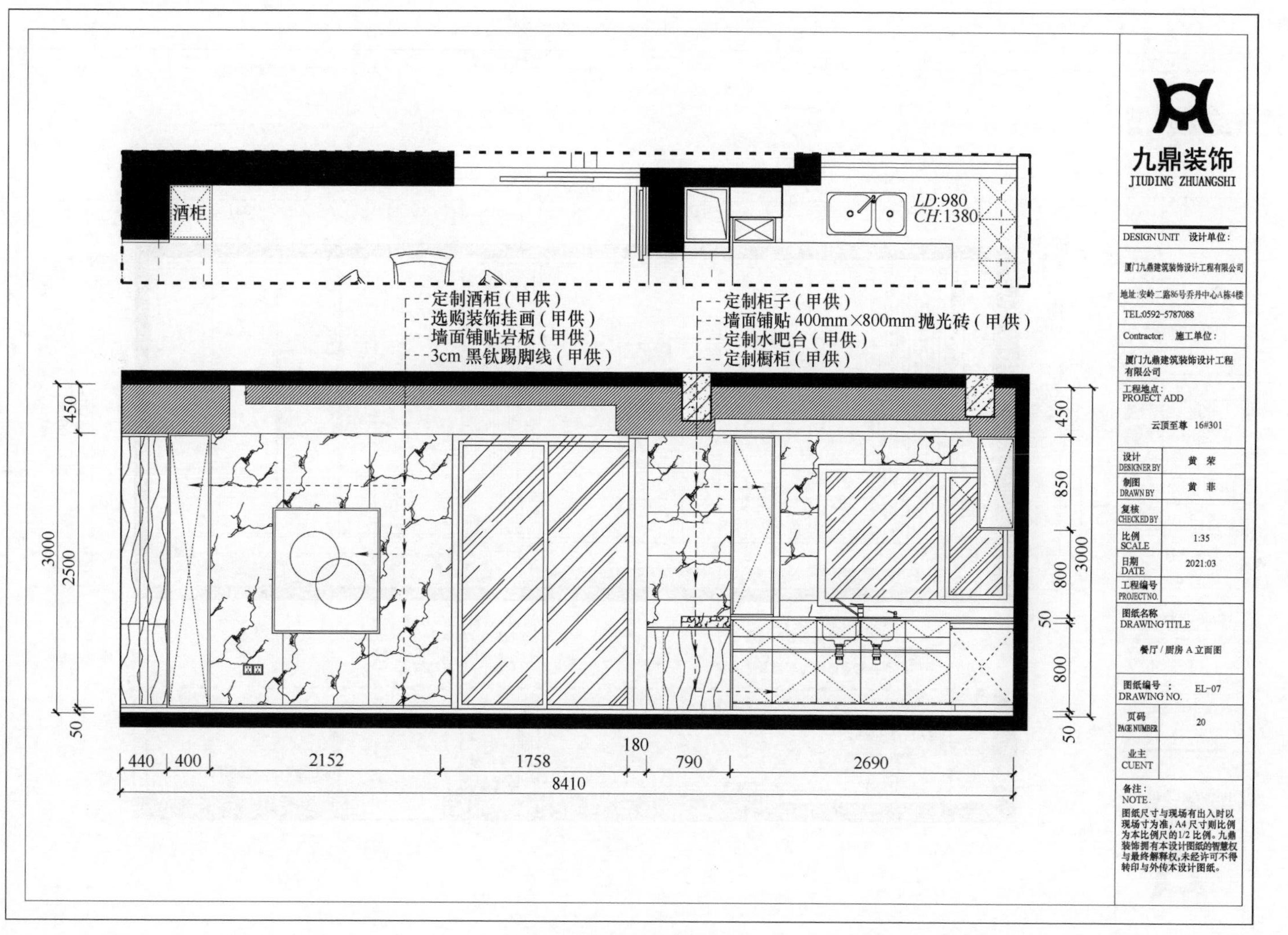

图 5-16 餐厅/厨房 A 立面图

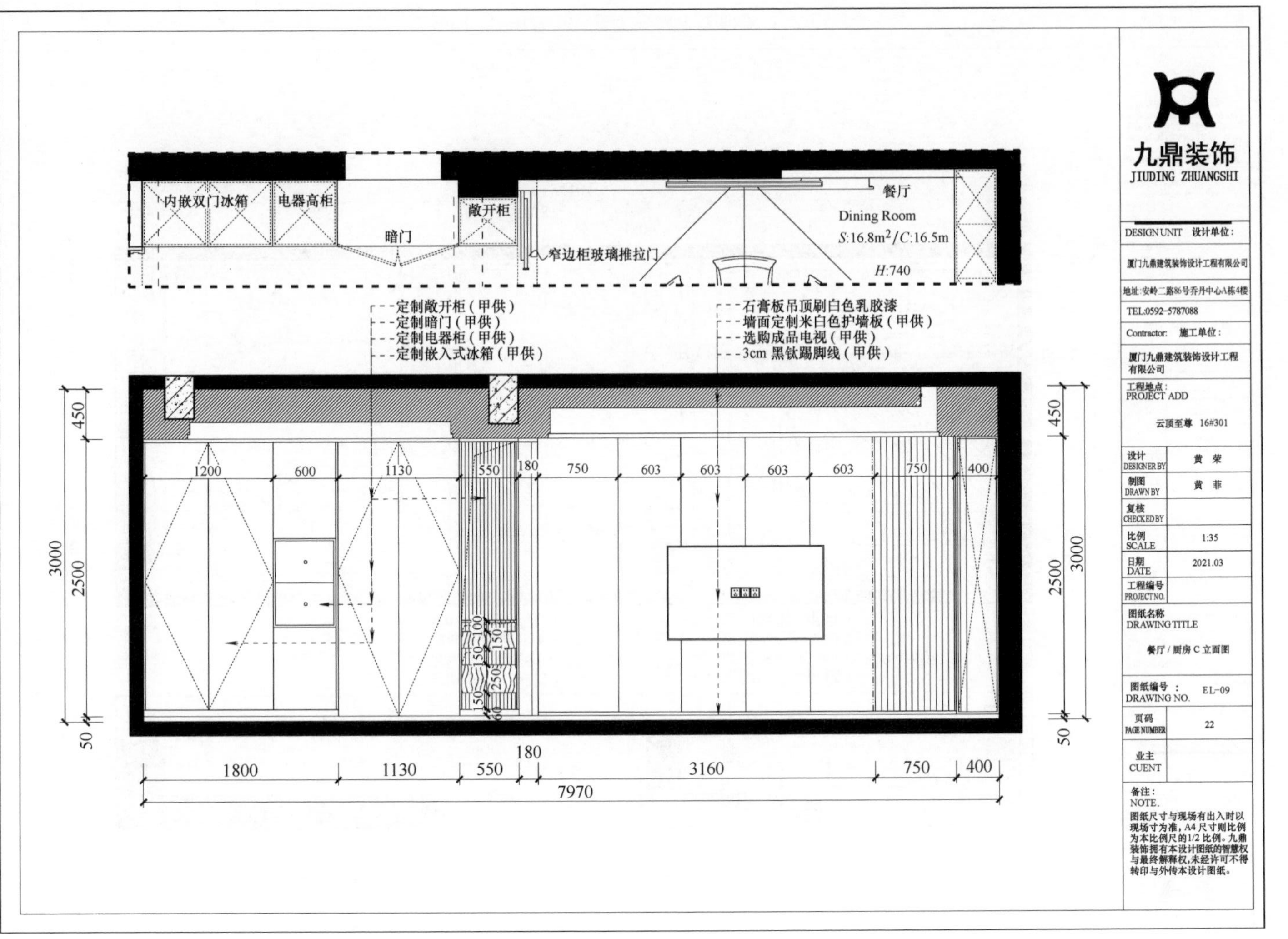

图 5-17 餐厅/厨房 C 立面图

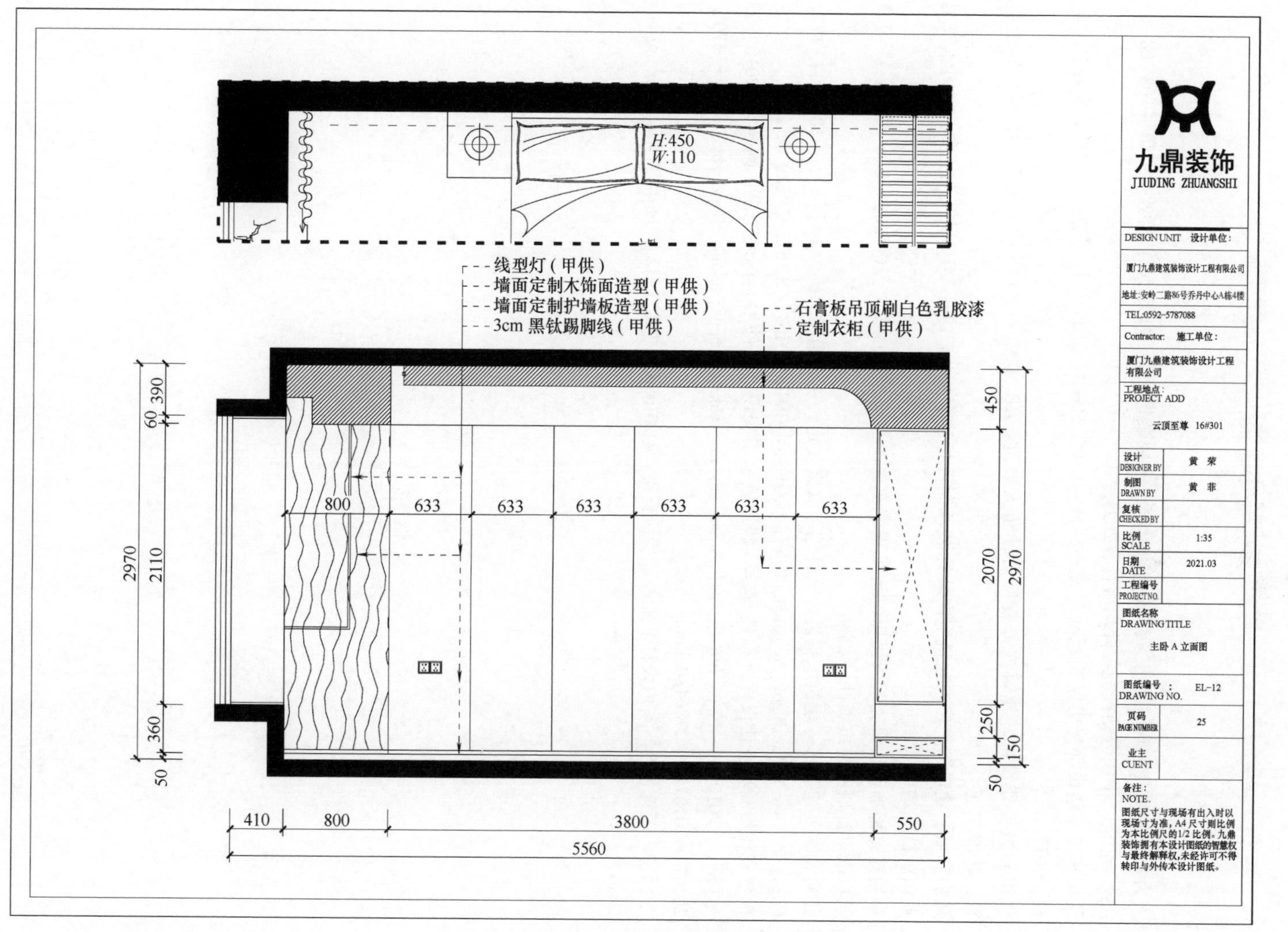
H:450
W:110
线型灯（甲供）
墙面定制木饰面造型（甲供）
墙面定制护墙板造型（甲供）
3cm 黑钛踢脚线（甲供）
石膏板吊顶刷白色乳胶漆
定制衣柜（甲供）
390
60
2970
2110
360
50
800
633
633
633
633
633
633
450
2070
2970
250
150
50
410
800
3800
550
5560
九鼎装饰
JIUDING ZHUANGSHI
DESIGN UNIT　设计单位：
厦门九鼎建筑装饰设计工程有限公司
地址：安岭二路86号乔丹中心A栋4楼
TEL:0592-5787088
Contractor:　施工单位：
厦门九鼎建筑装饰设计工程有限公司
工程地点：
PROJECT ADD
云顶至尊 16#301
设计 DESIGNER BY　黄 荣
制图 DRAWN BY　黄 菲
复核 CHECKED BY
比例 SCALE　1:35
日期 DATE　2021.03
工程编号 PROJECT NO.
图纸名称 DRAWING TITLE
主卧 A 立面图
图纸编号：DRAWING NO.　EL-12
页码 PAGE NUMBER　25
业主 CUENT
备注：NOTE.
图纸尺寸与现场有出入时以现场寸为准，A4 尺寸则比例为本比例尺的1/2 比例。九鼎装饰拥有本设计图纸的智慧权与最终解释权，未经许可不得转印与外传本设计图纸。

图 5-18　主卧 A 立面图

参考文献

[1] 人力资源和社会保障部，住房和城乡建设部. 室内装饰设计师国家职业标准：GZB 4-08-08-07 [S]. 北京：中国劳动社会保障出版社，2023.

[2] 住房和城乡建设部. 房屋建筑制图统一标准：GB/T 50001—2017[S]. 北京：中国建筑工业出版社，2017.

[3] 住房和城乡建设部. 建筑内部装修设计防火规范：GB 50222—2017[S]. 北京：中国计划出版社，2017.

[4] 住房和城乡建设部. 房屋建筑室内装饰装修制图标准：JGJ/T 244—2011[S]. 北京：中国建筑工业出版社，2011.

[5] 中国建筑标准设计研究院. 民用建筑工程建筑施工图设计深度图样：06SJ803[S]. 北京：中国建筑标准设计研究院出版社，2009.

[6] 住房和城乡建设部. 建筑工程设计文件编制深度规定：建质函[2016]247 号[S]. [2016-11-17]. https：//www.mohurd.gov.cn/gongkai/zhengce/zhengcefilelib/201612/20161201_229701.html.

[7] 福建省住房和城乡建设厅. 福建省建筑装饰装修工程设计文件编制深度规定：闽建设[2010] 23 号[S]. [2010-11-17]. https：//zjt.fujian.gov.cn/xxgk/zfxxgkzl/xxgkml/dfxfgzfgzhgfxwj/jskj_3794/201011/t20101129_2786480.htm.

[8] 中国室内装饰协会. 室内设计职业技能等级标准：440010[S]. [2021-12]. http：//www.cida.org.cn/bzzd.